高职高专计算机基础教育精品教材

计算机网络技术基础

（第3版）

◎ 田庚林 张少芳 赵艳春

田　华 殷建刚 游自英　编著

清华大学出版社

北京

内 容 简 介

本书主要介绍计算机网络的基本通信原理及网络设备基本配置。主要内容包括计算机网络的基本概念;数据通信原理;网络通信中的地址与路由;路由器的基本配置;路由选择协议 RIP 以及静态路由注入;传输层与网络层通信原理;局域网、VLAN 及交换机的配置、VLAN 间路由、第三层交换机配置;SOHO 无线网络技术和网络地址转换。结合当前网络技术的发展,本书融入了 IPv6 的基本概念及基本配置,包括 IPv6 地址、路由以及 RIPng 配置。

本书可作为高等职业院校网络技术专业的教材,也可以作为从事网络技术工作人员的自学教材和其他专业人员的参考用书。

图书在版编目(CIP)数据

计算机网络技术基础/田庚林等编著. —3 版. —北京:清华大学出版社,2018(2022.7重印)
(高职高专计算机基础教育精品教材)
ISBN 978-7-302-50874-8

Ⅰ.①计… Ⅱ.①田… Ⅲ.①计算机网络—高等职业教育—教材 Ⅳ.①TP393

中国版本图书馆 CIP 数据核字(2018)第 178586 号

责任编辑:王剑乔
封面设计:刘 键
责任校对:李 梅
责任印制:丛怀宇

出版发行:清华大学出版社
      网 址:http://www.tup.com.cn,http://www.wqbook.com
      地 址:北京清华大学学研大厦 A 座   邮 编:100084
      社 总 机:010-83470000   邮 购:010-62786544
      投稿与读者服务:010-62776969,c-service@tup.tsinghua.edu.cn
      质量反馈:010-62772015,zhiliang@tup.tsinghua.edu.cn
      课件下载:http://www.tup.com.cn,010-62770175-4278
印 装 者:三河市国英印务有限公司
经 销:全国新华书店
开 本:185mm×260mm   印 张:16.5   字 数:379 千字
版 次:2009 年 2 月第 1 版 2018 年 9 月第 3 版   印 次:2022 年 7 月第 8 次印刷
定 价:49.00 元

产品编号:079939-01

第 3 版前言

本书是一本面向高等职业教育的教材。根据高职高专教育的特点和网络技术的发展现状,在第 2 版的基础上对一些内容进行了取舍和调整。本书主要特点如下。

1. 保留了原版的特色

本书以理论够用为度,尽量少讲理论,概念尽量简化、实例化;突出网络技术基础教学内容,不追求高深、全面;简化过时的内容;追求以学生为中心的教学原则,结合学生的理解和接受能力,按照知识循序渐进的思路,打破传统的内容组织方式,使学生能够顺理成章地理解网络工作原理,进行科学有效的学习。

2. 融入了 IPv6 内容

2017 年 11 月 26 日,中共中央办公厅、国务院办公厅印发了《推进互联网协议第六版(IPv6)规模部署行动计划》。虽然 IPv4 和 IPv6 协议不兼容,从 IPv4 网络向 IPv6 网络转移还需要克服很多技术上和资金上的困难,但是今后的发展趋势必将是走向 IPv6 网络。所以在学习网络技术中融入 IPv6 是大势所趋。

IPv6 是 TCP/IP 网络体系结构中的网络层协议,本书在涉及 IP 地址、路由、网络层协议时,同时介绍了 IPv4 和 IPv6。除了 IPv6 地址配置之外,还包括了 IPv6 的动态路由RIPng 的配置。

3. 尽量简化被淘汰的教学内容

随着 2017 年 12 月 21 日中国最后一台 TDM 程控交换机的下电退网,标志着中国电信成为全 IP 组网的运营商,开启了中国全光高速新时代,所以一些技术实际上已经被淘汰。本书虽然保留了原版的基础知识教学内容,但也尽量做了简化处理,删除了广域网章节,不再介绍广域网线路等内容。

4. 调整了部分教学内容

网络地址转换是 IPv4 解决 IP 地址紧缺的工具,为了体现 IPv6 和 IPv4 的差别,本书中增加了网络地址转换 NAT 配置内容。在动态路由配置中加入了路由注入。

本书共包括 7 章内容。第 1 章介绍计算机网络的基本概念,包括计算机网络的定义、网络体系结构、网络分类等,给学生一个网络整体概念。第 2 章介绍数据通信的基本内容,解决在网络原理中涉及的一些数据通信方面的术语和概念。第 3 章介绍网络通信中的地址与路由,包括网络通信中的地址种类、使用方法、网络地址规划,IPv4 地址和 IPv6

地址特点与使用；路由的概念和路由配置以及路由器的基本配置，IPv4 和 IPv6 的静态路由配置、RIP 和 RIPng 配置、路由注入。第 4 章介绍网络传输层协议，包括网络应用程序的工作原理，TCP 协议工作原理和 UDP 协议，帮助学生从网络应用开始理解网络通信过程。第 5 章介绍网络层，包括 IP 协议、ARP 协议、ICMP 协议以及 IPv6 协议。第 6 章介绍局域网，包括局域网标准、以太网、虚拟局域网、交换机的配置、VLAN 配置和 VLAN 间路由配置以及无线局域网。第 7 章介绍网络地址转换 NAT，包括静态网络地址转换、动态网络地址转换、网络地址端口转换、Easy IP、NAT Server。

本书还包括实训及实训指导以及习题参考答案。本书中的网络设备都是以 Cisco 为例介绍的，其他品牌的网络设备配置命令和 Cisco 基本相似。由于 H3C 的网络设备配置命令与 Cisco 相差较大，附录中给出了 H3C 路由器和交换机的基本配置命令。为了适应非计算机网络专业的教学需要，附录中还讲述了网络安全概述的简要内容。

本书由石家庄邮电职业技术学院部分教师参与编写，其中田庚林负责内容组织策划与审阅，第 1 章和第 2 章由赵艳春老师编写；第 3 章由张少芳老师编写；第 4 章和第 7 章由殷建刚老师编写；第 5 章和附录由游自英老师编写；第 6 章由田华老师编写。

为满足当前网络技术教学需要对第 2 版进行了一些修改，但仍可能不能满足所有使用者的需要，仍可能存在疏漏之处，望广大读者给予批评指正。编著者 Email：tiangl163@163.com。

编著者

2018 年 6 月

第 2 版前言

　　本书是一本面向高等职业教育的教材。对于高职高专计算机网络技术专业的知识结构,作者在多年的教学工作中始终把"网络管理员"作为专业培养目标。作者认为,培养一个合格的网络管理员,他所具备的计算机网络方面的知识不一定比本科生少,和本科生的区别应该是理论知识够用为度,但知识面、实际操作能力应该比本科生强。学生必须能够胜任网络管理员工作,必须能够得到社会的承认。

　　从高职高专教育的特点出发,本书在知识的取舍方面作了如下考虑。

1. 理论够用为度

　　在高等职业教育中,一些理论知识也是必要的。在本书中按照理论够用为度的原则,尽量少讲理论,概念尽量简化、实例化。对于涉及电信网络的一些内容,除了必要的通信方式、数据编码、链路复用、差错控制等内容外,其他如交换原理、SDH 原理等一概不讲。

2. 突出重点内容

　　本书建议授课时数为 70 学时左右,其中包括实验课和习题课、讨论课。在这么少的学时内,如果面面俱到肯定难以达到预期的教学效果。编者认为,培养合格的网络管理员只凭一门课程是不行的,它是一个专业课程的组合。在编者负责的计算机网络技术专业建设中,将计算机网络技术专业课程分为计算机网络技术基础、网络操作系统、网络集成技术、网络安全与管理等课程,计算机网络技术基础课程中讲授计算机网络的基础知识、基本原理,以太网技术、基本网络规划、交换机的配置、路由器的基本配置等;网络操作系统课程中讲授操作系统的管理维护、网络服务器的搭建配置和管理;网络集成技术课程中讲授综合布线、网络规划、高级路由技术、广域网技术和网络设备维护等网络工程技术;网络安全与管理课程中讲授网络安全知识、ACL 和防火墙技术以及网络管理知识。本书不包括网络操作系统、网络安全、网络管理和网络服务的内容。

3. 简化不必要的内容

　　在本书中,对于一些如网络发展史之类的内容进行了精简,对于已经淘汰的或非流行的技术也进行了精简,如 X.25、总线型以太网、ATM、环型局域网等。

4. 体系新颖

　　本书依照以学生为中心的教学原则,结合学生的理解、接受能力,按照知识循序渐进的思路,从网络应用的角度出发,充分考虑网络整体概念和分层协议的关系来组织内容顺序,打破传统的内容组织方式,在介绍完网络基本概念、数据通信基本术语之后,从网络最核心、最关键的概念入手介绍网络通信中的地址和路由,然后从数据报文的发源地开始,从上到下地介绍数据报文的传递过程和各层协议。目的是使学生能够顺理成章地理解网络工作原理,进行科学有效的学习。

本书共包括 8 章内容,重点围绕 TCP/IP 属性配置、路由器基本配置、IP 地址规划、动态路由配置、协议报文分析、共享式以太网组建、VLAN 配置、VLAN 间路由和无线局域网实践教学内容组织书的内容,既包含基本的计算机网络原理,又包含较多的网络基本操作技术。第 1 章介绍计算机网络的基本概念。包括计算机网络的定义、网络体系结构、网络分类等,给学生一个网络整体概念。第 2 章介绍数据通信的基本内容。解决在网络原理中涉及的一些数据通信方面的术语和概念。第 3 章介绍网络中的通信地址与路由。包括网络通信中的地址种类、使用方法、网络地址规划;路由的概念和路由配置以及路由器的基本使用。第 4 章介绍网络传输层协议。包括网络应用程序的工作原理、TCP 协议工作原理和 UDP 协议,使学生从网络应用开始理解网络通信过程。第 5 章介绍网络层。包括 IP 协议、ARP 协议、ICMP 协议等。第 6 章介绍局域网。包括局域网标准、以太网工作原理、共享式以太网组建、交换式以太网、虚拟以太网、交换机的配置、VLAN 间路由和无线局域网。第 7 章介绍广域网连接。包括 PPP 协议和常用的租用线路知识。本书包括实验指导书和习题参考答案。本书中的网络设备都是以 Cisco 为例介绍的,其他品牌的网络设备配置命令和 Cisco 基本相似。由于 H3C 的网络设备配置命令与 Cisco 相差较大,附录中给出了 H3C 路由器和交换机的基本配置命令。为了适应非计算机网络专业的教学需要,附录中还包括网络安全概述和 Windows Server 2003 上配置 Web、FTP 服务器的简要内容。

5. 第 2 版的特点

本书出版 4 年来得到了不少高职院校的认可,随着相关知识及教学理念的更新,发现教材中存在诸多疏漏之处,在第 2 版中主要做了如下修改。

(1) 保留了原书的内容及组织结构,修改了书中存在的错误。尽管一些知识比较陈旧,如共享式以太网,但考虑到概念的完整性,依旧保留了这些内容,使用者可以酌情选用。

(2) 补充、更新了一些内容,使读者更容易理解和掌握。如什么情况需要配置路由、默认路由的配置等。

(3) 从"能力本位""有效学习"的教学理念出发,为了更好地体现"做中学、学中做",对书中的案例及实验内容作了较大的改动。原书中的实验内容多为实验室封闭模式。为了接近实际工作需要,将实验内容大多修改为与外部网络(Internet、校园网)连接,学生在实验中能够体验到实际的网络连接,更利于多网络知识技能的理解与掌握。

尽管进行了一些修改,但仍可能不能满足使用者的需要,仍难免存在疏漏之处,望广大读者给予批评指正。编著者 Email:tiangl163@163.com。

编著者

2013 年 8 月

第1版前言

本书是一本面向高等职业教育的教材。对于高职高专计算机网络技术专业的知识结构,作者在多年的教学工作中始终把"网络管理员"作为专业培养目标。作者认为,作为一名合格的网络管理员,所具备的计算机网络方面的知识不一定比本科生少,和本科生的区别应该是其理论知识以够用为度,但知识面、实际操作能力应该比本科生强。学生必须能够胜任网络管理员的工作,必须能够得到社会的承认。

从高职高专教育的特点出发,本书在知识的取舍方面作了如下几点考虑。

1. 以理论够用为度

在高等职业教育中,一些理论知识也是必要的。本书按照理论够用为度的原则,尽量少讲理论,概念尽量简化、实例化。对于涉及电信网络的内容,除了讲解必要的通信方式、数据编码、链路复用、差错控制等内容外,其他如交换原理、SDH 原理等一概不讲。

2. 突出重点内容

本书建议授课 70 学时左右,包括实验课和习题课、讨论课。在这么少的学时内,如果面面俱到肯定难以达到预期的教学效果。编著者认为,培养合格的网络管理员只凭一门课程是不行的,它需要一个专业课程的组合。在编者负责的计算机网络技术专业建设中,将计算机网络技术专业课程分为计算机网络技术基础、网络操作系统、网络集成技术、网络安全与管理等课程。计算机网络技术基础课程讲授计算机网络的基础知识和基本原理,以及以太网技术、基本网络规划、交换机的配置、路由器的基本配置等;网络操作系统课程讲授操作系统的管理与维护,以及网络服务器的搭建、配置和管理;网络集成技术课程讲授综合布线、网络规划、高级路由技术、广域网技术和网络设备维护等网络工程技术;网络安全与管理课程讲授网络安全知识、ACL 和防火墙技术,以及网络管理的知识。本书不包括网络操作系统、网络安全、网络管理和网络服务的内容。

3. 简化不必要的内容

本书精简了一些如网络发展史之类的内容,对于已经淘汰的或非流行的技术也进行了精简,如 X.25、总线型以太网、ATM、环型局域网等。

4. 体系新颖

本书依照以学生为中心的教学原则,结合学生的理解、接受能力,按照知识循序渐进的思路,从网络应用的角度出发,充分考虑网络的整体概念和分层协议的关系来组织内容,打破传统的内容组织方式,在介绍完网络基本概念、数据通信基本术语之后,从网络最核心、最关键的概念入手介绍网络中的通信地址和路由,然后从数据报文的发源地开始,从上到下地介绍数据报文的传递过程和各层协议,其目的是使学生能够顺理成章地理解网络工作原理,进行科学、有效的学习。

本书共分 8 章,重点围绕 TCP/IP 属性配置、路由器基本配置、IP 地址规划、动态路由配置、协议报文分析、共享式以太网组建、VLAN 配置、VLAN 间路由和无线局域网实践教学组织内容,既包含基本的计算机网络原理,又包含网络基本操作技术。第 1 章介绍计算机网络的基本概念,包括计算机网络的定义、网络体系结构、网络分类等,给学生一个网络的整体概念;第 2 章介绍数据通信的基本内容,解释在网络原理中涉及的一些数据通信方面的术语和概念;第 3 章介绍网络中的通信地址与路由,包括网络通信中的地址种类、使用方法、网络地址规划,路由的概念和路由配置以及路由器的基本使用;第 4 章介绍网络传输层协议,包括网络应用程序的工作原理、TCP 协议工作原理和 UDP 协议,让学生从网络应用中理解网络通信过程;第 5 章介绍网络层协议,包括 IP 协议、ARP 协议、ICMP 协议等;第 6 章介绍局域网,包括局域网标准、以太网工作原理、共享式以太网组建、交换式以太网、虚拟以太网、交换机的配置、VLAN 间路由和无线局域网;第 7 章介绍广域网连接,包括 PPP 协议和常用的租用线路知识;第 8 章为课程实验指导,共设计了 10 个实验项目。本书中涉及的网络设备都以 Cisco 公司的产品为例进行介绍,其他品牌的网络设备配置命令和 Cisco 基本相似。由于 H3C 网络设备配置命令与 Cisco 公司的相差较大,所以附录中给出了 H3C 路由器和交换机的基本配置命令。为了适应非计算机网络专业的教学需要,附录中还给出了网络安全概述和在 Windows Server 2003 上配置 Web、FTP 服务器的简要内容。

由于计算机网络技术发展、更新较快,编者对相关知识的理解可能有疏漏之处,望广大读者给予批评指正。编著者 Email：tiangl163@163.com。

编著者

2008 年 10 月

目 录

第 1 章

计算机网络概述

1.1 计算机网络的定义与组成

1.1.1 计算机网络的定义

什么是计算机网络？在今天的工作与生活中，人们几乎天天都在与计算机网络打交道，但对于什么是计算机网络的问题，在不同的教科书中有着不同的答案。

在 1946 年第一台电子计算机诞生之后，其非凡的计算速度使人们产生了如何充分利用计算机功能的想法。在 20 世纪 50 年代，美国军方就尝试将远程的雷达系统通过通信线路连接到一台大型计算机上，实现分布的防空信息的集中处理。

在 20 世纪 60 年代，随着数据通信技术的研究和数据终端的问世，在一台计算机上可以连接多个数据终端，计算机分时地为多个用户服务的多用户多任务技术已经成熟。美国航空公司建成的由一台大型计算机和分布在全国各地的两千多个订票终端组成的航空订票系统被称为计算机网络。这种以一台计算机为中心，连接若干远程数据终端的计算机网络现在一般称为面向终端的远程联机系统或集中式网络。

计算机网络技术发展到现在，在数据通信技术、计算机技术和智能终端方面已经有了巨大的进步，但集中式网络系统仍然在一些部门使用，如银行业务网络。现在的集中式网络虽然在技术及设备方面都与面向终端的远程联机系统有了本质的差别，但具有一个中心的特征没有变，银行的营业终端脱离了网络中心就不能办理业务。

集中式网络对于军方是不能接受的，因为它有网络中心。在一个军事指挥网络中，中心被摧毁的后果是极其严重的。对于网络中心的安全问题，最好的解决办法就是没有中心。1969 年，美国国防部高级计划研究局提出了多台计算机相互连接的课题，建立了多台独立的计算机相互连接，并且它们之间能够通信和共享硬件资源与信息资源的计算机网络。这个网络称为 ARPANET，它是 Internet 的前身，是计算机网络发展史上的里程碑。

在 20 世纪 70 年代初期之前，计算机网络主要是连接一些大型的计算机，通信线路主要采用电信公司提供的电话线路或数据线路。在 70 年代之后，随着小型计算机、微型计算机和个人计算机的出现与应用，小范围的多台计算机联网需求日益强烈，一些研究机构和公司研制了局域网络，比较有影响的是美国加州大学的 Newhall 环网、英国剑桥大学的剑桥环网以及美国 Xerox 公司的 Ethernet 总线网（以太网）。在局域网产品中，Ethernet

是最具生命力的,它几乎占据了现在的绝大部分局域网市场。

所谓局域网,就是在局部范围内的计算机网络,一般为一个单位或部门所拥有。局域网最主要的特征是通信线路为用户自备线路,不需要租用电信公司的通信线路,而且线路带宽不受电信公司的限制,网络数据传输速率高,更易于网络硬件资源和软件资源的共享。

通过计算机网络的发展过程可以知道,所谓计算机网络,主要是解决各计算机之间的通信和资源共享问题,所以作者比较认同的计算机网络的定义是:计算机网络是利用通信线路和通信设备将多个具有独立功能的计算机系统连接起来,按照网络通信协议实现资源共享和信息传递的系统。

在这个关于计算机网络的定义中包含了四个方面的问题:一是网络中的计算机需要利用通信线路和通信设备来连接;二是网络中的计算机都是具有独立功能的计算机系统,计算机没有对网络的依赖性;三是网络中的计算机都要遵守网络中的通信协议,使用支持网络通信协议的网络通信软件;四是计算机网络的目的是实现资源共享和信息传递。

注意:这里所说的"网络"是宏观意义上的网络,是物理网络。而通常所说的"网络"是指一个逻辑网络,是具有相同网络地址的一组计算机网络连接。读者在遇到"网络"一词时需注意根据上下文斟酌其含义。

1.1.2　计算机网络的组成

在 APRANET 中,网络主要由两部分组成:一是负责数据存储和数据处理的计算机和终端设备及信息资源;二是负责通信控制的报文处理机和通信线路。因此,把计算机网络划分成两部分:资源子网和通信子网。虽然计算机网络经历了多年的发展变化,但资源子网和通信子网的概念延续了下来,只不过两个子网中的成员发生了变化,而且在局域网中负责网络通信控制的"网卡"是安装在计算机机箱内部的,所以用图示表示的资源子网和通信子网结构会造成一些错觉。一般把计算机网络的组成表示成如图 1-1 所示。

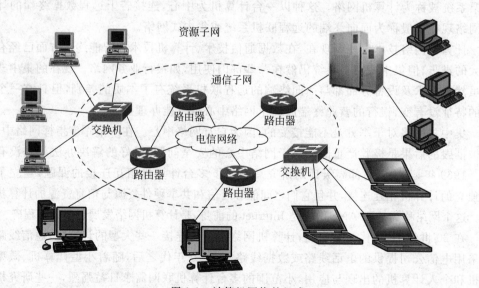

图 1-1　计算机网络的组成

资源子网中包括各种计算机、终端、打印机等硬件资源、软件资源及信息资源(其中,计算机也称作主机。主机的名称来源于计算机和数据终端组成的系统。现在这两个名词已经没有区别了);通信子网包括通信控制设备、通信传输设备、交换机、路由器及通信线路等。

1.2　网络通信协议与网络体系结构

1.2.1　网络通信协议的概念

通信就是信息的传递。在日常生活中,人与人之间的语言交流、书信往来都是通信。无论哪种形式的通信,通信双方都必须遵守一定的规则。通信双方为实现通信而制定的规则、约定与标准就是通信协议。例如,人与人之间对话时需要约定使用的语言和发言的顺序;在书信通信时,需要约定书信的语言、格式以及信封格式等。

在计算机网络中,通信的双方是计算机。为了使计算机之间能正常地通信,必须制定严格的通信规则、约定和标准,准确地规定传输数据的格式与时序。这些规则、约定与标准就是网络通信协议。

网络通信协议通常由三部分组成:语义、语法和时序。语义表示做什么,语法表示怎么做,时序表示什么时候做。

1.2.2　网络体系结构

在计算机网络中,计算机之间通信涉及的问题非常复杂。从用户提交信息开始,到信息通过通信线路传递到对方计算机,最终交付到接收用户,这个通信过程涉及网络应用程序、网络通信程序、计算机操作系统、计算机硬件系统、网络通信接口、通信线路以及通信传输网络。要让所有的计算机都能连接到一个计算机网络中,这个网络的通信协议的设计是相当困难的。即便是设计出了完美的网络通信协议,由于计算机硬件的发展、软件系统的升级以及通信网络、通信线路的变化都会影响通信协议的性能。这个网络通信协议从一诞生就将进入永无休止的升级改造,不可能实现具有实用价值的网络通信。

如何解决这个问题呢? 其实,在邮政信函的通信过程中就可以找到答案。图 1-2 所示是一个简化的邮政信函通信过程。

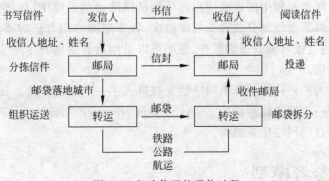

图 1-2　邮政信函的通信过程

在邮政信函通信过程中,通信的内容是发信人书写的信件。信件的格式、语言文字等需要使用和收信人约定的通信协议。信件写好之后需要通过邮局寄送,所以需要把信件装在一个信封内,信封上需要按照邮局的格式规定书写收信人的地址、姓名,以便邮局根据收信人地址投递。

邮局为了提高工作效率,需要对信件进行分拣,将寄送到同一城市的信封装入一个邮袋,在邮袋上贴上落地城市的标签,送给邮政转运部门去运送。

邮政转运部门根据落地城市信息将该邮袋和其他邮寄物品一起组织运送。装有信封的邮袋可能搭载火车、集装箱汽车或飞机到达目的城市。

邮袋到达落地城市后,邮政转运部门根据邮袋上的地址标签接收邮袋,拆开邮袋后将信封交给邮局投递部门。投递员根据信封上的地址、姓名将信投递到收信人。收信人拆开信封得到信件内容。

从上述邮政信函通信过程可以得到如下结论。

1. 整个通信过程是分层进行的

邮政信函通信过程可以分为用户、邮局、转运三个层次,每个层内只知道自己应该做什么,而不关心其他层做什么。发信人不关心邮局如何将信件送到收信人,邮局不关心转运部门如何将邮袋运送到目的城市;转运部门不关心邮袋内装的是什么,邮局不关心信件内容是什么。对于用户来说,整个通信过程是透明的。

2. 通信协议是对应层之间的协议

整个通信过程中的通信协议(规则和约定)也是分层的,每个层内有自己的通信协议。发信人和收信人遵守双方约定的书信格式、语言文字协议;邮局和邮局之间按照信封上的用户信息传递邮件;转运部门按照邮袋上的落地城市标签运送和接收邮袋。各层内的协议与其他层协议无关。

3. 层与层之间只存在简单的接口关系

在邮政信函通信过程中的各层之间只存在简单的接口关系。发信人需要按照邮局的要求提供收信人的地址、姓名信息;邮局分拣部门需要为邮政转运部门提供邮袋落地城市地址信息。如果邮局或邮政转运部门内部的生产组织方式发生了变化,例如,邮袋的运输由铁路改为汽车集装箱,对用户和邮局没有任何影响。

将邮政信函通信过程中的经验应用到计算机网络通信系统中,就产生了网络体系结构。即将计算机网络系统划分成若干功能层次,各个层内使用自己的通信协议完成层内通信,各层之间通过接口关系提供服务,各层可以采用最合适的技术来实现,各层内部的变化不影响其他层。

网络体系结构的研究使计算机网络的发展进入了一个新的阶段。1974 年 IBM 公司提出了世界上第一个网络体系结构 SNA(System Network Architecture)。之后,其他公司相继提出了各自的网络体系结构。

1.3 OSI 参考模型

为了有一个统一的标准解决各种计算机的联网问题,1974 年国际标准化组织 ISO (International Standards Organization)组织了大批科学家制定了一个网络体系结构,称作开放式系统互联模型 OSI(Open System Interconnection)。所谓"开放",就是说只要遵守 OSI 标准,任何计算机系统都可以连接到这个计算机网络中。OSI 参考模型如图 1-3 所示。

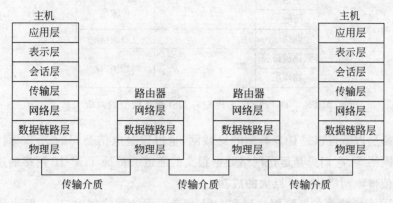

图 1-3　OSI 参考模型

OSI 参考模型将网络通信功能划分成 7 个层次,详细地定义了各层所包含的服务,以及层次之间的相互关系。其中,物理层的主要功能是利用传输介质为通信网络节点之间建立、管理和释放物理连接,实现比特流的透明传输;数据链路层的主要功能是在物理层的基础上,在通信实体之间建立数据链路连接,通过流量控制与差错控制实现相邻节点之间无差错的传输;网络层的主要功能是在通信网络中选择最佳路由;传输层的主要功能是实现端到端的可靠性数据传输;会话层的主要功能是建立和维护通信双方的会话连接;表示层的主要功能是处理两个系统中的信息表示方法;应用层的主要功能是为应用程序提供网络通信服务。

OSI 参考模型对计算机网络发展的作用是巨大的,但到目前为止,市场上还没有按照 OSI 参考模型开发的产品,所以 OSI 参考模型只是一个概念性框架。

1.4　TCP/IP 参考模型

ARPANET 对计算机网络的发展有着不可磨灭的功绩,计算机网络的许多概念和方法都源于 ARPANET。在 ARPANET 中使用的网络体系结构称作 TCP/IP 参考模型,它是由著名的传输层协议 TCP 和网络层协议 IP 而得名,通常人们称之为 TCP/IP 协议。在 1973 年,ARPANET 上的计算机节点有 40 多个;到 1983 年,ARPANET 上的计算机节点达到了 100 多个,而且美国国防部通信局公开了 TCP/IP 协议技术内容,许多计算机设备公司都表示支持 TCP/IP 协议,所以 TCP/IP 协议成为公认的计算机网络工业标准或事实上的计算机网络标准。图 1-4 所示是 TCP/IP 参考模型和 OSI 参考模型的对应关系。

TCP/IP 参考模型将网络体系结构划分成 4 层,其最底层"网络接口层"其实并不是一个具体的功能层,TCP/IP 参考模型没有定义该层如何实现,它允许主机在连接到 TCP/IP 网络时使用任意流行的协议。就像邮局将邮袋交给邮政转运部门一样,只要能够把邮袋送达目的地,通过铁路运输还是公路运输是没有关系的。所以在 TCP/IP 网络

OSI		TCP/IP
应用层		应用层
表示层		
会话层		传输层
传输层		
网络层		互联网络层
数据链路层		网络接口层
物理层		

图 1-4　TCP/IP 参考模型和 OSI 参考模型的对应关系

中,互联网络层以下可以是任意类型的局域网,也可以是电信公司的 X.25 网络、帧中继网络、电话网络等,它们只是运送网络数据报文的通道。正是 TCP/IP 网络的这种兼容性与适应性,使得该网络获得了巨大的成功。

　　TCP/IP 参考模型的互联网络层和 OSI 参考模型的网络层对应,一般也称为网络层或互联层。该层主要完成主机到主机的通信服务和数据报的路由选择。TCP/IP 参考模型的传输层主要为网络应用程序完成进程到进程(端到端)的数据传输服务。

　　TCP/IP 参考模型的应用层是网络服务应用程序,例如,文件传输协议 FTP、超文本传输协议 HTTP、简单邮件传输协议 SMTP、远程登录协议 TELNET 及域名系统 DNS、简单网络管理协议 SNMP 等人们熟知的应用程序。当然,应用层也包含用户自己开发的网络应用程序,如网络聊天程序和网络游戏等。

1.5　TCP/IP 协议网络中的数据传输过程

　　在如图 1-5 所示的网络中,用户甲在计算机 A 上使用网络应用程序 X 给在计算机 B 的用户乙发送了一条信息 ok。现在来看这条 ok 信息是如何通过 TCP/IP 网络传输的。

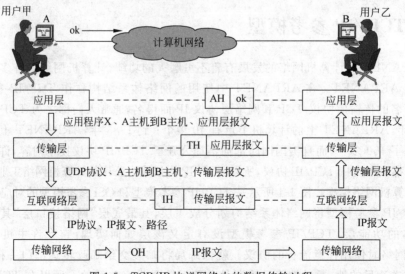

图 1-5　TCP/IP 协议网络中的数据传输过程

当用户甲确定发送信息后,应用程序 X 在 ok 数据上添加与该程序之间的约定信息,这些协议信息称作协议报头,在应用层称作应用层报头(AH)。这个报头就像邮政信函中的信封一样。

应用层将需要传递的信息(用户数据 ok 和应用层报头 AH)作为应用层报文交给传输层,同时告诉传输层,这是一个应用程序 X 的通信报文,发送方是主机 A,接收方是主机 B,该报文的接收者是应用程序 X。

传输层接收到应用层报文后,根据应用程序 X 的要求选择一种传输层协议,如UDP 协议。传输层根据选择的协议在应用层报文外边又添加一些协议信息,例如,告诉接收方传输层这个报文的接收者是应用程序 X。这些作为传输层协议报头(TH)加在应用层报文外边,形成传输层报文,就像邮政信函通信中把信封装进一个邮袋并贴上标签一样。

传输层将传输层报文(应用层报文和传输层报头)交给互联网络层去传输,同时告诉互联网络层该报文需要按照 UDP 协议处理,接收方是计算机 B,发送方是计算机 A。

互联网络层接收到传输层报文后,又在传输层报文外面加上一个互联网络层协议报头(IH),其中包括接收方主机地址、发送方主机地址以及其他协议信息,形成互联网络层报文(简称为 IP 报文),就像邮政通信中将邮袋装进了集装箱,并在集装箱外贴上了路条一样。

互联网络层将 IP 报文交给下层的其他协议网络去传输,同时告诉下层网络,这是一个 IP 报文,接收方需要按照 IP 协议去处理该报文。

互联网络层告诉下层其他协议网络的还有一个信息,就是 IP 报文传输的路径。TCP/IP 网络的互联网络层的一个重要功能就是路由选择。互联网络层在知道了目的主机地址后首先进行路由选择,检查是否有到达目的主机的路径。只有查到确实有路径可以到达目的主机时,互联网络层才将 IP 报文交给下层的其他协议网络去传输。下层的其他协议网络不知道 TCP/IP 协议的主机地址,就像邮政部门把集装箱交给其他物流公司去运输一样,物流公司看不懂邮政编码表示的地址,只需邮政部门告知集装箱运到哪里去。由此可以看到,在 TCP/IP 网络中,虽然可以让各种协议的网络为其传输 IP 报文,但它还是需要知道物理网络的结构,知道经过怎样的路径传递 IP报文。

对于下层的其他协议网络,需要根据互联网络层指示的路径传递 IP 报文。当然,对于不同协议的网络,具体的传递方式会有所不同,主要体现在如何准确无误地把 IP 报文传递到目的地。下层网络对于 TCP/IP 网络来说就像是一个货运公司,每个货运公司会有自己的运营及管理机制,但最终目的是完成货物的安全运输。下层网络中使用的网络通信协议是不同的,而且这些协议与 TCP/IP 网络是无关的,只是下层网络的数据传输速率(货运公司的工作效率)会影响整个网络的数据传输速率。选择一个好的下层网络(货运公司)对于提高网络的性能还是很有用处的。

IP 报文到达接收主机后,接收主机上的互联网络层打开 IP 报头,并根据目的主机地址查看是否是应该接收的报文。核对正确后,去除互联网络层协议报头(IH),根据 IH 中指示的上层协议类型,将传输层报文交给传输层的 UDP 协议去处理。接收主机上的传输层去除传输层报头 TH,根据 TH 中指示的应用层接收程序,将应用层报文交给应用层的应用程序 X。这时,计算机 B 上的用户乙就可以通过应用程序 X 看到用户甲发给他的 ok 信息了。

1.6　计算机网络的分类

计算机网络的分类方法很多,常见的有以下几种。

1.6.1　按网络工作方式分类

按照计算机网络的工作方式进行分类,可以很好地反映网络的用途和特点。按照计算机网络的工作方式可以分成集中式网络和分布式网络。

1. 集中式网络

集中式网络是指由一台功能较强的主机设备通过通信系统和远地的终端设备连接起来,分时地为远程终端服务的计算机网络。常见的集中式网络是银行业务网络。由于银行业务网络中的所有账户信息及账目数据都存储在中心主机的数据库中,银行各个营业网点的业务终端只有依靠中心主机的服务才能办理业务。

集中式网络是在面向终端的远程联机系统的基础上形成的。在今天的网络中,终端设备一般都是微机智能终端,集中式的含义是指作为终端设备的计算机系统均围绕中心主机工作,只有在主机系统的支持下,终端系统才能提供服务。

2. 分布式网络

由多台具有独立工作功能的计算机系统互联组成的计算机网络称为分布式网络。在分布式网络中,计算机系统间通过通信实现资源共享。

分布式网络是具有一般意义的计算机网络。在分布式网络中,没有中心主机的概念,便于发挥计算机各自的性能。各个计算机系统既能独自工作,又能在网上进行信息交换,共享硬件、软件和信息资源。Internet 就是一个分布式网络。

1.6.2　按网络覆盖范围分类

按照计算机网络覆盖的地理范围进行分类,可以反映不同网络的技术特征。对于覆盖不同地理范围的网络,所采用的数据传输技术不同,因此有不同的技术特点与网络服务功能。一般按网络覆盖的地理范围可以分成局域网、广域网和城域网。

1. 局域网

局域网(Local Area Network,LAN)是使用自备通信线路和通信设备,并且覆盖较小地理范围的计算机网络。它一般为一个单位或部门所拥有。

局域网最主要的特征是使用自备通信线路和通信设备组建计算机网络。在局域网中没有网络通信费用,网络传输速率只受通信线路传输速率的限制。一般情况下,局域网中的数据传输速率较高,可以是公用通信网中数据传输速率的几十倍到几万倍,达到 10～10000Mb/s。

2. 广域网

广域网(Wide Area Network,WAN)是租用公用通信线路和通信设备,并且覆盖较大地理范围的计算机网络。Internet 就是一个广域网。

由于广域网覆盖的地理范围大,可能跨地区、跨省、跨国家,所以必须租用公用通信线路。广域网租用线路的距离越长,数据传输速率越大,通信线路费用就越高。受通信费用和公用通信线路数据传输速率的限制,一般广域网中的数据传输速率较低,在几千比特每秒到几兆比特每秒之间。

局域网之间也可以通过公用通信线路互联形成广域网,广域网的底层大部分是局域网。所以在广域网中,通信干线由于需要使用公用通信线路,所以数据传输速率较低,但本地局域网内的数据传输速率可以很高。

3. 城域网

从地理覆盖范围的角度来看,城域网(Metropolitan Area Network,MAN)是介于局域网和广域网之间的网络。较早时期,城域网和广域网的实现技术没有什么区别,所以在一段时间内城域网的概念几乎消失了。近年来,随着高速局域网的出现和光纤通信网络的普及,局域网的数据传输速率达到了万兆比特每秒,通信距离达到了几十千米,电信运营商利用高速局域网技术和光纤线路在所覆盖的城市范围内建立了提供各种信息服务业务的计算机网络,在这个网络上可以实现语音、图像、数据、视频、IP 电话等多种增值业务,为城区单位组建虚拟网络。现在的城域网是覆盖城区范围,提供各种信息服务业务的高速计算机网络,是现代化城市建设的重要基础设施。

1.6.3　按网络传输技术分类

网络采用的传输技术有不同的特点。按照网络传输技术的不同,可以把计算机网络分成广播式网络和点对点式网络。

1. 广播式网络

广播式网络是指网络中的所有计算机共享一条公共通信信道的计算机网络。在广播式网络中,当一台计算机发送数据时,其他计算机只能接收数据,并根据数据报文中的目的地址判断是否是发送给自己的数据。如果是,接收并处理该报文;否则丢弃该报文。

2. 点对点式网络

点对点式网络是指网络中的通信节点之间存在一条专用通信线路的计算机网络。点对点式网络通信控制比较简单,但两台计算机之间的通信线路可能存在多个中间节点和多条通信路由。所以在点对点式网络中,计算机之间的通信可能需要中间节点的转发和路由选择。

1.6.4　按网络拓扑结构分类

网络拓扑结构是指将网络中的实体抽象成与其大小、形状无关的点,将连接实体的线路抽象成线,使用点、线表示的网络结构。按照网络拓扑结构,计算机网络可以分成星型、总线型、环型、网状以及由多个星型组成的树型结构和由星型、环型组成的星环结构。下面介绍基本的星型、总线型、环型、树型和网状拓扑结构网络。

1. 星型网络

星型拓扑结构网络是指各个节点使用一条专用通信线路和中心节点连接的计算机网络。在星型拓扑结构网络中,任何两个节点之间的通信都需要经过中心节点。图 1-6(a)所示是以交换机作为中心节点的星型网络,图 1-6(b)所示是星型网络拓扑结构。

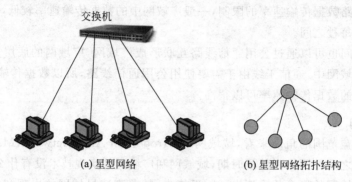

(a) 星型网络   (b) 星型网络拓扑结构

图 1-6   星型网络和星型网络拓扑结构

星型网络结构简单,其通信控制容易实现,便于网络的维护和管理。

2. 总线型网络

网络中的所有计算机共享一条通信线路的计算机网络称作总线型网络。图 1-7(a)所示是总线型网络示意图,图 1-7(b)所示是总线型网络拓扑结构。

(a) 总线型网络   (b) 总线型网络拓扑结构

图 1-7   总线型网络和总线型网络拓扑结构

总线型网络的主要代表是总线型局域网和无线局域网。在早期的总线型局域网中,通信线路采用同轴电缆(类似有线电视电缆)。虽然在线路上既可以发送数据也可以接收数据,但由于只有一条信道,一个节点不能同时接收数据和发送数据。总线型网络中的通信线路的费用是最低的,但通信控制方法比较复杂,由于在网络中同一时刻只允许一个节点发送数据,因而控制节点的发言权是通信控制中的主要问题。

3. 环型网络

当网络中的通信线路构成封闭的环路时,其拓扑结构为环型。较为典型的环型局域网有令牌环网和剑桥环网。早期的城域骨干网 FDDI 也是环型网络。在环型局域网中,所有的计算机共享一条通信线路,通信线路需要构成一个封闭的环,其用途主要是解决共享线路上各个节点的发言权算法问题。

在网络规划中，为了增加网络的可靠性，经常采用冗余链路，例如，接入层交换机可能通过两条不同路径的线路连接到会聚层交换机或路由器，这样就形成了环型网络。环型网络和环型网络拓扑结构如图 1-8 所示。

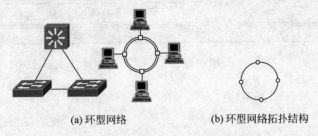

(a) 环型网络　　　　　　(b) 环型网络拓扑结构

图 1-8　环型网络和环型网络拓扑结构

4．树型网络

树型网络是由星型网络组合而成的。在树型网络中，信息交换主要是在上、下节点之间进行，同层节点之间的信息交换量较小。在网络规划中，树型网络拓扑结构比较常见。

5．网状网络

网状网络是指网络中的各个节点至少有两条以上的通信线路与其他节点相连。网状网络一般只用于军事网络或公用通信网络。在网络规划中，会聚层以上的网络经常设计成不完全网状结构。网状网络主要追求备份通信路由，保证网络不会因某条通信线路的损坏而瘫痪。

1.7　网络协议分析工具

在计算机网络课程中，最好能够使用一些网络协议分析工具从计算机网络中获取各种协议报文进行实际分析。这样，学生既可以验证所学到的理论知识，又能够亲身体验网络报文构成和通信过程，加深理解。在 Internet 上有很多网络协议分析工具，例如，Ethereal 就是一款开源、免费的网络协议分析工具，可以直接从 Internet 上下载，Ethereal 的升级版是 Wireshark。

在 Windows 中打开 Ethereal 后的界面如图 1-9 所示。

使用 Capture 菜单中的 Start 或单击工具栏中的"开始"按钮后，弹出一个抓包选项窗口，如图 1-10 所示，可以忽略所有选项，直接单击 OK 按钮进行网络抓包。

在抓包期间，Ethereal 显示一个抓包结果窗口，如图 1-11 所示。在窗口中，显示已经抓到了多少某种协议类型的报文，单击该窗口中的 Stop 按钮停止抓包。

抓包停止后，显示报文分析窗口，如图 1-12 所示。

在报文分析窗口中，报文列表区显示截获报文的源地址、目的地址、协议类型等信息；协议分析区显示选中报文协议树的结构及报文分析内容；报文数据区按字节显示选中报文十六进制的报文内容。

关于 Ethereal 的更多使用方法，读者可以参考 Internet 上的相关介绍。

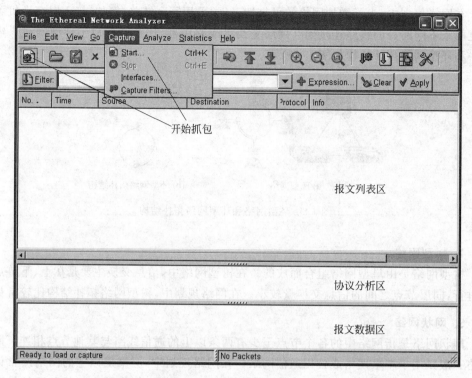

图 1-9　Ethereal 界面

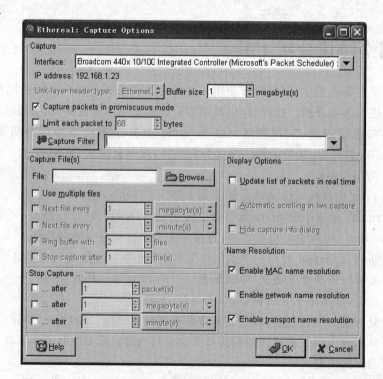

图 1-10　抓包选项窗口

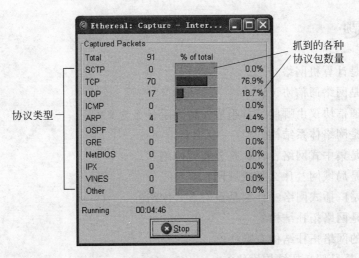

图 1-11　抓包结果窗口

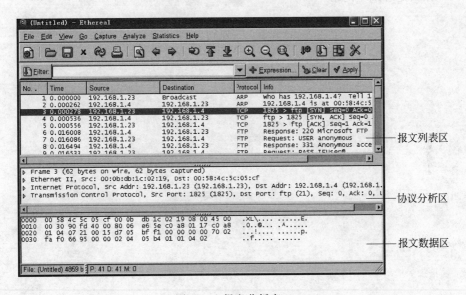

图 1-12　报文分析窗口

1.8　小结

　　本章主要介绍了计算机网络的基本概念，包括计算机网络的定义与组成，网络通信协议与网络体系结构的概念，TCP/IP 参考模型，TCP/IP 网络中的报文传输过程以及计算机网络的常见种类。本章是后续各章的基础。为了便于学生对以后章节的学习，本章介绍了网络协议分析工具 Ethereal 的简单使用。

1.9　习题

1. 什么是计算机网络？
2. 什么是网络通信协议？
3. 网络通信协议由哪些部分组成？各表示什么含义？
4. 什么是网络体系结构？
5. 什么是集中式网络？什么是分布式网络？
6. 什么是局域网？什么是广域网？
7. 什么是广播式网络？什么是点对点式网络？
8. 什么是网络拓扑结构？
9. 基本的网络拓扑结构有哪些？
10. 什么是星型拓扑结构网络？
11. 什么是总线型网络？

第 2 章

数据通信基础

　　计算机网络中的通信网络是一个数据通信系统,计算机网络的工作原理和数据通信是紧密相关的。本章介绍的数据通信基本概念虽然涉及通信网络的内容较多,但对于理解计算机网络的工作原理是很重要的。本章主要介绍与目前计算机网络流行技术相关的数据通信技术,包括计算机网络的物理层和数据链路层的信号传递与数据链路控制。

2.1　数据通信的基本概念

2.1.1　信息与数据

　　信息在不同的领域内有不同的定义,一般来说是人们对客观世界的认识和反映。无论是什么形式的通信,都是以传递信息为目的的。例如,为了传达"狼来了"这一信息,可以采用声音、手势等方式告诉他人。

　　数据是信息的表示形式,是信息的物理表现。所有信息都要用某种形式的数据表示和传播。例如"汽车",可以使用文字、声音、图画等数据形式表示。信息是数据表示的含义,是数据的逻辑抽象。信息不会因数据的表示形式不同而改变。但在一般情况下并不严格地区分信息与数据,比如,把数据帧也叫信息帧,传递数据也叫传递信息。

　　数据通信主要研究二进制编码信息的通信过程。无论信息采用什么数据形式表示,在数据通信系统中都必须转化成二进制编码。例如,轿车可以使用"轿车"、Car 等文字或轿车图片表示。在计算机网络中传递这个信息时,文字和图片对于计算机来说都是不可识别的形状,此时必须对图片或文字进行二进制编码。例如,文字 Car 可以使用"01000011,01100001,01110010"的 ASCII 编码表示。

　　数据通信中传递的是二进制编码数据。数据通信不能理解成是传递数字的通信。例如,需要传递数字"123",在数据通信中不能直接传送这个数字,可以使用"00110001,00110010,00110011"ASCII 编码表示,也可以使用二进制数"1111011"表示。当然,具体采用哪种形式取决于通信双方约定的协议。数据通信可以传递数字,也可以传递表示信息的任何数据,包括文字、数字、图像和声音。

2.1.2　信号

　　信号是在特定通信方式中数据的物理表现,信号有具体的物理描述。古代的烽火狼烟、现代电子通信中的电磁波都是表示数据的物理信号。在电子通信方式中,有模拟信号和数字信号两种形式。图 2-1 所示是模拟信号和数字信号的波形示意图,模拟信号有着连续的信号波形,数字信号表现为离散的脉冲方波。

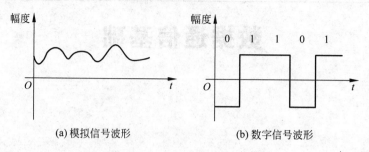

(a) 模拟信号波形   (b) 数字信号波形

图 2-1 模拟信号波形和数字信号波形

1. 模拟信号

模拟信号是一个连续变化的物理量,最常见的是电话通信中的语音信号。在固定电话系统中,用户的话音被受话器转化成与语音声波频率相同的电磁波信号在电话线中传输,电磁波完全模拟了声波的形态,一般称其为语音信号。

模拟信号中一般包含的频率成分比较少,例如,在语音信号中,频率成分一般为 $300\sim3400\mathrm{Hz}$。模拟信号在通信中容易受到外界的干扰,所以容易产生失真。

2. 数字信号

数字信号是离散取值的物理量,例如,表示二进制数据的"1""0"信号。在数据通信中,可以使用某种参量(如电压、电流)的某种状态(如高电平、低电平)表示"1",另一种状态表示"0"。

数字信号可以再生。信号再生是指在信号传递过程中受到外界干扰而产生变形后,通过信号判决再恢复成原来的信号。例如,使用 $+12\mathrm{V}$ 电压表示数字"1",使用 $-12\mathrm{V}$ 电压表示数字"0"。在接收信号时,如果信号大于 $+3\mathrm{V}$,则认为是数字"1";如果信号小于 $-3\mathrm{V}$,则认为是数字"0"。这样,虽然在传输过程中 $+12\mathrm{V}$ 变成了 $+5.2\mathrm{V}$,但不影响信号的正确接收。数字信号传输再生过程如图 2-2 所示。

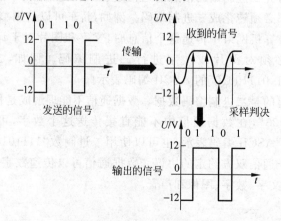

图 2-2 数字信号传输再生过程

例如,现在的固定电话网络(PSTN)系统如图 2-3 所示。在固定电话网络系统中,用户线路中传输的是模拟信号,局间中继线路中传输的是数字信号。电话语音信号传输到交换机后,交换机中的模拟/数字(A/D)转换模块对模拟信号进行 8000 次/秒采样,并对采样值进行 256 级量化(即使用 8 位二进制数表示模拟信号数值),然后由发送模块按位传输;在接收端,接收模块对接收到的数字信号进行判决再生,恢复量化值,再由数字/模拟(D/A)转换模块转化成语音信号后通过用户线路传输到接听用户。由于局间传输使用了数字信号,使得电话通信中传输的话音非常清晰。

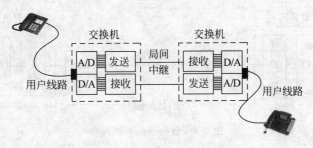

图 2-3　固定电话网络系统示意图

数字信号的脉冲波形在传输中由无数频率的正弦波叠加形成,所以数字信号中包含的频率成分非常多,远远大于模拟信号的频率范围。

2.1.3　信号带宽与信道带宽

1. 信道

信道是通信系统中传输信号的通道。信道包括通信线路和传输设备。根据信道使用的传输介质可以分成有线信道和无线信道。根据适合传输的信号类型可以分为模拟信道和数字信道。模拟信道用于传输模拟信号,如电话用户线路;数字信道用于直接传输数字信号,如光纤线路。

2. 信号带宽

信号带宽是信号中包含的频率范围。对于模拟信号,带宽计算方法为

$$信号带宽＝信号最高频率－信号最低频率$$

例如,语音信号最高频率为 3400Hz,最低频率为 300Hz,所以语音信号带宽为 3100Hz。

数字信号包含直流以上的频率成分,其最高频率成分与信号脉冲宽度有关。信号脉冲宽度为 $1\mu s$ 的脉冲数字信号,其信号带宽一般视为 1MHz。

3. 信道带宽

信道带宽是信道上允许传输电磁波的有效频率范围。模拟信道的带宽等于信道可以传输的信号频率上限和下限之差,单位是 Hz。信道的带宽不一定等于传输介质允许的带宽。例如,在无线信道中,从理论上说,无线信道的带宽是无限的,但无线信道是共享的公用广播信道,在全球和局部范围内都将其划分成不同用途的信道,根据用途的不同,其信道带宽差距很大。又如,电话用户线路,线路传输的频率可以达到 1MHz 以上,但语音信道的带宽使用 4000Hz,可以传输 0~4000Hz 频率范围的电磁波,涵盖了 300~3400Hz 的

语音信号带宽。

数字信道的带宽一般用信道容量表示。信道容量是信道的最大数据传输速率,单位是比特/秒(b/s)。例如,当前主流局域网中使用的 5 类双绞线,其信道带宽为 100Mb/s,即最大数据传输速率为 100Mb/s。信道容量对信道传输介质的带宽有一定的依赖关系。

2.1.4　数据通信系统模型

数据通信系统是通过数据电路将计算机系统连接起来,实现数据传输、交换、存储和处理的系统。数据通信系统模型如图 2-4 所示。

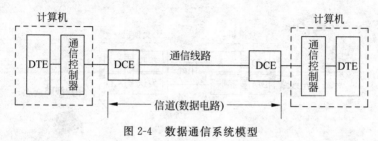

图 2-4　数据通信系统模型

1. 数据终端设备

数据终端设备(Data Terminal Equipment,DTE)是数据通信中的数据源和数据宿。DTE 是沿用的历史名称。在数据通信最初阶段,数据通信对象是计算机和终端设备(只能接收数据和发送数据,不能存储数据和处理数据)。现在的数据通信系统中,通信的对象都是计算机,都可以对数据进行存储处理,但 DTE 这个术语还在使用。

2. 通信控制器

数据通信是计算机与计算机间的通信,为了有效而可靠地进行通信,通信双方必须遵守通信协议。通信控制器是数据链路层控制通信规程执行部件,完成收发双方的同步、差错控制,以及链路的建立、维持、拆除和数据流量控制等。

目前在计算机上常见的通信控制器有以下两种。

1)串行通信控制器

串行通信控制器可以进行同步传输和异步传输。由于在一般情况下都使用异步传输方式,所以习惯称其为异步串行通信接口。普通电话拨号上网都使用该接口。该接口由两部分组成,物理层为 EIA 推荐的 RS-232C 标准接口,数据链路层为通用异步收发器(Universal Asynchronous Receiver/Transmitter,UART)。RS-232C 标准接口可以连接到 Modem、鼠标等设备,UART 可以完成数据链路层的链路控制、差错校验、数据传输等工作。内置式 Modem 中集成了较新版本的 UART 电路。异步串行通信接口功能示意图如图 2-5 所示。差错控制完成奇偶校验位的生成;传输控制完成起始位、停止位的插入;差错检验完成差错检查及还原数据的功能。

2)网络接口卡

网络接口卡,简称网卡,是计算机连接到局域网时常用的设备。网卡为计算机之间的数据通信提供物理层连接、介质访问控制,并执行数据链路层通信规程。网卡的逻辑功能结构如图 2-6 所示。

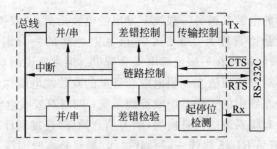

图 2-5 异步串行通信接口功能示意图

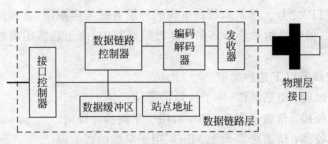

图 2-6 网卡的逻辑功能结构

网卡的物理层接口早期有 50Ω 同轴电缆 BNC 接口,现在多数为 RJ-45 接口。对于光纤网卡物理接口有 ST、SC 等。

3. 数据电路终端设备

DCE(Data Communication-terminating Equipment)是用来连接计算机与通信线路的设备,其主要作用是把数据信号转换成适合通信线路传输的编码信号,并提供同步传输的时钟信号等。在广域网连接中,一般需要使用 DCE 设备作为网络通信设备。

在模拟信道中,DCE 设备一般称为调制解调器(Modem)。例如,拨号上网使用的 Modem,ADSL 线路上的"大猫"等。在数字信道上,DCE 设备一般称作数据服务单元/信道服务单元(DSU/CSU)。在数字信道上常见的 DCE 设备有基带 Modem、数据终端单元 DTU 等。

在数据通信中,信道也称作数据电路,一般指通信线路加 DCE 设备。两个 DTE 之间通过握手建立起的传输通道称为数据链路。数据电路属于物理层,数据链路属于数据链路层。

2.2 传输介质

传输介质是信道的重要组成部分。不同的传输介质具有不同的信道特性。在数据通信中,常用的传输介质有以下几种类型。

2.2.1 双绞线

双绞线是目前常用的一种信道传输介质,在电话用户线路和局域网通信线路中都广泛使用双绞线。双绞线采用一对相互绝缘的金属导线以绞合的方式来抵御一部分外界电磁波干扰。把两根绝缘的铜导线按一定密度绞合在一起,可以降低信号干扰的程度,每一根导线在传输中辐射的电波会被另一根线上发出的电波抵消。"双绞线"的名字也是由此而来的。双绞线一般是由直径为 0.4~0.9mm 相互绝缘的一对铜导线扭在一起组成。实际使用时,多对双绞线被包在一根绝缘电缆套管里。通常所说的双绞线电缆,一般是指四对双绞线电缆。多对双绞线放在一根电缆套管里的双绞线电缆称作大对数电缆。大对数电缆一般用于综合布线中的干线系统或配线系统;四对双绞线电缆一般用于局域网中设备的连接。从综合布线系统的信息模块(墙上信息插座)连接到计算机的双绞线电缆通常称为 RJ-45 跳线,成品 RJ-45 跳线一般是软跳线(导线是多股铜线)。

双绞线有屏蔽双绞线(Shielded Twisted Pair,STP)和非屏蔽双绞线(Unshielded Twisted Pair,UTP)之分。屏蔽双绞线电缆的外层有铝箔屏蔽层,在相同的传输距离内,其信道容量较大,但价格相对较高。在计算机局域网中,由于通信距离较短,一般使用非屏蔽双绞线。

非屏蔽双绞线有以下几种类型。

(1) 一类双绞线:电话线缆,用于传输语音信号。

(2) 二类双绞线:信道带宽为 4Mb/s,用于早期的令牌网。

(3) 三类双绞线:信道带宽为 10Mb/s,用于早期的以太网。

(4) 四类双绞线:信道带宽为 16Mb/s,用于早期的以太网或总线环。

(5) 五类双绞线(Cat 5):信道带宽为 100Mb/s,用于百兆以太网。

(6) 超五类双绞线(Cat 5e):信道带宽为 125~200Mb/s,用于百兆以太网。

(7) 六类双绞线:信道带宽为 200~250Mb/s,用于千兆以太网。

大部分计算机联网都使用四对双绞线电缆。双绞线电缆两端都需要安装 RJ-45 连接器(Registered Jack,注册的连接器,俗称"水晶头")。五类双绞线电缆和 RJ-45 连接器如图 2-7(a)所示,大对数双绞线电缆如图 2-7(b)所示。

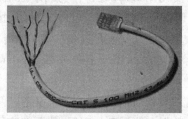

(a) 五类双绞线电缆和RJ-45连接器   (b) 大对数双绞线电缆

图 2-7　RJ-45 连接器及双绞线电缆

2.2.2　同轴电缆

同轴电缆由内、外两个导体构成,内导体是一根铜质导线,外导体是圆柱形铜箔或用细铜丝纺织的圆柱形网,内、外导体之间用绝缘物充填。铜芯与网状导体同轴,所以称之为同轴电缆。同轴电缆结构如图 2-8 所示。

同轴电缆有用于传输数字信号的基带同轴电缆和用于传输模拟信号的宽带同轴电缆之分。

图 2-8　同轴电缆结构

在 20 世纪 90 年代初期，人们主要使用基带同轴电缆搭建共享 10Mb/s 总线以太网。宽带同轴电缆目前主要用于有线电视网络中。

2.2.3　光纤

光纤是使用微米级直径的光导纤维制成的传输介质，是迄今为止频带最宽、可靠性最好、抗干扰能力最强，并且重量轻、体积小的有线传输介质。光纤对数据通信技术的发展有着不可估量的作用，它将成为未来有线通信的主要传输介质。室内光缆的结构如图 2-9 所示。

光纤有多模光纤和单模光纤之分。单模光纤芯径较小，一般在 9μm 以下。单模光纤使用

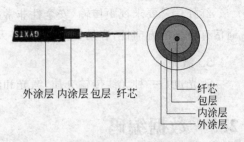

图 2-9　室内光缆结构

1550nm 波长光波传输信号。由于光纤芯径接近光波波长，在单模光纤中仅仅提供单条光通道。单模光纤常见的规格是纤芯/包层外直径为 9/125μm。单模光纤使用激光作为光源，信道带宽较高，理论带宽为 40Gb/s，实验室记录带宽可达 1200Gb/s。单模光纤在 100Mb/s 速率时传输距离可以达到 50km 以上。单模光纤成本较高，一般用于长距离传输。

多模光纤使用 850nm 和 1300nm 波长光波传输信号。多模光纤纤芯直径一般远大于光波波长，所以光载波信号可以与光纤轴有多个可分辨角度的传输，多模光纤中可以提供多条光通道。目前多模光纤主要有两种规格：50/125μm 和 62.5/125μm。多模光纤使用 LED 作为光源，成本较低，信道带宽较低，所以它多用于传输速率相对较低，并且传输距离较短的网络中。62.5/125μm 多模光纤在 1Gb/s 速率下，采用 850nm 波长光波时传输距离为 300m，采用 1300nm 波长光波时传输距离为 550m。50/125μm 多模光纤在 1Gb/s 速率下，采用 850nm 和 1300nm 波长光波时传输距离均可达到 600m。

2.2.4　无线传输介质

在数据通信中，无线信道的传输介质主要采用微波和红外线。

1. 微波

在无线通信中，微波信道使用 300MHz～300GHz 频段，波长从分米到毫米。在通信传输网络中，有地面微波传输网络和卫星线路。微波信号是直线传输的。在地面微波系统中，由于受地球曲面的影响，每隔 40～48km 需要设置一个中继站。使用卫星作为微波中继，可以扩大通信距离。一个在赤道上空 36000km 的同步通信卫星可以实现覆盖地球表面积 1/3 区域的微波通信。使用卫星通信，通信费用与通信距离无关。但卫星通信大约有 240～270ms 的时间延迟。

在无线局域网中也使用微波信道，在 2.4～2.4835GHz 频段，带宽为 835MHz。该频段无需无线电管理部门的许可，世界上许多国家对该频段都是开放的。使用微波信道没有方向性，在百米之内可以实现可靠的网络连接。使用室外天线和功率放大器，在无山脉、建筑物遮挡的情况下，微波通信距离可以达到几十千米。

2. 红外

红外线路采用小于 $1\mu m$ 波长的红外线作为传输媒体,有较强的方向性。由于它采用低于可见光的部分频谱作为传输介质,使用不受无线电管理部门的限制。

红外信号要求视距传输,安全性非常好,对邻近区域的类似系统不会产生干扰。但其通信有较强的方向性,容易受光线、雨雾天气影响。

3. 激光

激光也是一种无线传输介质,激光和红外有类似的特点,一般较少使用。

2.3 数据编码

在数据通信中,数据需要使用二进制编码表示,例如,ASCII 字符编码和汉字编码等。二进制编码数据需要使用信号表示,用两个电平值表示二进制数"0""1"是一种最简单的数据编码方法。对于不同的传输方式,数据编码的形式也不一样。

2.3.1 基带传输方式与频带传输方式

1. 基带传输

在数据通信中传输的都是二进制编码数据,终端设备把数据转换成数字脉冲信号。数字脉冲信号所固有的频带称为基本频带,简称基带。在信道中直接传送基带信号称为基带传输。

基带传输可以理解为直接传输数字信号,由于数字信号中包含从直流到数百兆赫的频率成分,信号带宽较大,采用基带传输数据时数字信号将占用较大信道带宽,而且只适合于短距离传输的场合。基带传输系统比较简单,其传输速率较高。在局域网中一般采用基带传输方式。

2. 频带传输

基带传输方式虽然简单,但不适合长距离传输,而且不适合在模拟信道上传输数字信号。例如,在电话语音信道上不能传输基带数据信号,因为电话语音信道只有 $4000\mathrm{Hz}$ 的带宽,远远小于数字脉冲信号的带宽。

为了利用模拟信道长距离传输数字信号,需要把基带数字信号利用某一频率正弦波的参量表示出来。这个正弦波称为载波。利用载波参量传输数字信号的方法称作频带传输。把数字信号用载波参量表示的过程叫作调制,在接收端把数字信号从载波信号中分离出来的过程叫作解调。调制解调器就是实现信号调制和解调的设备。

在频带传输中,使用调制编码表示数字信号,即使用载波信号的幅度、频率和相位表示数字"0"或"1"。例如,使用 $980\mathrm{Hz}$ 频率的载波信号表示数字"0",使用 $1180\mathrm{Hz}$ 频率的载波信号表示数字"1"。

2.3.2 数字数据的调制编码

数字信号调制过程是利用数字信号控制载波信号的参量变化过程。正弦载波信号的数学函数表达式为

$$f(t) = A\sin(\omega t + \theta)$$

式中，A、ω 和 θ 分别代表函数的幅度、频率和初相角，使用数字信号控制这 3 个参量的变化，就可以产生数字信号的调制编码。

1. 幅度调制编码（调幅、幅移键控）

幅度调制编码是使用数字信号控制载波的幅度，通过载波幅度变化表示二进制数字 0 或 1。幅度调制过程示意图如图 2-10 所示。

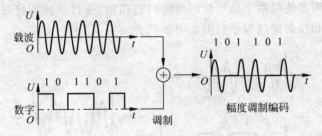

图 2-10　幅度调制过程示意图

幅度调制编码使用信号幅度的大小表示数据，调制方法简单，容易实现，但信号中的直流成分较大，而且容易受外界电磁波干扰，一般较少使用。

2. 频率调制编码（调频、频移键控）

频率调制编码是使用数字信号控制载波的频率，通过载波频率变化表示二进制数字 0 或 1。频率调制过程示意图如图 2-11 所示。

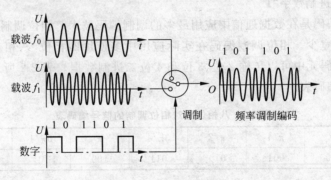

图 2-11　频率调制过程示意图

频率调制方式比较简单，而且抗干扰能力较强。频率调制需要使用两个或多个频率的载波。在图 2-11 中，使用两个频率的载波 f_0 和 f_1 分别表示二进制数字 0 和 1。如果使用 4 个频率的载波 f_0、f_1、f_2 和 f_3，那么每个载波信号所表示的二进制数据如表 2-1 所示。

表 2-1　4 个频率的载波调制编码

载波频率	f_0	f_1	f_2	f_3
二进制码	00	01	10	11

　　在数字数据的调制编码中,包含数据的编码信号称作信号码元。在 4 个频率的载波调制时,每个调制信号码元中可以包含 2bit 二进制数据,这样在信道的有效带宽内可以成倍地提高数据传输速率。

　　使用频率调制编码时,各个载波之间为了避免干扰,必须留出一定的频率间隔,所以频率调制编码信号占用的频带较宽,特别是使用多个载波频率时,占用信道的频带更宽。

3. 相位调制编码(调相、相移键控)

　　相位调制编码是使用数字信号控制载波的初相角,通过载波相位的变化表示二进制数字"0"或"1"。相位调制过程示意图如图 2-12 所示。

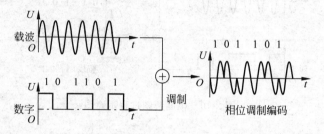

图 2-12　相位调制过程示意图

　　在图 2-12 中,使用 0 相位角的载波信号表示二进制数字"0",使用 π 相位角的载波信号表示二进制数字"1"。这种方式称作两相位绝对相位调制。也可以使用相对相位调制,即使用载波信号的相位变化表示数字编码。例如,相位不变表示二进制数字"0",相位变化 π 相位角表示二进制数字"1"。

　　相位调制编码是在数据通信中应用最多的调制编码技术。相位调制编码的信号带宽小,占用信道带宽少。相位调制编码在实际应用中多使用四相位、八相位和十六相位调制,在一个信号码元中可以传输 2 位、3 位和 4 位二进制数据。表 2-2 所示八相位绝对相位调制的信号编码表。

表 2-2　八相位绝对相位调制的信号编码表

初相角	0	$\pi/4$	$\pi/2$	$3\pi/4$	π	$5\pi/4$	$3\pi/2$	$7\pi/4$
二进制码	000	001	010	011	100	101	110	111

4. 混合调制编码

　　多相位调制在一个信号码元中可以包含多比特数据信息,但如果相位差太小,接收方就难以识别不同的信号码元,所以不能无限制地增加调制相位。为了进一步提高码元表示的数据比特数,在频带传输中还是采用幅度—相位、频率—相位混合调制编码技术。

　　幅度—相位调制编码使用不同的幅度和不同的相位值表示数字数据。例如,在十六相位调制中,每个码元包含 4bit 二进制数字,这时假定载波信号的幅度值是 A_0,在同样的相位编码信号中,使用幅度值是 A_1 的载波信号,就可以得到另一组包含 4bit 二进制数字的编码信号,两组信号合起来相当于每个信号码元中包含了 5bit 二进制数字。表 2-3 所示是八相位两幅度混合调制信号编码举例。

表 2-3 八相位两幅度混合调制信号编码表

初相角	0	$\pi/4$	$\pi/2$	$3\pi/4$	π	$5\pi/4$	$3\pi/2$	$7\pi/4$
幅度 A_0	0000	0001	0010	0011	0100	0101	0110	0111
幅度 A_1	1000	1001	1010	1011	1100	1101	1110	1111

5. 数据传输速率

数据传输速率是单位时间内传输的二进制数据位数,单位是比特/秒(b/s)。在频带传输中,数据传输速率与信号码元的周期成反比,与信号码元状态数以 2 为底的对数成正比。数据传输速率的计算公式为

$$R = \frac{1}{T} \cdot \log_2 N$$

式中,R 为数据传输速率;T 为信号码元周期(s);N 为信号码元状态数;$1/T$ 称为波特率,也称为调制速率,是单位时间内信号码元的变换数,单位是波特(Baud)。

信道的带宽直接影响信号传输的波特率。例如,在 4000Hz 带宽的电话语音信道上,波特率绝对不能超过 4000 波特,但数据传输速率可以达到几十千比特每秒。

例如,在一个频带传输的数据通信系统中采用八相位调制编码,信号码元周期长度为 $\frac{1}{3200}$ s,该系统的数据传输速率计算过程如下。

八相位调制编码的码元状态数 $N=8$,所以系统数据传输速率为

$$R = 1/(1/3200) \times \log_2 8 = 3200 \times 3 = 9600(\text{b/s})$$

6. 误码率

误码率是指二进制码元在传输中出错的概率,是衡量传输系统可靠性的指标。从统计的理论讲,当所传送的数字序列无限长时,误码率等于被传错的二进制码元数与所传码元总数之比,即

误码率 = 接收错误的码元数 ÷ 传输的码元总数

在计算机网络通信系统中,要求误码率低于 10^{-6}。传统的铜线信道误码率在 10^{-6} 以下,光纤信道误码率在 10^{-9} 以下。

7. 信道容量

信道中允许的最大数据传输速率称为信道容量。使用多状态信号编码可以提高数据传输速率。那么是否可以无限地增加信号编码状态数来无限地提高数据传输速率呢?答案是否定的。增加信号编码状态数,将使得接收系统难以识别。1948 年贝尔实验室的香农(Claude Elwood Shannon)博士通过对信道的深入研究,在《通信的数学原理》(*Mathematical Theory of Communication*)一文中发表了著名的香农定理,阐述了信道带宽与信道容量的关系。

香农定理指出,在有噪声的信道中,假设信号的功率为 S,噪声功率为 N,信道频带宽为 B(Hz),则该信道的信道容量 C 为

$$C = B \cdot \log_2 \left(1 + \frac{S}{N}\right)(\text{b/s})$$

式中,S/N 为信道的信噪比,即信号功率与噪声功率的比值,S 为信号功率,N 为噪声功率。

信噪比通常用分贝(dB)来表示,分贝和一般比值的换算关系为

$$信噪比(dB)=10\times\lg(S/N)$$

如果 $S/N=100$,则用分贝表示的信噪比为 20dB。

带宽大约为 4000Hz 的电话语音信道的信噪比 S/N 约为 1000,即 30dB。根据香农定理,在电话语音信道上所能达到的最大数据传输速率为

$$C=4000\times\log_2(1+1000)\approx4000\times10\approx40(Kb/s)$$

2.3.3　数字数据的数字信号编码

在基带传输系统中直接传输数据终端设备产生的数字信号。但为了正确无误地传输数字数据,一般需要在 DCE 设备中对数据进行编码。在基带传输系统中常用的数字信号编码方式有以下几种。

1. 非归零编码

非归零编码(NRZ)是最简单的数字信号编码,使用一个正电平表示数字"0",使用一个负电平表示数字"1";或者使用正电平表示数字"1"、负电平表示数字"0"。非归零编码如图 2-13 所示。

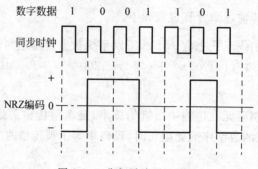

图 2-13　非归零编码(NRZ)

非归零编码难以确定收发双方的同步,需要额外传输同步时钟信号。另外,当"0""1"的个数不等时,信道中会有直流分量,这是数据传输中不希望出现的,所以非归零编码的使用场合较少。

2. 曼彻斯特编码

为了克服非归零编码的缺点,可以使用曼彻斯特编码(Manchester)。曼彻斯特编码是将每个码元分成两个相等的时间间隔,从高电平到低电平跳变表示数字"0",即其前半个码元的电平为高电平,后半个码元的电平为低电平;从低电平到高电平跳变表示数字"1",即其前半个码元的电平为低电平,后半个码元的电平为高电平。这种编码的好处是保证在每一个码元的正中间出现一次电平的跳变。曼彻斯特编码如图 2-14 所示。

由于曼彻斯特编码的每位信号中间都发生电平跳变,所以不含直流分量。另外,可以从位中间的跳变点获取时钟信号,两个跳变点之间为一个信号周期。所以在曼彻斯特编码中不需要传输同步时钟信号,信号编码中自带同步时钟信号。

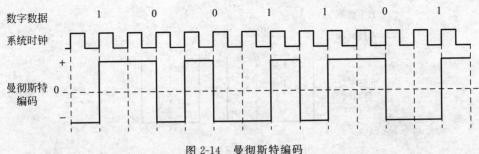

图 2-14　曼彻斯特编码

曼彻斯特编码的每个信号周期需要占用两个系统时钟周期,它的编码效率为 50%,编码效率较低。例如,在 10Mb/s 的局域网中,为了达到 10Mb/s 传输速率,系统必须提供 20MHz 以上的时钟频率。

3. 差分曼彻斯特编码

差分曼彻斯特编码(Difference Manchester)是在曼彻斯特编码基础上的改进。在差分曼彻斯特编码中,每个信号编码位中间的跳变只起携带时钟信号的作用,与信号表示的数据无关。数字数据"1"和"0"用数据位之间的跳变表示,如果下一位数字是"0",码元之间要发生电平跳变;如果下一位数字是"1",码元之间不发生电平跳变。差分曼彻斯特编码提高了抗干扰能力,在信号极性发生翻转时并不影响信号的接收判决,其编码效率依然是 50%。差分曼彻斯特编码如图 2-15 所示。

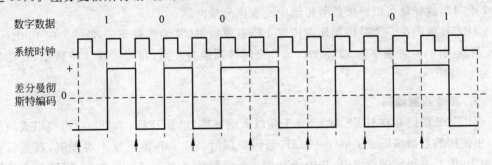

图 2-15　差分曼彻斯特编码

4. 非归零交替编码与 4B/5B 编码

曼彻斯特编码虽然有很多优点,但编码效率太低,影响信道的数据传输速率。非归零交替编码(NRZI)的编码效率为 100%,但存在着直流分量大、难以提取同步时钟信号的缺点。非归零交替编码采用电平跳变表示数字"1",无电平变化表示数字"0"。非归零交替编码如图 2-16 所示。

非归零交替编码提高了编码的抗干扰能力,信号极性翻转不影响接收判决。同步时钟信号可以在包含连续几个"1"的同步字符中提取。但非归零交替编码中如果包含的数字"0"的个数较多时,电路中的直流分量依然较大。

为解决非归零交替编码中直流分量较大的问题,在 IEEE 802.3u 标准(100Base-TX)中使用了 4B/5B 编码。4B/5B 编码表如表 2-4 所示。

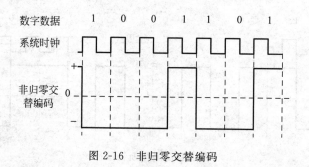

图 2-16　非归零交替编码

表 2-4　4B/5B 编码表

数据	5B 编码	数据	5B 编码	数据	5B 编码	数据	5B 编码
0000	11110	0101	01011	1010	10110	1111	11101
0001	01001	0110	01110	1011	10111	IDLE	11111
0010	10100	0111	01111	1100	11010		
0011	10101	1000	10010	1101	11011		
0100	01010	1001	10011	1110	11100		

　　从表 2-4 可以看到,5B 编码使用 5 位二进制数进行编码,可以得到 32 组编码;4B/5B 表示使用 5B 编码传送 4 位二进制数据。4 位二进制数只需要使用 16 个编码,在 32 个编码中挑选 16 个包含多个"1"的编码是容易做到的。在表 2-4 中,所选用的编码中至少包含 2 个"1",这样就可以解决信号传输中的直流分量问题。

　　4B/5B 编码在 5 个时钟周期内传送 4 位有效数据,其编码效率为 80%。在 100Base-TX 局域网内,时钟频率为 125MHz,每 5 个时钟周期为一组,每组发送 4 位数据,传输速率为 100Mb/s。

5. 其他数据编码

　　8B/10B 编码是在 IEEE 802.3z(千兆以太网标准)以及 IEEE 802.3ae(万兆以太网标准)中使用的数据编码。了解了 4B/5B 编码原理后,8B/10B 编码就不难理解,其实就是使用 10 位二进制数进行编码,从中选取 256 个编码传送 8 位二进制数据,保证每个编码中"1"的个数不少于 4。

　　4D-PAM5 编码是 IEEE 802.3ab(千兆以太网标准)中使用的数据编码。由于该标准使用 4 对五类 UTP 传输数据,所以称作 4D。PAM5 编码是五电平编码,编码方案如表 2-5 所示。

表 2-5　PAM5 编码

电平	−2	−1	0	+1	+2
数据	00	01	—	10	11

　　4D-PAM5 编码的每个时钟周期内传输 2bit 二进制数据,所以其编码效率为 200%。

2.4　数据传输方式

2.4.1　并行传输与串行传输

　　计算机中的数据一般用字节（8bit 二进制数）和字（16bit 或更多二进制数）表示。在数据通信中，一般是按字节传输。一个 8bit 二进制数据传送到接收方，有并行传输与串行传输两种方法。并行传输中的每个数据位使用一根数据线（和公用信号地线）；串行传输则仅用一根数据线和一根信号地线，让数据按位分时通过传输线路。并行传输与串行传输方式如图 2-17 所示。

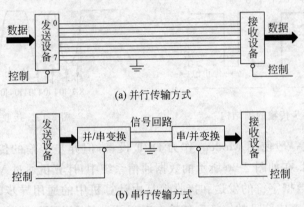

图 2-17　并行传输方式与串行传输方式

　　并行传输方式在一个信号周期内可以将 8 位二进制数据同时传送到接收方，而串行传输方式则需要 8 个信号周期。传输 8 位二进制数据时，并行传输方式至少需要 9 根信号线，而串行传输方式只需两根信号线。而且在铜线系统中，串行传输方式的一条信道总是使用两根信号线，而并行传输方式中的信号线数目和并行传输的数据位数有关。

　　在远距离通信系统中，通信线路的成本是最高的，所以并行传输方式一般只在系统内部或很短距离的系统之间使用。计算机网络中的通信方式一般都是串行传输方式，通信课程中涉及的内容一般都是针对串行传输方式的。

2.4.2　异步传输与同步传输

　　在串行传输方式中，数据是按位传输的，发送方和接收方必须按照相同的时序发送和接收数据，才能够进行正确的数据传输。根据传输时序的控制技术可以分为异步传输方式与同步传输方式。

1. 异步传输

　　异步传输方式是收发双方不需要传输时钟同步信号的传输时序控制技术。RS-232C 接口一般使用异步传输方式（RS-232C 的 9 针连接器只能使用异步传输方式）。异步传输方式的传输时序控制简单，一般用于字节（字符）数据传输。

　　异步传输方式使用起始位、停止位和波特率控制传输时序。传输的每个字节称作 1 个数据帧。在数据帧之间至少需要 1 个停止位，停止位一般用高电平表示。数据帧的开始需要 1 个起始位,早期的异步传输方式要求起始位有 1.5 个数据位宽度。数据位的宽度由波特率计算。例如,波特率为 9600b/s 时,每个数据位的宽度约为 104μs。异步传输的帧结构如图 2-18 所示。

在异步传输方式中,接收端接收 1 帧数据的时序控制如图 2-19 所示。接收时钟一般为传输波特率的 16 倍。接收端从发现电平变低开始,连续 8 个接收时钟周期对信号采样,如果 8 次采样信号均为低电平,则认为收到起始信号,在延迟 1 个数据位宽度(16 个接收时钟周期,104μs)后开始采样数据。以后每隔 1 个数据位宽度采样 1 位数据,实现在数据信号码元的中心位置采样数据。

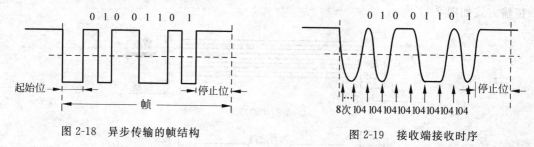

图 2-18　异步传输的帧结构　　　　　　图 2-19　接收端接收时序

异步传输方式一般使用 Modem 作为 DCE 设备,但异步传输的传输控制是由 DTE 设备完成的。例如,在如图 2-20 所示的数据通信系统中,计算机通过 Modem 连接电话网络进行数据通信,数据字符的发送和接收都是由计算机中的通用异步收发器(UART)完成的,Modem 只是完成信号的转换和传输。对于两端的 UART,发送和接收的都是数字编码信号。

图 2-20　两台计算机使用 Modem 进行通信

异步传输方式比较简单,但是由于每个帧只传输一个字节数据,而且需要附加起始位和停止位,所以数据传输速率比较低。

2. 同步传输

同步传输是通信的双方按照同一时钟信号进行数据传输的方式。由于双方在同一时钟信号指挥下工作,例如,发送方在时钟信号上升沿发送数据,接收方在时钟信号下降沿接收数据,收发双方可以达到步调一致地传输数据,即同步传输。

同步传输有外同步与内同步两种方式,同步的内容有位同步和字节同步两个方面。在外同步方式中,需要使用通信线路传输同步时钟信号,系统成本较高;内同步传输方式是从数据信号编码中提取同步时钟信号。例如,在曼彻斯特编码和差分曼彻斯特编码中,每个数据位中间都有电平跳变,根据这个规律就能够生成同步时钟信号。在非归零交替编码中,如果"1"的个数足够多,也很容易提取位同步时钟信号。为了节省系统成本,同步传输多采用内同步方式。

从数据信号编码中提取同步时钟信号只能得到位同步时钟信号,只能解决信号码元的同步传输问题。但数据的基本单位是字节,识别字节边界就是字节同步问题。在内同步方式中,字节同步可以通过同步字符实现。

所谓同步字符,是一个特殊的码元序列。例如,在高级数据链路通信规程(High-level Data Link Control,HDLC)中,使用"01111110"作为同步字符(SYN)。HDLC 数据帧格式如图 2-21 所示。

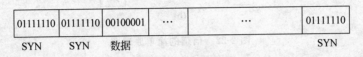

图 2-21　HDLC 数据帧格式

在 HDLC 规程中,当线路空闲时,线路上就传送 SYN 字符。由于 SYN 字符中包含连续的 6 个"1",所以很容易提取位同步时钟信号。接收端接收到一个"01111110"序列后,即得到了字节同步,表示下一个数据位是下一个字节数据的开始。

通过同步字符可以实现字节同步。在 HDLC 通信规程内,一个数据帧是由 SYN 封装起来的。接收端接收到 SYN 后开始接收下一个字节的数据,如果下一个字节仍然是 SYN 字符,那么系统丢弃 SYN 后继续接收下一个字节数据,直到接收的字符不再是"01111110"时,表示接收到数据。从接收到一个数据字节后开始一个数据帧的接收过程,这个接收过程一直延续到再收到"01111110"的同步字符为止。

在 HDLC 规程的数据帧中,如果包含"01111110"数据,就会造成把数据当作同步字符的错误。为了使数据帧中可以传输任何数据,HDLC 规程采用了"零比特插入技术",即当 HDLC 规程发送数据时,如果数据字节中"1"的个数超过 5 个,无论后面的数据位是"1"还是"0",都要插入一个数据位"0",使得传输中不可能出现连续 6 个"1"的字节数据。在接收数据时,当连续接收了 5 个"1"后,如果下面一位是"1",说明接收到了 SYN 字符;如果下面一位是"0",则丢弃"0",继续接收下一位,直到凑够一个字节数据。

2.5　数据通信方式

2.5.1　信道结构

在传输电子信号的线路中,一条信道理论上由两条线路组成,两条线路形成一条信号回路。一般把信道的两条线路中的一条称作数据信号线,另一条称作地线。有时多条信道可以共用一条信号地线,例如在并行传输方式中,多条信道共用一条信号地线。

在信道中传输数据的方向是固定的。图 2-22(a)所示是信道的简单原理图。在线路的两端,不仅连接的信号端子不同,而且会有信号放大器存在,所以信号只能向一个方向传输。图 2-22(b)所示为信道传输方向的一般表示。

在数据通信中,信道有如图 2-23 所示的三种结构。

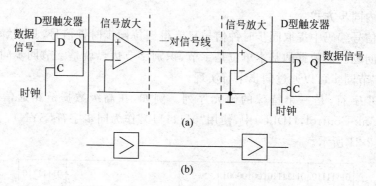

图 2-22　信道的简单原理图

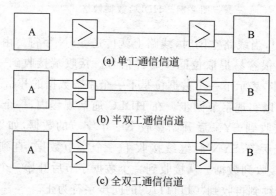

图 2-23　信道的三种结构

2.5.2　通信方式

根据信道的不同结构,有三种通信方式,即单工通信、半双工通信和全双工通信。

1. 单工通信

单工通信信道为一种单方向的传输通道,如图 2-23(a)所示,信号只能向一个方向传输。在计算机网络中一般不采用单工通信。

2. 半双工通信

半双工通信信道结构如图 2-23(b)所示。其中,发送信道和接收信道共用一条通信线路,数据可以向两个方向传输,但不能同时传输。在总线型局域网中,多个站点共享一条通信线路,所以其通信方式只能是半双工通信方式。

3. 全双工通信

全双工通信信道结构如图 2-23(c)所示。其中,发送信道和接收信道各自独立,可以同时发送数据和接收数据,数据通信效率高。在星型局域网中都采用全双工通信方式。例如,在 100Base-TX 网络中采用五类双绞线缆作为传输线路,其中有四对双绞线(见图 2-7),在线路连接中,一对用于发送信道,一对用于接收信道,空闲两对。

在数据通信系统中,数据传输方式一般需要考虑是串行数据传输还是并行数据传输;是异步传输还是同步传输;是基带传输还是频带传输;是单向数据传输(半双工)还是双向(全双工)数据传输。这就是数据传输方式包含的内容。

2.6 链路复用

在通信系统中,成本最高的是通信线路。如何提高远程线路的利用率是通信技术研究的重要内容。链路复用是利用一条通信线路实现多个终端之间同时通信的技术。链路复用技术主要应用于通信网络的传输网络。链路复用技术主要有电信号传输中的频分多路复用(FDM)、时分多路复用(TDM)和统计时分复用(STDM);光信号传输中的波分多路复用(WDM);无线移动通信中的码分多址多路复用(CDMA)等。在计算机网络中主要采用统计时分复用技术,在无线局域网中主要采用码分多址多路复用技术。

2.6.1 频分多路复用

频分多路复用(Frequency Division Multiplexing,FDM)是在传输介质的有效带宽超过被传输的信号带宽时,把多路信号调制在不同频率的载波上,实现在同一传输介质上同时传输多路信号的技术。

无线调频广播就是频分多路复用最简单的例子。ADSL 和电话共用一条电话线路利用的就是频分多路复用技术。在电话用户线路上,语音信号占用 0~4kHz 传输频带,ADSL 占用 4kHz 以上的频带部分。

2.6.2 时分多路复用

时分多路复用(Time Division Multiplexing,TDM)是一种当传输介质可以达到的数据传输速率超过被传输信号传输速率时,把多路信号按一定的时间间隔传送的方法,是实现在同一传输介质上"同时"传输多路信号的技术。

时分多路复用技术广泛应用于电话交换网络和数字数据网络(Digital Data Network,DDN)中。图 2-24 所示是电话交换网络示意图,交换机之间(局间)的数据线路传输速率在 PDH(Plesiochronous Digital Hierarchy,准同步数字系列)中的最低传输速率是 2.048Mb/s(欧洲标准的 E1 速率,北美标准的 T1 速率为 1.536Mb/s),而一条话路的数据传输速率是 64Kb/s,所以一次群中可以同时传输 32 个话路信号(T1 速率为 24 条话路)。

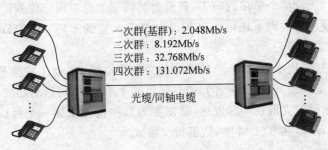

一次群(基群): 2.048Mb/s
二次群: 8.192Mb/s
三次群: 32.768Mb/s
四次群: 131.072Mb/s

光缆/同轴电缆

图 2-24 电话交换网络示意图

在电话传输系统中,将 $\frac{1}{8000}$s 作为一个时间片(125μs),即每秒为用户传送 8000 次数据。每个时间片中传输 1 个数据帧,每个数据帧中包含 32 个时隙,每个时隙中包含 1 路信号。其中,30 个时隙传输语音信号,2 个时隙传输信令(控制信息)信号。电话数据帧格式如图 2-25 所示。

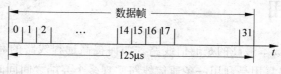

图 2-25　电话数据帧格式

当用户拨号时,如果有空闲时隙,则分配一个给该用户。在用户挂机之前,在该时隙中固定传输用户数据,无论用户是否讲话。一个时隙就是一条话路,这样在一条通信线路上,采用 E1 速率传输可以实现 30 条话路同时通信。

2.6.3　统计时分复用

统计时分复用(Statistical Time Division Multiplexing,STDM)是根据用户有无数据传输需要分配信道资源的方法。相对于 FDM 和 TDM 而言,STDM 是一种动态资源分配方式。在 FDM 和 TDM 中虽然大大地提高了线路利用率,但它们都是将信道资源固定地分配给用户,而不考虑用户是否有效地利用了线路资源。例如,在 TDM 系统中,当用户呼叫时,系统分配给用户一个固定的时隙,若用户不讲话,该时隙中就没有数据需要传输,即该话路处于空闲状态。虽然如此,系统也没有办法使用该时隙为其他用户服务,或者说一个基群线路只能提供 30 条话路。

STDM 是根据用户的数据传输需要动态地分配信道资源。在用户有数据需要传输时,信道为用户传输数据;用户没有数据需要传输时,信道为其他用户传输数据,系统不再把时隙分配给固定的用户,而是把信道的传输能力统一调度使用。在 STDM 方式中,一条同样的基群线路可能传输几百条话路。当然,由于用户数据不是在固定的时隙中传输,对语音信号会造成一定的失真,这就是 IP 电话话费较低,但通话质量较差的原因。

TDM 和 STDM 可以用单位班车和公共汽车来比喻。如果在一条交通线路上有 30 个单位的定点班车,某单位的班车发车时,即便没有该单位职工,班车照样发车,而其他单位的职工再多也不能搭乘。这就是 TDM 模式。STDM 模式使用定点公共汽车。当公共汽车发车时,无论哪个单位的职工,只要公共汽车上有空闲座位就可以搭乘。从这个比喻可以看到,使用公共汽车比单位班车可以节省大量的车辆,即 STDM 比 TDM 可以更充分地利用信道资源。

单位班车直接开进本单位,车上的乘客都是本单位职工;职工乘坐公共汽车时,虽然各单位的人混在了一起,但由于乘客知道自己是哪个单位的,可以自己去自己的单位。但传送数据时,将数据报文混在一起发送,就需要为数据报文添加一个标识,以便于数据报文到达后的区分,所以在 STDM 中,数据报文格式为

地址	数据

STDM 传输过程示意图如图 2-26 所示。

假设有 A、B、C、D 四个终端和对方建立了连接,这四个终端根据自己的需要发送数

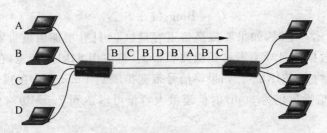

图 2-26　STDM 传输过程示意图

据。交换机接收到各个终端发送的数据后,按照接收的时间顺序依次在信道上传输。信道中传输的每个终端的数据多少取决于该终端发送数据的多少。在图 2-26 中,B 终端的数据明显多于其他终端,说明 B 终端发送的数据多,系统为 B 终端分配的信道资源多。

STDM 比 TDM 有明显的资源利用优势。随着光纤网络的普及和网络带宽的增长以及数据传输服务质量(Quality of Service,QoS)控制技术的发展,语音通信业逐步转向了 STDM 方式,即常见的 IP 电话。随着 2017 年 12 月 21 日中国最后一台 TDM 程控交换机的下电退网,标志着中国电信成为全 IP 组网的运营商,开启了中国全光高速新时代。

2.6.4　波分多路复用

波分多路复用(Wave Division Multiplexing,WDM)是指利用光具有不同波长的特性,在一根光纤上同时传输多个波长不同的光载波信号。波分多路复用就是光纤信道中的频分多路复用。波分复用技术主要有以下三种。

(1) 宽波分复用(WWDM),波道间隔在 50nm 以上。

(2) 密集波分复用(DWDM),波道间隔小于 0.8nm(0.6～0.8nm)。

(3) 稀疏波分复用(CWDM),波道间隔为 20nm(ITU 建议)。

2.6.5　码分多址多路复用

1. CDMA 的概念

码分多址多路复用(Code Division Muitiple Access,CDMA)是移动通信中使用的信道复用技术,主要解决多用户使用相同频率同时传送数据的问题。在无线局域网中也采用 CDMA 技术。

CDMA 是一种比较复杂的通信技术。对于移动电话系统而言,基站和移动设备(手机)通过某一频率的微波信道通信,在拥有大量手机用户的情况下如何区分用户信息是移动通信中必须解决的问题。移动通信设备使用 CDMA 技术可以提供更多的信道资源和更好的通信质量服务。在 CDMA 通信中,系统为一对通信用户分配唯一的数据识别标识,通信的双方利用此标识对传输的数据进行编码和解码,从而实现不同用户在同一信道中使用不同的编码传送数据。CDMA 是利用扩频技术实现的。无线局域网也采用了 CDMA 技术,IEEE 802.11 标准对无线网络物理层规定了三种传输方式:红外和采用直序扩频技术、跳频扩频技术的射频信号传输方式。

2. 扩频技术

扩频就是扩大信号的带宽。似乎这是不合情理的事情,但是根据香农定理:

$$C = B\log_2(1 + S/N)$$

当信道信噪比一定时,如果要提高信道容量(C),只有增加信道带宽(B)。例如,将 64Kb/s 速率的数据信号频率搬移到微波频带上,将占用 64kHz 带宽,在信噪比为 30dB 时信道最大容量约为 384Kb/s。如果将信号带宽扩展到 1.25MHz,在频带调制后将占用 1.25MHz 带宽,信噪比仍为 30dB 时信道最大容量可以达到 7.5Mb/s,相当于提高了信道的信噪比。

3. 直序扩频

直序扩频是使用数字信号调制比信号脉冲宽度窄得多的脉冲序列扩频码,形成具有较宽频带的调制编码信号,扩展了数字信号的频率范围。扩频之后,数字信号经过频率搬移调制后,数字信号可以在一个较宽的频带上传输。

扩频码使用 16 位二进制编码,在 CDMA 技术中称作伪噪声(PN)码。对通信双方只分配一对 PN 码用于识别数据"0"和"1"。发送方在发送数据时,使用获得的 PN 码对数据进行扩频调制;接收方接收数据时,使用获得的 PN 码对扩频信号进行解扩,获得原始数据。

例如,现在将 16 位二进制编码用十进制数字 0~65535 表示。在一对用户建立连接时,基站为该对用户分配 PN 码"3425"表示"0","7650"表示"1"。接收方在接收扩频信号时根据接收到的"3425"和"7650"得到数据"0""1",其他用户在传输的扩频编码中绝对不会出现"3425"和"7650"的编码。这样,虽然很多用户都在相同的频带上传输数据,但根据扩频码可以分辨出是谁的数据,所以称作码分多址。在一个频带上使用 16 位 PN 码,理论上可以实现 32768 对用户同时通信。

4. 跳频扩频

跳频技术最早用于军事无线通信,是为了防止敌人干扰和通信保密而采用的技术。跳频是指在通信时有规律地不断变化载波频率。跳频分快跳频和慢跳频,快跳频的跳频频率接近数据码元速率,一般为每秒几百次至上千次。快跳频一般用于军事领域。慢跳频的跳频频率远小于数据码元速率,一般为每秒几十次至上百次。慢跳频一般用于民用通信领域。

跳频技术的核心是跳频"时—频"图,如图 2-27 所示。

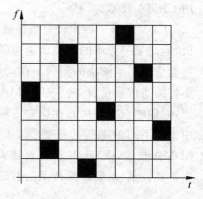

通信的双方按照跳频"时—频"图的规律进行通信。如果被敌方掌握了跳频规律,就可以对通信进行窃听和干扰。

在跳频方式中,信号带宽没有被扩展,或者说每条信道的带宽较窄,但这个窄带信号在一个很宽的频带内跳动,形成跳频带宽,实现信号的频带扩展。这就是跳频扩频技术。

在一个跳频系统中,不同用户使用不同的跳频"时—频"图,在同一个频带内可以容纳多个用户同时通信。

图 2-27　跳频"时—频"图

2.7　数据交换方式

数据通信的过程就是通信的双方通过信道交换数据的过程。在广域网中,数据传输一般需要经过通信交换网络。常见的数据交换方式有电路交换、报文交换和分组交换三种。

2.7.1　电路交换

电路交换技术是指通信的双方在通信之前需要建立一条端到端的直通数据电路,引导数据从源点到达终点。

在电路交换技术中,通信过程包括三个阶段。

(1) 建立连接阶段:由主叫方发出呼叫请求,呼叫请求信号到达接收方后,接收方发回应答信号,数据电路连接建立。

(2) 数据通信阶段:通信的双方通过数据电路交换数据。

(3) 拆除连接阶段:通信结束后,拆除连接,释放线路。

电路交换的优点是数据交换实时性好,信号延迟小;中途交换机不干涉用户数据,用户数据格式不受限制;用户数据中不需要附加地址和控制信息,数据传输效率高。

电路交换的缺点是信道资源被通信双方独占,即便在无数据传输时,信道也不能为其他用户服务,信道资源利用率低;通信规程、传输速率不同的终端之间不能通信;电路连接时间长,对于短报文通信来说效率低。

2.7.2　报文交换

报文交换是利用"存储—转发"方式传输数据。用户在传输数据时不需要和对方建立连接,而是直接把包含对方地址的数据报文发送到交换机。交换机可以存储大量的报文,根据其目的地址,报文在不同方向的发送缓冲区中排队等待发送,报文将被依次转发到下一台交换机,直至到达目的终端。

报文交换可以充分利用信道资源,通信规程不同的终端之间也可以通信,但它最大的缺点是传输延迟大、实时性差。

2.7.3　分组交换

分组交换也称为包交换,是计算机网络中使用较多的数据交换方式。分组交换是综合了电路交换和报文交换的优点,克服了它们的缺点而产生的数据交换方式。分组交换采用报文交换的"存储—转发"传输方式,但把报文分成较短的数据分组,这样当报文的一部分(分组)到达后,只要信道空闲就可以马上转发出去,吸取了报文交换不需要独占信道的优点,克服了传输延迟大的缺点,基本上能够达到实时传输。但如果在每个较短的分组中加入地址信息,会较大地降低数据传输效率。在分组交换中,为解决分组地址问题,采用虚连接技术。

在电路交换方式中,通信双方需要建立连接,称为连接型通信;在报文交换方式中,通信双方不需要建立连接,称为无连接型通信。连接型通信需要建立通信连接,但传递的数据中不需要附加地址信息;无连接型通信中不需要建立通信连接,但需要在报文中附加地址信息。虚连接技术就是取二者之长、避二者之短。

虚连接的建立基础是将信道划分成若干逻辑信道,如 256 条。在建立通信连接时并不是把整条信道分配给用户,而是只分配给一条逻辑信道,如 28 号。在用户传输数据时,每个分组中加入该逻辑信道号作为目的地址,分组交换系统根据逻辑信道号将分组传递给连接的对方。这样,通过建立连接解决了分组中的地址问题,但这个连接并没有独占信道,其他用户还可以通过其他逻辑信道号共享信道资源,所以称之为虚连接。通过虚连接建立的电路称为虚电路。

分组交换中使用的是统计时分复用(STDM)技术。在一条电路上通过虚电路建立若干虚连接,用户通过统计时分复用方式共享信道资源。

2.8　差错控制

由于信道传输误码率的存在,在数据传输过程中的差错控制是必要的。在误码率为 10^{-6} 级别的电缆系统中,差错控制是在数据链路层进行的,在传输网络的各个节点都要进行差错控制。在采用了光纤技术之后,信道误码率降低到 10^{-9} 以下,所以在一些新的传输技术,如帧中继中,数据链路层不再进行差错控制,差错控制由终端设备的传输层完成。

2.8.1　差错检验

差错控制的基础是进行差错检验,检查在信号传递过程中是否发生了错误。常用的差错检验方法有以下两种。

1. 奇偶校验

奇偶校验是根据数据字节中包含的"1"的个数来检验数据传输中是否发生了错误的方法。奇偶校验方法常用于异步字符传输中的差错检验。奇偶校验又分为奇校验和偶校验,如果在传输的字节数据中,保证"1"的个数为奇数,则为奇校验;如果在传输的字节数据中,保证"1"的个数为偶数,则为偶校验。

奇偶校验的方法非常简单。一般 ASCII 码是由 7 位二进制数构成的。在字符 ASCII 码前面添加 1 位二进制数"0"或"1",使这 8 位二进制数中"1"的个数为奇数或偶数,增加的这个二进制位称作奇偶校验码或奇偶校验位。

例如,字符"A"的 ASCII 码为

$$1 0 0 0 0 0 1$$

在奇校验中,添加 1 位校验码"1",使其编码中"1"的个数为奇数,添加校验位后的字符"A"的 ASCII 码为

$$1 1 0 0 0 0 0 1$$

如果采用偶校验,添加校验位后的字符"A"的 ASCII 码为

$$0 1 0 0 0 0 0 1$$

进行奇偶校验时,如果一个字节传输中发生了多位错误,将无法发现错误。但在误码率 10^{-6} 以下的信道中,8 个数据位发生两位以上传输错误的概率几乎为 0。

2. CRC 校验

CRC(Cyclic Redundancy Check,循环冗余校验)是一种检错能力非常强大的检错方

法。在数据块同步传输方式中都使用 CRC 校验。

CRC 的基本原理是用一个 $n+1$ 位二进制码元序列(冗余码生成多项式)去除(模 2 除,异或)要传输的码元序列 $\times 2^n$,把得到的余数作为帧校验序列(Frame Check Sequence,FCS)附加在要传输的码元序列后面,组成带 CRC 校验码的数据帧发送到接收方。接收方使用和发送方相同的冗余码生成多项式,对接收到的数据帧进行模 2 除。如果余数为 0,说明数据传输正确;否则传输错误。

下面以一个简单的例子说明 CRC 的工作原理。假设要传输的码元序列为"10100011",冗余码生成多项式为"1001",即 $n=3$,那么(10100011)$\times$ $2^3=10100011000$。10100011000 模 2 除 1001 的过程如图 2-28 所示。

得到的 FCS 为"101",那么传输的带 CRC 校验码的数据帧为"10100011101"。接收方使用冗余码生成多项式"1001"对接收到的数据帧进行模 2 除。如果接收的数据帧内容为"10100011101"(传输正确),模 2 除的结果余数为 0;如果传输中有 1 位或几位错误,那么模 2 除的结果余数不为 0。

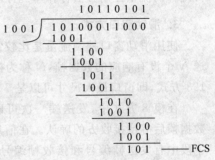

图 2-28   10100011000 模 2 除 1001 的过程

冗余码生成多项式的选择与误码类型有关。在 HDLC 规程中,CCITT 建议的生成多项式为 $X^{16}+X^{12}+X^5+1$,FCS 为 16 位二进制数。

2.8.2 差错控制方法

数据传输中的差错控制方法一般有数据重传和前向纠错,常用的是数据重传方法。

数据重传有两种方式。一种方式是由接收方根据接收中发现的传输错误而要求数据重传。在这种方式中,接收方发现接收的数据错误后,向发送方发送重新发送请求,发送方根据该请求,重新发送错误的数据分组。

另一种方式是发送方在发送分组数据后,当在规定的时间内接收不到接收方的接收确认信息时,主动重新发送数据分组。

2.9 流量控制

1. 流量控制的概念

在通信系统的两个节点之间进行数据通信时,收发双方必须相互协调。如果接收方的接收能力不足,发送方必须等待,否则会造成数据报文的丢失或系统的死锁。控制发送方的发送能力不超过接收方的接收能力称为流量控制。

站点的接收能力主要体现在接收缓存空间上,当接收缓存空间不足时,必须停止接收数据,等待空闲出缓存空间后才能再接收数据。例如,DTE 将分组报文交给交换机时,必须得到交换机的接收允许。交换机需要接收来自许多终端设备的数据,如果其接收缓冲区没有空闲空间,即交换机出现接收能力不足,它将关闭所有链路的接收窗口,停止接收数据报文。当交换机接收缓冲区中的报文转发出去之后,接收缓冲区有了空闲空间时,交换机才打开某一链路的接收窗口,并通知对方可以发送数据。

常见的流量控制方法有停—等方式和滑动窗口方式。

2. 停—等方式

停—等方式是最简单的流量控制方式,其控制方法为:发送方发送 1 帧或几帧数据后停下来等待对方的应答帧。一次发送的帧数取决于具体的通信规程。每发送 1 帧后等待应答的流量控制方法称作单纯停—等方式,该方式只适用于短距离的链路。

3. 滑动窗口方式

使用滑动窗口控制流量是比较常见的方式。在滑动窗口方式中,允许发送端一次发送 N 个没有响应的数据帧,N 称为窗口大小。在 HDLC 通信规程中,接收窗口有模 8、模 128 方式,即窗口最大尺寸可以是 7 个或 127 个。

在模 8 方式中,发送端一次可以发送 7 个数据帧后等待接收方的确认。在信息帧的控制字段中有发送帧编号和接收帧编号,控制字段格式如图 2-29 所示。

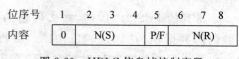

图 2-29　HDLC 信息帧控制字段

控制字段的第 1 位是"0",表示这是一个信息帧。控制字段后面是发送的数据,该数据帧的编号由控制字段的第 2、3、4 位 N(S)字段表示,编号范围是 0~7。

控制字段的第 5 位 P/F 称作探询/响应位。在发送方发送的数据帧中,该位为 1 表示探询,即要求对方给出接收情况确认应答;在接收方发送的数据帧中,该位为 1 表示对探询的响应。只有该位为 1 时,控制字段的第 6、7、8 位表示的 N(R)确认编号才是有效的确认信息。

如果通信的双方是全双工地相互传送数据,信息帧控制字段的 N(R)字段可以"捎带"确认编号信息。更一般的方式是发送端要求对接收的数据帧确认时,接收方并没有信息帧发送给发送方,接收方使用一个"监控帧"给发送方发送帧确认信息及流量控制信息。HDLC 监控帧格式如图 2-30 所示。

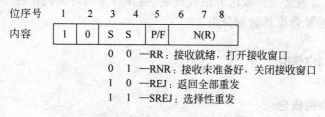

图 2-30　HDLC 监控帧格式

控制字段的第 1、2 位是"10",表示这是一个监控帧;第 5 位是"1",表示这是一个响应帧;第 6、7、8 位的 N(R)确认编号是对发送数据帧的确认信息。

如果发送方发送了 0~6 的 7 个编号帧后要求接收方确认,接收方发回的应答帧中 N(R)=3,这表示什么意思呢?

第一,表示 0、1、2 三个数据帧接收正确。

第二,表示发送方下一个发送的帧编号应该是 N(S)=3 的编号帧,说明编号 3 的数据帧发生了传输错误。

第三,从编号 3 帧全部重发,还是只重新发送编号 3 帧,要看控制字段的 SS 位命令。如果是 REJ,则从编号 3 开始依次发送;如果是 SREJ,就只发送编号 3 数据帧,然后等待响应。

在发送方发送了编号为 0,1,2,3,4,5,6 的 7 个编号帧后要求接收方确认时,如果全部接收正确,发送回的确认编号 N(R) 应该是 7,表示编号 7 之前的数据帧全部接收正确。如果 SS 位命令是 RR,则可以发送编号为 7,0,1,2,3,4,5 的 7 个编号帧。

所谓滑动窗口,是说可以接收 7 个编号的数据帧,当接收方确认一个编号后,窗口的起始点就滑动到该编号的起始点。例如,接收方确认的编号是 4,那么发送方可以发送的编号帧为 4,5,6,7,0,1,2。

在模 8 方式中,如果窗口大小设定为 3,就是说发送方只能最多发送 3 个未经确认的数据帧。开始传送时,当前窗口为 0,1,2,发送方只能发送编号为 0,1,2 的数据帧;当接收方发回确认编号 N(R)=3 的应答帧后,当前窗口滑动到 3,4,5 位置,发送方可以发送编号为 3,4,5 的编号帧。改变窗口的大小可以控制站点之间的数据流量。

2.10　数据链路控制规程

数据链路控制规程即数据链路层通信协议。数据链路控制规程是在物理线路建立的信号通道上完成数据链路的建立、维护和释放的链路管理,完成数据帧的有序传输,以及完成通信节点之间的差错控制与流量控制。数据链路控制规程有两类:面向字符型通信规程和面向比特型通信规程。面向字符型通信规程要求传输的报文长度必须是 8 的整数倍,目前常见的面向字符型通信规程是广域网中使用的点对点协议(Point to Point Protocol,PPP)。面向比特型通信规程中传输的数据报文长度可以是任意位长,常见的面向比特的数据链路控制规程是高级数据链路控制规程 HDLC。

2.10.1　高级数据链路控制规程 HDLC

HDLC 规程的大部分内容前面已经做过介绍,例如,HDLC 的帧同步字符、HDLC 中实现"透明"数据传输的"零比特插入技术"、HDLC 中的差错控制和流量控制等。

HDLC 的帧结构如图 2-31 所示。

图 2-31　HDLC 的帧结构

其中,

F——同步字符"01111110"。

A——地址,8 位。由于 HDLC 规程一般用于点对点通信,所以地址字段无意义。

C——控制字段,8 位。

Data——数据字段,只有信息帧中才有。

FCS——帧校验序列,16 位。

　　根据控制字段的内容,HDLC 分为三种类型帧:信息帧、监控帧和无编号帧。帧编码格式如表 2-6 所示。

表 2-6　HDLC 三种类型帧格式

位序号	1	2	3	4	5	6	7	8
信息帧	0	N(S)			P/F	N(R)		
监控帧	1	0	S	S	P/F	N(R)		
无编号帧	1	1	M	M	P/F	M	M	M

　　信息帧用于传输数据,监控帧用于差错控制和流量控制,在前面章节中已经介绍。无编号帧主要用于链路的建立、维护和释放管理。

2.10.2　点对点协议 PPP

　　点对点协议是同步传输方式或异步传输方式线路上路由器与路由器连接或者主机到网络连接的点对点通信标准协议。PPP 协议是由早期的串行线路 Internet 协议(Serial Line Internet Protocol,SLIP)发展来的。SLIP 是针对 TCP/IP 协议网络的,PPP 可以适应多种上层协议的网络。

1. PPP 帧格式

　　PPP 帧格式和 HDLC 帧格式相似,PPP 协议帧格式如图 2-32 所示。

标志	地址	控制	协议	信息字段(数据)	帧校验FCS	标志
01111110	11111111	00000011	2字节	≤1500字节	2字节	01111110

图 2-32　PPP 协议帧格式

　　PPP 帧格式的标志(同步字符)和 HDLC 的同步字符是相同的,地址和控制字段是固定的。虽然 PPP 帧同步字符和 HDLC 的同步字符相同,都是"01111110",但是 HDLC 是面向比特的协议,PPP 是面向字符的协议,所以 PPP 帧长度都是整数个字节。

　　在 HDLC 中,解决同步字符在数据字段中透明传输问题使用的是"0 比特插入技术";在 PPP 协议信息字段中传输"01111110"数据时用"01111101 01011110"表示。"01111101"称为转义字符。如果在信息字段中传输"01111101"数据,则使用"01111101 01011101"表示。

　　PPP 帧格式与 HDLC 不同的是多了 2 个字节的协议字段,用于兼容多种上层协议。协议字段表示信息字段中是什么协议的报文,常见的有:

　　0021H——IP 协议

　　0023H——OSI

　　C021 H——链路控制协议 LCP

　　8021 H——网络控制协议 NCP

　　C023 H——PAP 认证

　　C223 H——CHAP 认证

2. PPP 协议通信过程

PPP 协议支持同步传输方式和异步传输方式,支持专线连接和拨号连接。一般 PPP 协议通信过程包括如下 5 个阶段。

(1) 配制和建立数据链路。当端口被启动后,如果端口上的线路连接正确,就建立起了物理信道。PPP 协议首先在物理信道上传输链路控制协议(Link Control Protocol,LCP)报文,进行链路参数协商和建立数据链路。物理信道建立后,双方都会发送 LCP 请求报文,当收到对方的 LCP 应答报文后,就建立起了数据链路,端口的 LCP 状态改变为 Opened。

(2) 网络层协议协商。在建立起数据链路之后,双方发送网络控制协议(Network Control Protocol,NCP)报文,协商网络层协议以及网络层协议的参数。当端口的 IPCP(IP Control Protocol)状态为 Opened 时,链路上就可以为上层协议传输报文了。

(3) 数据传输阶段。网络连接建立后,上层的报文数据封装进 PPP 的信息字段,通过数据链路进行传递。

(4) NCP 释放网络连接。当上层通信结束后,PPP 协议通过 NCP 报文释放网络连接。

(5) LCP 释放数据链路连接。需要断开数据链路连接时,PPP 协议通过 LCP 报文释放数据链路连接。

PPP 协议不仅是点对点连接的标准协议,它比 HDLC 更大的优点是支持用户认证。在拨号线路上,由于拨入终端的不确定性,必须对拨号进入网络的用户进行认证。在 PPP 协议中配置了用户认证之后,用户通过拨号建立起物理信道,在经过 LCP 协议配制和建立数据链路之后,就需要用户提供合法的用户名、密码进行登录认证。如果用户认证通过,再通过 NCP 进行上层协议协商。IP 地址分配、Mask、DNS 配置等都由 NCP 协议完成。如果用户认证不能通过,就会启动 LCP 释放数据链路连接过程,然后断开线路连接。

2.11 通信网络物理层接口

2.11.1 物理层协议

在 ISO/OSI 参考模型中,物理层的主要功能是利用传输介质为通信网络节点之间建立、管理和释放物理连接,实现比特流的透明传输。物理层需要通过物理连接实现比特流的传输。物理连接包括线路、通信设备和计算机之间的连接。各部分之间的连接都要通过标准的接口完成,接口标准就是物理层协议。

物理层协议描述物理层接口的以下四种重要特性。

(1) 机械特性:描述连接器的大小、形状,以及连接器的引脚数量等。

(2) 电气特性:描述位信号"1""0"的电平值及位信号宽度。

(3) 功能特性:描述接口信号引脚的功能和作用。

(4) 规程特性:描述接口在传送数据时需要执行的事件顺序。

在通信领域中,制定物理层标准的相关组织有国际电报电话咨询委员会(Consultative Committee on International Telegraph and Telephone,CCITT)、(美国)电子工业协会(Electronic Industries Association,EIA)、国际标准化组织(International Standard Organization,ISO)和电气与电子工程师协会(Institute of Electrical and

Electronic Engineers,IEEE)等。

2.11.2　常见的物理层接口

在通信网络中常见的通信接口如下,它们一般用于通信网络,或者说用于广域网连接。局域网连接中目前主要使用的是 RJ-45 接口(见第 6 章相关内容)。

1. RS-232C 标准接口

RS-232C 是美国电子工业协会 EIA 制定的数据终端与数据通信设备之间的接口标准。RS 是推荐标准 Recommended Standard 的缩写,232 是标准识别号,C 是版本号,一般称之为 RS-232 接口。CCITT 制定的 V.28、V.24 建议和 RS-232C 兼容。

RS-232C 标准接口传输速率在 20Kb/s 之内,接口电缆长度小于 15m。RS-232C 标准接口一般用于异步字符传输,所以经常被称为异步通信接口。RS-232C 标准接口用于异步传输时一般只需 9 个引脚功能,所以它有 25 针和 9 针两种。图 2-33(a)所示是 PC 上的 RS-232 接口;图 2-33(b)所示是常见的 RS-232 电缆连接器;图 2-33(c)所示是 25 针 RS-232 接口;图 2-33(d)所示是 9 针 RS-232 接口;图 2-33(e)所示是 9 针 RS-232 接口外形。

(a) PC上的RS-232接口

(b) RS-232电缆连接器

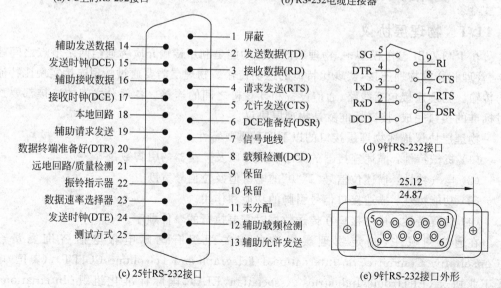

(c) 25针RS-232接口

(d) 9针RS-232接口

(e) 9针RS-232接口外形

图 2-33　RS-232 标准接口

2. V.35 标准接口

V.35 标准是 CCITT 制定的用于模拟线路上的 DTE 和 DCE 之间的接口标准，支持 64Kb/s 传输速率，电缆长度小于 50m，是同步传输接口。V.35 标准接口连接器为 34 针，其中有很多引脚没有使用。V.35 标准接口、外形及电缆连接器如图 2-34 所示。

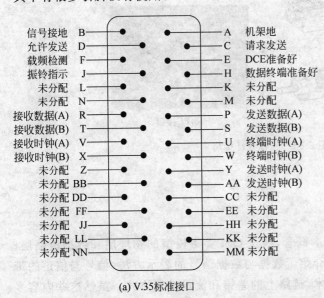

(a) V.35标准接口　　　　　　　　　　　(b) V.35电缆连接器

图 2-34　V.35 标准接口

3. X.21 标准接口

X.21 标准是 CCITT 定义的在公用数据网上提供同步工作的数据终端设备(DTE) 和数据电路终端设备(DCE)之间的接口。X.21 接口的最大工作速率为 10Mb/s，传输距离约 100m。X.21 标准使用 15 针连接器。X.21 标准接口如图 2-35 所示。

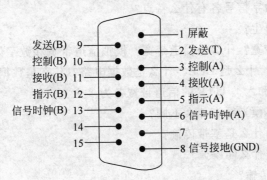

图 2-35　X.21 标准接口

4. 光纤接口

光纤信道由两条光纤组成，一般光纤接口为单个光纤连接器，也有两条光纤在一起的连接器。光纤接口在通信网络和局域网中都常见到。

　　常见的光纤接口类型有 SC、ST、FC 等。SC 为工程塑料材质的标准方形卡式接口，常用于局域网中的光纤连接；ST 为工程塑料材质的圆形卡式接口；FC 为金属材质的圆形螺纹接口。ST 和 FC 接口一般用于通信网络中。三种光纤接口如图 2-36 所示。

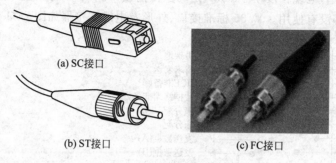

(a) SC接口

(b) ST接口　　　　　　(c) FC接口

图 2-36　三种光纤接口

2.12　小结

　　本章主要介绍了数据通信的基本概念，涉及 OSI 参考模型的物理层和数据链路层。本章结合当前流行的网络通信技术介绍了数据与数据信号的表示方法，信号与信道的带宽概念，数据传输方式，链路复用技术，链路上的差错和流量控制方式。虽然这些内容多数是与通信网络有关的，但对于理解计算机网络技术是很重要的。通过本章的学习，主要是让读者建立起数据通信的基本概念，弄懂一些常见的通信术语。

2.13　习题

1. 信息和数据是什么关系？

2. 模拟信号和数字信号各有什么特点？

3. 什么是信号再生？

4. 什么是信号带宽？什么是信道带宽？模拟信道带宽和数字信道带宽怎样表示？

5. 什么是 DTE？什么是 DCE？什么是数据电路？什么是数据链路？请举例说明。

6. 五类、超五类和六类 UTP 的信道带宽各为多少？

7. 单模光纤和多模光纤有什么不同？

8. 什么是基带？什么是基带传输？

9. 什么叫调制？什么叫解调？

10. 什么是频带传输？

11. 什么是幅度调制编码、频率调制编码和相位调制编码？

12. 在一个数据通信系统中采用两幅度—八相位混合调制编码，信号码元周期为 $\frac{1}{2400}$s，请计算信道的数据传输速率。

13. 在 268kHz 的信道上，如果信道的信噪比为 1000dB，那么该信道最大的数据传输速率是多少?

14. 在图 2-37 中绘制出数字数据的曼彻斯特编码和差分曼彻斯特编码(在曼彻斯特编码中,数字"0"用由高至低电平跳变表示,差分曼彻斯特编码起始为负电平)。

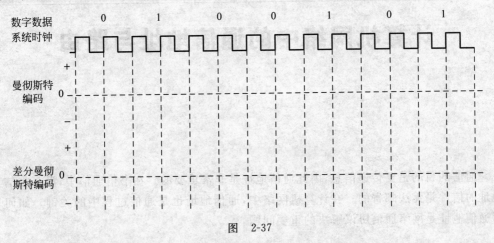

图 2-37

15. 什么是 HDLC 的"零比特插入技术"?

16. 按照数据的传输方向来分,有哪些数据通信方式?

17. 在串行数据通信中,数据传输方式应该考虑哪些内容?

18. 什么是链路复用?

19. 名词解释。

频分多路复用   时分多路复用   统计时分复用   波分多路复用   直序扩频
跳频扩频   码分多址

20. 为表 2-7 中的字符 ASCII 码填上偶校验位。

表 2-7

字符	ASCII 码	偶校验位	字符	ASCII 码	偶校验位
B	1000010		D	1000100	
C	1000011		E	1000101	

21. 什么叫流量控制?为什么要进行流量控制?

22. 在流量控制中采用滑动窗口方式时,如果数据帧编号采用模 8 方式,窗口尺寸 $W=4$,当接收方发回了确认编号 $R=6$ 的应答帧后,发送方可以发送哪些编号帧?

23. 物理层协议描述物理层接口有哪些特性?

第 3 章

计算机网络中的通信地址与路由

通信的目的是要传递信息,因此通信地址是非常重要的。在书信通信中,没有收信人地址的信件是无法邮寄的。在计算机网络中,通信地址也是通信过程中的关键。如何表示通信地址是网络通信协议解决的重要问题。

3.1 计算机网络中的地址种类

3.1.1 物理地址

物理地址是标识网络内计算机的唯一地址,就像信封上的收信人地址一样,包括省、市、县、村、街道、门牌号等。计算机的物理地址在不同协议的网络中有不同的表示方法。目前在计算机网络中大多采用局域网接入方式。计算机接入局域网时需要使用一个网络接口卡,简称网卡。常见的以太网络接口卡如图 3-1 所示。目前独立网卡已经非常少见,绝大多数计算机上都有集成的以太网卡或无线网卡。

图 3-1 以太网络接口卡

网卡生产厂商在网卡上集成了一个 48 位二进制编号(一般按字节使用十六进制数书写,中间用":"分隔,如 00:5b:03:5e:3f:0b),其中前 24 位是从电气电子工程师协会(IEEE)的注册管理委员会申请的厂商注册号,后 24 位是厂商生产的网卡序号,这就保证了每块网卡的编号在全世界范围内是唯一的。一块网卡无论安装在哪台计算机上,网卡编号不会变化,所以在计算机网络中就使用网卡编号作为计算机的物理地址。计算机上安装了一块网卡之后,这台计算机的物理地址就确定了,在没有更换网卡的情况下,该物理地址是不会变化的。

　　局域网络中的网卡完成计算机与网络通信线路的连接和通信线路的连接控制以及数据的发送、接收等功能,相当于 OSI 参考模型中的物理层和数据链路层功能。一般把这些功能称为介质访问控制(Media Access Control,MAC)。网卡在发送数据时,会将网卡编号作为源地址加入发送的数据报文,表示发送该报文的计算机物理地址,接收该报文的计算机物理地址使用目的计算机上的网卡编号表示。网卡接收数据时,会将报文中的目的计算机的物理地址和自己的网卡编号相比较,用于确定该报文的接收者是否是本计算机,所以计算机的物理地址也称作介质访问控制地址(MAC 地址)。图 3-2 所示是以太网卡为 TCP/IP 协议网络传输 IP 报文时使用 MAC 地址的示意图。

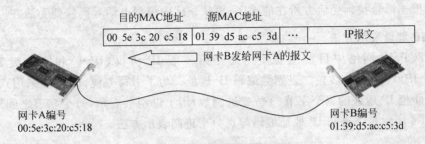

图 3-2　数据报文中的 MAC 地址

　　在计算机网络中,需要使用地址标识的除了计算机之外,还有中间连接转发节点,一般为路由器。图 3-3 所示是两款 Cisco 路由器。

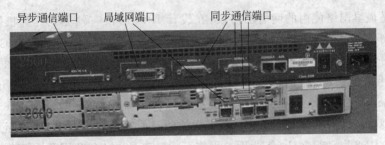

图 3-3　Cisco 路由器

　　路由器上的局域网端口是用来连接局域网的,每个局域网端口相当于一块网卡。对于路由器的每个局域网端口,和网卡一样,也是集成了一个 48 位物理地址编号,这个编号在全世界范围内是唯一的。

3.1.2　IP 地址

1. 什么是 IP 地址

　　使用网卡表示的物理地址可以在全世界范围内唯一地标识一台计算机,就像使用省、市、街道、门牌号码标识一个通信地址一样。但是这两者具有很大的不同。使用省、市、街道、门牌号码标识的通信地址中,地址信息具有区域层次结构,邮局可以根据区域信息逐级分拣传递。使用网卡表示的物理地址虽然是唯一的,但不具备层次结构,而且在全世界范围内的分布是随机的,因为网卡的销售与地区无关。如果在覆盖全世界范围的 Internet 中使用物理地址通信,根本就不可能知道目的主机在网络中的具体位置。

在 TCP/IP 网络中使用网际网协议(Internet Protocol,IP)地址表示通信地址,通常称为 IP 地址。IP 地址是一种层次结构地址编号,它包括网络编号和主机编号两个部分,就像电话号码中包含区号和区内编号一样。IP 地址由 InterNIC(Internet 网络信息中心)统一管理,每个国家的网络信息中心统一向 InterNIC 申请 IP 地址,并负责国内 IP 地址的管理与分配。网络信息中心一般只分配网络号,网内编号由取得该网络编号使用权的网络管理人员管理和分配。这样,在计算机被分配了一个 IP 地址后,该计算机肯定是该网络号内的成员,在 Internet 上当其他计算机与该计算机通信时,首先根据该计算机 IP 地址的网络号找到网络,再从网络中寻找该计算机。这个过程和打长途电话的过程是相似的,先根据区号找到受话方所在的地区,再从该区内根据电话号码找到受话方。

2. IP 地址表示方法

在 TCP/IP 网络中目前主要使用的是第 4 版 IP 协议(IPv4)和第 6 版 IP 协议(IPv6)。IPv4 中采用 32 位二进制数编码 IP 地址。为了书写方便,IP 地址采用点分十进制表示,即把 IP 地址的每个字节(8 位二进制数)用十进制数表示,每个字节之间用“.”分隔。图 3-4 所示是二进制 IP 地址编码与点分十进制表示方法。

IP地址	00100001	10010001	10101000	00000100

点分十进制表示　　　33.145.168.4

图 3-4　二进制 IP 地址编码与点分十进制表示方法

IPv4 是最早网络使用的网络层协议,在设计 IPv4 时没有预见到计算机网络的发展规模,以至于造成了 IP 地址紧缺。为了解决 IP 地址的紧缺以及 IPv4 中的其他缺陷,1994 年 7 月有关机构开始组织开发新版 IP 协议,2003 年 1 月发布了 IPv6 的测试版本。2011 年后计算机系统、路由器及软件开始支持 IPv6 协议,Windows 7、Windows XP、Windows Server 2003 操作系统及更高版本的操作系统中都可以安装 IPv6 协议,使用 IPv4、IPv6 双协议栈,支持 IPv4 和 IPv6 报文的访问。2012 年 6 月 6 日,国际互联网协会举行了世界 IPv6 启动纪念日,全球 IPv6 网络正式启动。2004 年我国开始组建 IPv6 实验网络。2017 年 11 月 26 日,中共中央办公厅、国务院办公厅印发了《推进互联网协议第六版(IPv6)规模部署行动计划》,该计划指出到 2018 年年末国内 IPv6 活跃用户要达到 2 亿,2020 年年末达到 50 亿,2025 年年末国内 IPv6 规模要达到世界第一。由于 IPv4 和 IPv6 协议不兼容,从 IPv4 网络向 IPv6 网络转移还需要克服很多技术上和资金上的困难,但是今后的发展趋势必将走向 IPv6 网络。当然 IPv4 和 IPv6 共存的情况也将持续相当长的时期。所以当前学习网络技术就要掌握 IPv4 的现有技术,并且要跟踪 IPv6 的技术发展,不断学习掌握 IPv6 新技术。

IPv6 中使用 128 位二进制数编码地址,书写方式以 16 位二进制数编码为一个分组,每个 16 位分组写成 4 个十六进制数,中间用冒号分隔,称为冒分十六进制格式(也有冒号十六进制的叫法)。

例如,128 位二进制 IPv6 地址:

0011000000000001　0000000001110011　0000000000000000　0010111100111100

0000000010111011　0000000000011111　1111000000101000　0001110001011011

冒分十六进制格式为

3001:0073:0000:2F3C:02BB:001F:F028:1C5B

IPv6 地址中每个 16 位分组中的前导无效 0 位可以去除做简化表示,但每个分组必须至少保留一位数字。如上例中的地址,去除前导无效 0 位后可写成:

3001:73:0:2F3C:2BB:1F:F028:1C5B。

如果地址中包含很长的 0 序列,为进一步简化表示法,还可以将冒分十六进制格式中相邻的连续 0 位合并,用双冒号":"表示。"::"符号在一个地址中只能出现一次。例如,

3001:0:0:0:0:0:0:1 可以写成 3001::1

0:0:0:0:0:0:0:0 可以写成::

注意:在后续有关 IP 协议内容中注定要涉及 IPv4 和 IPv6 两个版本的内容。一般概念性问题没有什么差别,所以一般叙述都不加区别,有差别的地方会特别指出,有些简单的差别读者也可以通过举一反三理解。涉及 IP 协议版本的内容,读者可以根据 IP 地址的长度和表示方式判断是哪个版本。所以在后续内容中,一般情况下不再声明是在哪个版本中。

3. IP 地址的分类

IP 地址中包含网络编号和主机编号。网络编号和主机编号是如何划分的呢?

在 IPv4 地址中,为了照顾不同网络内有不同的主机数目以及其他目的,IP 地址被划分成 A、B、C、D、E 五类。IPv4 地址的分类方法如图 3-5 所示。

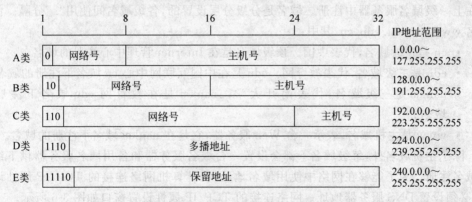

图 3-5　IPv4 地址的分类方法

在 IPv4 网络中一般使用 A 类、B 类、C 类 IP 地址,D 类地址用于多播。多播(组播)主要用于网络会议、网络游戏、网络教学等领域,本书不讨论多播技术。

在 A 类、B 类、C 类 IP 地址中,A 类网络有 127 个网络号,一个 A 类网络中可以有 $2^{24}=16M$ 个主机编号;B 类网络有 $2^{14}=16K$ 个网络号,一个 B 类网络中可以有 $2^{16}=65536$ 个主机编号;C 类网络有 $2^{21}=2M$ 个网络号,一个 C 类网络中可以有 $2^8=256$ 个主机编号。

在 IPv6 网络中,不再使用 IPv4 地址的分类方法,网络号是用网络地址长度表示的。例如,

3001:1::1/64 表示网络地址长度是 64 位,即网络号部分是 64 位,后 64 位是主机地址。

20D3:2::3:1/112 表示网络地址长度是 112 位,即前 112 位是网络号,后 16 位是主机地址。

3.1.3　域名地址

在 Internet 网络中,必须为每台计算机分配一个合法的 IP 地址,就像手机必须有一个合法的电话号码才能通信一样。虽然手机号码和 IP 地址都是通信地址,但是它们的用途有较大差别。手机通信的对象范围较小,多是固定的通信对象,只要记住这些手机号码就可以了;IP 地址用于 Internet 上计算机之间的通信,通信对象范围大,而且没有固定性。在 Internet 上浏览信息时,如果不知道某个网站服务器的 IP 地址,显然就无法浏览。如果要像记电话号码一样记住众多网站服务器的 IP 地址,是不可能的。

域名地址就是使用助记符表示的 IP 地址。例如,著名的中文搜索网站百度网站的 IP 地址是 202.108.22.43,我们记住这个 IP 地址不太容易,但它的域名地址是 www.baidu.com,记忆这个域名地址比记忆 IP 地址就容易多了。

域名地址虽然容易记忆,但在 IP 报文中使用的是用数字表示的 IP 地址。在浏览器中输入一个域名地址之后,必须将其转换成 IP 地址才能进行网络通信,完成这个转换功能的设备称作域名系统(Domain Name System,DNS)服务器。DNS 服务器也是安装在一台计算机上的服务程序,采用查表的方法完成域名地址和 IP 地址的转换。

如果一台计算机想要别人使用域名地址来访问,首先要在 DNS 服务器中注册,一般是在上一级域名服务器中注册。域名是分级分层设置的,各级域名间使用“.”分隔。例如域名 www.nankai.edu.cn,其中:

- cn 是顶级域名,代表中国。顶级域名是在 Internet 管理中心注册的域名;
- edu 是二级域名,代表教育网。edu 是在中国互联网中心 cn 域名下注册的域名;
- nankai 是三级域名,代表南开大学。nankai 是在教育网 edu 域名下注册的域名;
- www 是主机域名,表示一台 Web 服务器,它是在 nankai 域名下注册的域名。

除了主机域名外,每级域名下都会设置一台域名服务器和备用域名服务器供下级进行域名注册。为了能够在网络中使用域名地址,在计算机网络连接的 TCP/IP 属性设置中,必须设置 DNS 服务器地址。网络连接的 TCP/IP 属性设置窗口如图 3-6 所示。

DNS 服务器一般可以设置两个,但必须填写服务器的 IP 地址。DNS 一般需要设置本地域名服务器地址,即计算机所在域的 DNS 服务器 IP 地址。在设置完成 DNS 服务器地址之后,当一台计算机使用域名地址通信时,系统首先根据域名服务器 IP 地址将域名地址信息发送给域名服务器,域名服务器根据域名地址查找 IP 地址,然后将 IP 地址返回给该计算机,计算机再使用 IP 地址和需要通信的计算机进行通信。

根据域名查找 IP 地址的过程称作域名解析。实际上,域名解析的过程是比较复杂的。一般域名在本地域名服务器中很难找到,但本地域名服务器会自动到它的上级域名

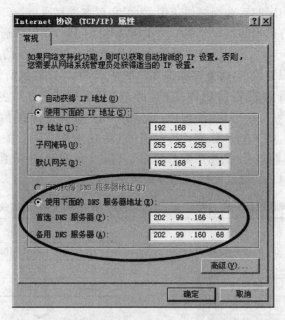

图 3-6　网络连接的 TCP/IP 属性设置窗口

服务器去查找,依次递归,最终查到该域名地址所对应的 IP 地址。当然,如果每次都这样去查找会影响工作效率,DNS 采取了一些办法,例如,在计算机和各级域名服务器上会暂存查找过的域名,需要时,计算机会首先在本机的高速缓存中进行域名解析,不成功时才去上级域名服务器解析。各级域名服务器也采取类似的处理方法,用于提高 DNS 的工作效率。

总之,域名地址是 IP 地址的助记符形式,使用域名地址需要 DNS 的帮助。域名地址一般用于 Internet。在 Internet 中,如果在网络连接的 TCP/IP 属性设置中没有正确设置 DNS 服务器,该计算机就不能使用域名地址和其他计算机通信。

3.1.4　端口地址

MAC 地址表示一台计算机或网络中间节点的物理地址,是在数据链路层传输中使用的地址。IP 地址使用层次结构地址表示网络中的计算机或转发节点,是在网络寻址中使用的地址。MAC 地址和 IP 地址只能表示到计算机,但在一台计算机上可以同时打开多个网站,也可以同时多次打开同一个网站。这就说明网络通信的最终对象不是计算机,而是应用程序,严格地说是应用程序进程。程序是按照一定次序进行操作的命令序列,是一个静态的概念;进程是一个程序得到了系统资源的具体执行过程,是一个动态的概念。例如,浏览器程序 Internet Explorer 是一个程序,执行该程序时打开一个浏览器窗口,可以实现和某一网站的连接,这时可以说它是一个进程;再次启动一个 Internet Explorer 时,又建立了一个进程,该进程与前面打开的 Internet Explorer 进程是两个完全不同的对象,在网络中是独立的通信对象。

网络通信的最终对象是应用程序进程,那么进程如何标识呢? 在一台计算机中,不同的进程是用不同的进程编号标识的,这个进程编号在网络通信中称作端口号或端口地址。

在一个进程被建立时,为了标识该进程,系统需要为它分配一个端口号,这个端口号对于一般进程是不固定的。在网络通信中,为了和对方进程通信,必须知道对方进程的端口号。怎样获取对方进程的端口号呢?为了解决这个问题,在网络通信中采用了客户/服务器模式(Client/Server,C/S)。客户和服务器分别表示相互通信的两个应用程序进程,客户向服务器发出服务请求,服务器响应客户的请求,为客户提供所需的服务。在 TCP/IP 协议网络中,服务器进程使用固定的,所谓"众所周知"的知名端口(Well-Known Ports)。知名端口号在 1～255 范围内,由 Internet 编号分配机构(Internet Assigned Numbers Authority,IANA)来管理;256～1023 为注册端口号,由一些系统软件使用;1024～65535 为动态端口号,供用户随机使用。表 3-1 所示是 TCP 协议使用的部分知名端口,表 3-2 所示是 UDP 协议使用的部分知名端口。

表 3-1　TCP 协议使用的部分知名端口

端口号	服　务	描　　述
20	FTP-DATA	文件传输协议数据
21	FTP	文件传输协议控制
23	TELNET	远程登录协议
25	SMTP	简单邮件传输协议
53	DOMAIN	域名服务器
80	HTTP	超文本传输协议
110	POP3	邮局协议

表 3-2　UDP 协议使用的部分知名端口

端口号	服　务	描　　述
53	DOMAIN	域名服务器
69	TFTP	简单文件传送
161	SNMP	简单网络管理协议

服务器进程又称作守候进程。服务器进程使用知名端口号等待为客户提供服务。客户程序需要某种服务时,通过服务器的 IP 地址和服务器端口号得到服务。例如,在浏览器地址栏输入 http://www.baidu.com,其中域名地址提供了服务器的主机地址,http 是 TCP 协议的超文本传输协议,服务器进程端口号是 80,所以就可以打开百度网站,得到该服务器的 Web 服务。

3.1.5　TCP/IP 协议报文中的地址信息

一个 TCP/IP 协议报文从应用程序进程到交给数据链路层通过物理网络传输,报文中包含的地址信息有以下三个。

(1) MAC 地址:由数据链路层识别的主机物理地址。

(2) IP 地址:由网络层识别的主机逻辑地址。

(3) 端口号:由传输层识别的应用程序进程标识。

TCP/IP 协议报文中的地址信息如图 3-7 所示。

图 3-7　TCP/IP 协议报文中的地址信息

3.2　IP 地址的分配

　　一台计算机如果要连接到 TCP/IP 协议网络中,必须为该计算机分配一个 IP 地址;网络管理员可能会从上级网络管理部门得到一个或几个 IP 网络地址。为了保证 TCP/IP 协议网络内的计算机正常工作,必须保证 IP 地址分配正确。

3.2.1　网络的划分

　　TCP/IP 网络中可以互联很多逻辑网络,整个物理网络就像一个国家,每个逻辑网络就像国家中的一个地区一样。在 TCP/IP 网络中,各个逻辑网络是用不同的网络号区分的。在一个逻辑网络中可以连接若干台计算机。

　　在一个国家中,行政区域是使用地区边界分隔的。在 TCP/IP 网络中,不同逻辑网络是通过网络连接设备(路由器)来分隔的。路由器上的每个广域网接口或局域网接口可以分别连接到不同的逻辑网络。图 3-8 所示是通过路由器连接逻辑网络的例子。

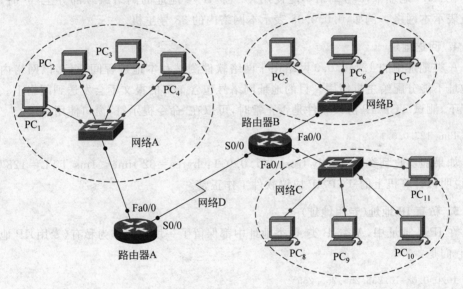

图 3-8　路由器连接的网络

　　在图 3-8 中,路由器 A 和路由器 B 连接着 4 个逻辑网络。在网络 A、网络 B 和网络 C 中,若干台计算机和路由器上的一个端口通过集线器(HUB)设备连接在一起,组成一个网络。而网络 D 相当于两台路由器之间的连接线,两端分别连接到两台路由器的一个端口,但它确实是一个网络,也要占用一个网络号。

3.2.2　IPv4 的特殊地址

　　在 IPv4 网络内,一些 IP 地址具有特殊的用途,不能随意使用。这些 IP 地址包括以下几类。

1. 网络地址

　　在 IPv4 地址中,主机编号部分全"0"的地址表示网络地址,网络地址不能分配给主机使用。全"0"是指表示主机地址的二进制数据位全部是"0"。在 C 类 IP 地址中,前 3 个字节是网络号,第 4 个字节是主机编号,第 4 个字节数值等于 0 时,表示这是一个网络地址。例如,200.22.66.0 就是一个网络地址。换句话说,网络内的主机编号不能采用 0 号。

2. 广播地址

在 IPv4 地址中,主机编号部分全"1"的地址表示广播地址,广播地址当然不能分配给主机使用。在 C 类 IP 地址中,第 4 个字节是主机编号,主机编号的 8 个二进制位全"1"时,对应的十进制数是 255,例如,200.22.66.255 就是一个广播地址。

在广播地址中,网络编号部分表示对哪个网络内的主机广播,一般称作直接广播。如果网络编号部分也是全"1",并不表示向网络内的所有主机广播,而是限制在对自己所在网络内的主机广播,一般称作受限广播。例如,255.255.255.255 就是一个受限广播地址。

3. 本网络内主机

在 IPv4 地址中,0 号网络不能使用。一个 IPv4 地址的网络编号部分全"0"时,网络地址表示本网络。例如,0.0.0.38 表示本网络内的 38 号主机。

4. 回送地址

A 类地址中的 127.0.0.0 网络用于网络软件测试和本地进程间通信,该网络内的所有地址不能分配给主机使用。目的地址网络号包含 127 的报文不会发送到网络上。一般情况下,测试 TCP/IP 协议软件是否正常时,可以在"命令提示符"窗口使用

Ping 127.0.0.1

如果能够收到类似"Reply from 127.0.0.1：bytes＝32 time＜1ms TTL＝128"的信息,说明该计算机上的 TCP/IP 协议软件工作正常。

5. 私有 IP 地址（专用地址）

在 IPv4 地址中,A 类、B 类、C 类地址中都保留了一块空间作为私有（专用）IP 地址使用,它们是：

10.0.0.0～10.255.255.255
172.16.0.0～172.31.255.255
192.168.0.0～192.168.255.255

所谓私有地址,就是不能在 Internet 公共网络上使用的 IP 地址,因为在 Internet 上的信息服务商都会设置对私有 IP 地址的报文过滤,所以在 Internet 上不会传送目的 IP 地址是私有 IP 地址的报文。但私有 IP 地址可以在自己的内部网络上任意使用,而且不用考虑和其他地方有 IP 地址冲突的问题。

用户在自己的内部网络中可以任意使用私有 IP 地址,但如果想把内部网络连接到 Internet,必须借助网络地址转换（Network Address Translation,NAT）服务,将私有 IP 地址转换成合法的公网 IP 地址后才能进入 Internet。市场上出售的小路由器一般都有 NAT 功能,借助这种小路由器可以实现家庭网络通过一个公网 IP 地址上网。

注意：在实验室网络实验中经常会使用私有 IP 地址。因为网络实验的重点是理解

概念和掌握技术,使用什么地址没有关系,因此会使用私有 IP 地址配置网络。在实际工作中,租用到公用 IP 地址后,也会使用公用 IP 地址配置网络。

3.2.3　IPv6 的地址种类

IPv6 没有广播地址。在 IPv6 网络内,特殊的地址比较少,全"0"全"1"的主机地址是可用的。IPv6 网络中一个接口可以分配多个不同种类的地址。IPv6 中的地址种类如下。

1. 单播地址

用于标识唯一接口的地址,也称全球单播地址。单播地址只能分配给节点的一个接口。

2. 链路本地地址

前缀标识为 FE80::/64。链路本地地址用于同一条链路上(子网内部)相邻节点之间的通信。目的地址使链路本地地址的报文只能在本网络内部传输,不会穿过路由器到达其他网络。

链路本地地址是系统自动配置的,地址格式为 FE80::接口标识符/64。

接口标识符是一个称作 IEEE EUI-64 格式的 64 位二进制数,是根据接口的 48 位 MAC 地址通过一个特定算法自动生成的。例如:

某接口的 MAC 地址是 00-D0-58-1A-0C-B3。

中间插入 FFFE:00-D0-58-FF-FE-1A-0C-B3。

将第 7 位二进制数修改为 1,成为 20-D0-58-FF-FE-1A-0C-B3。

得到 IEEE EUI-64 格式的接口标识符为 20D0:58FF:FE1A:0CB3。

加上链路本地地址前缀 FE80::/64,得到链路本地地址 FE80::20D0:58FF:FE1A:CB3/64。

3. 站点本地地址

前缀标识为 FEC0::。站点本地地址相当于 IPv4 的私有地址,但是在 IPv6 中没有 NAT 转换功能,而且 IPv6 有足够多的地址,所以 IPv6 中的站点本地地址一般没有用途。

4. 组播地址

(1) 多播地址:前缀标识为 FF00::/8(用于向一组接口广播)。

(2) 链路本地节点多播地址:FF02::1/128(子网内广播)。

(3) 链路本地路由器多播地址:FF02::2/128(对子网内路由器广播)。

5. 环回地址

::1/128 是环回地址,用于网络测试,相当于 IPv4 中的 127.0.0.1。该地址不能分配给接口。

6. 未指定地址

全 0 地址::/128 是节点未获得有效 IP 地址之前使用的临时地址,表示自己还未获得 IP 地址,所以不能分配给节点使用。

7. 任播地址

任播地址可以分配给多个接口。配置任播地址需要使用 anycast 参数,没有特定的前缀标识。目的地址使任播地址的报文只发送到离原节点最近的任播地址接口。任播地址只能指定给路由器接口,不能指定给主机接口。

8. 网络地址

在 IPv6 网络内,全 0 全 1 的主机地址是可用的,网络地址的表示中,主机部分还是使用全 0 表示。例如:

3000:1::/64 表示网络地址长度为 64 位的网络地址。

3001:3::3:0/112 表示网络地址长度为 112 位的网络地址。

3.2.4 IP 地址分配规则

TCP/IP 网络内的主机没有合法的 IP 地址就不能联网工作。网络管理员在分配 IP 地址时需要遵守以下规则。

1. 每个网络接口(连接)应该分配一个 IP 地址

一台主机通过网络接口连接到网络,例如,使用网卡实现和网络的连接。连接到网络的接口都需要分配 IP 地址。一般情况下,计算机只通过一个接口和网络连接,所以分配一个 IP 地址,即通常所说的给主机分配 IP 地址(严格地说是为网络连接或网络接口分配 IP 地址)。但如果一台计算机使用两个网络接口分别连接到两个网络,即建立了两个网络连接,就需要给每个网络连接分配一个合法的 IP 地址。路由器作为网络中的连接和报文存储转发设备,其每个连接到网络的接口都需要分配一个合法的 IP 地址。路由器可以看作是具有多个网络接口的计算机。在 IPv6 网络中,每个接口应该分配一个唯一的单播地址。IPv4 的特殊地址不能分配给网络接口。

2. 使用合法的 IP 地址

对于不需要和 Internet 连接的"孤岛"网络,网络内可以任意使用 IP 地址。但如果网络连接在 Internet 上,IP 地址就不能随意使用,只能从上级网络管理部门申请获得。在 IPv4 网络中,如果采用私有 IP 地址,需要使用 NAT 转换。

3. 同一网络内的 IP 地址网络号必须相同,一个网络的 IP 地址网络号必须唯一

在同一个网络内的所有主机、网络接口所分配的 IP 地址必须有相同的网络号。例如在图 3-8 中,假设取得了 200.100.61.0~200.100.69.0 九个 C 类网络 IP 地址使用权,那么,网络 A 中的 IP 地址分配方案可以是

```
路由器 A 的 E0 口:200.100.65.1
PC₁:                200.100.65.2
PC₂:                200.100.65.3
PC₃:                200.100.65.4
PC₄:                200.100.65.5
```

网络 B 中的 IP 地址分配方案可以是

```
路由器 B 的 E0 口:200.100.62.1
PC₅:                200.100.62.2
PC₆:                200.100.62.3
PC₇:                200.100.62.4
```

网络 C 中的 IP 地址分配方案可以是

路由器 B 的 E1 口：200.100.67.1
PC_8：   200.100.67.2
PC_9：   200.100.67.3
PC_{10}：   200.100.67.4
PC_{11}：   200.100.67.5

网络 D 中的 IP 地址分配方案可以是

路由器 A 的 S0 口：200.100.69.1
路由器 B 的 S0 口：200.100.69.2

在每个网络内，各个网络接口的 IP 地址是唯一的，但每个网络内所有 IP 地址的网络号是相同的，不同网络内的网络号都是不同的。虽然网络 D 内只占用了两个 IP 地址，但它必须占用一个网络号。

一个网络内的 IP 地址如果使用了其他网络的网络号，不但会造成 IP 地址冲突，而且会造成网络错误。这就像一个北京人寄信时把寄信人地址写成了上海，那么对方回信时信件肯定会寄到上海，发信人就永远收不到回信，这在网络中就是网络不通。

3.3 子网与子网掩码

3.3.1 子网的概念

在 IPv4 地址如此紧张的情况下，3.2 节中为图 3-8 设计的 IP 地址分配方案虽然没有错误，但基本上是行不通的，因为在这个方案中浪费了大量的 IP 地址。

在 A 类、B 类、C 类 IP 地址中，虽然一个网络号内可以包含很多主机地址，但使用起来不方便。例如，一个 B 类网络中可以容纳 65534 个主机地址，如果某个单位总共有 6 万台计算机，显然申请一个 B 类网络就足够了。但是 6 万台计算机不可能都放置在一起，如果分散在几百个部门，每个部门组成一个网络，各个部门之间使用路由器连接起来，这时最大的问题是网络号只有一个，而实际可能需要几百个网络号。

为了解决网络地址不足的问题，可以在一个网络地址内再划分出若干个网络。在一个网络地址内划分出的网络称作子网。划分子网时需要占用原来的主机编号字段。当然，一个网络划分为若干个网络后，每个网络内能够容纳的主机编码个数必然减少。

例如在图 3-8 中，如果申请到一个 B 类网络，问题就简单得多。但是在 IPv4 网络中，申请 B 类网络只能是很大的机构。如果只申请到一个 C 类网络地址 200.100.61.0，因为一个 C 类网络中可以容纳 254 台主机，对于图 3-8 所示的情况是足够的。但需要的 4 个网络号如何取得呢？这里可以把主机编码部分分成两部分，左边 2 位用于子网编码，其余 6 位用于子网内主机编码，编码情况如图 3-9 所示。

通过将第 4 字节的左边 2 位二进制位拿来作为子网编码，可以得到 00、01、10、11 四组编码，即 4 个子网号。在每个子网内，主机编码部分可以从 000000 到 111111 变化，可以得到 64 个主机编码地址。但是在书写 IP 地址时不能把 1 字节拆开写，即子网编码和子网内主机编码要合在一起书写，所以 4 个子网内的 IP 地址如图 3-9 所示。

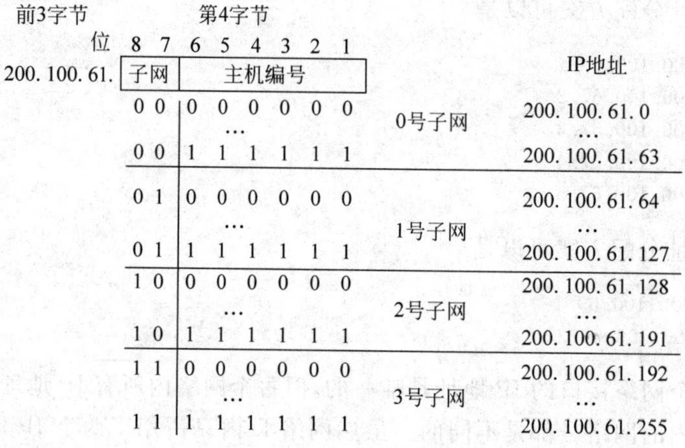

```
前3字节              第4字节
        位  8 7 6 5 4 3 2 1                    IP地址              网络地址
200.100.61. 子网    主机编号
            0 0 0 0 0 0 0 0                    200.100.61.0        200.100.61.0
                            ...     0号子网          ...
            0 0 1 1 1 1 1 1                    200.100.61.63
            0 1 0 0 0 0 0 0                    200.100.61.64       200.100.61.64
                            ...     1号子网          ...
            0 1 1 1 1 1 1 1                    200.100.61.127
            1 0 0 0 0 0 0 0                    200.100.61.128      200.100.61.128
                            ...     2号子网          ...
            1 0 1 1 1 1 1 1                    200.100.61.191
            1 1 0 0 0 0 0 0                    200.100.61.192      200.100.61.192
                            ...     3号子网          ...
            1 1 1 1 1 1 1 1                    200.100.61.255
```

图 3-9　子网与主机编码

在划分了子网之后,子网号也是网络号,子网内的主机编号部分全"0"时表示网络地址,全"1"时表示对该子网的广播地址,这两个 IP 地址也是不能分配给主机使用的。但子网编码部分全"0"(0 号子网)和全"1"的子网编号是允许使用的(有些教科书上不允许使用)。较早版本的路由器上需要添加一条配置命令

```
ip subnet-zero
```

之后,才允许使用 0 号子网。

在 C 类网络中划分子网之后,最后一个字节的十进制数中既包含网络号,又包含主机号,这种表示方法给初学者带来了较大的困难。在分配 IP 地址时,需要考虑一个 IP 地址所在的子网和该地址是否可用。

3.3.2　子网掩码

在 IPv4 地址中,可以根据 IP 地址的类别确定网络号和主机号。在划分子网之后,网络编号部分不再是固定的,这时如何判断网络地址呢?解决该问题的方法是使用子网掩码(Mask)。Mask 就是在使用子网之后用来计算网络地址的工具。在 Mask 中,二进制位为"1"的表示网络编号部分,二进制位为"0"的表示主机编号部分。例如,对于 A 类、B 类、C 类 IP 地址,它们的子网掩码分别是

- A 类网络子网掩码:255.0.0.0;
- B 类网络子网掩码:255.255.0.0;
- C 类网络子网掩码:255.255.255.0。

在分配 IPv4 地址时,同时指定一个子网掩码;在判断网络地址时,使用 IP 地址和子网掩码进行一个逻辑与运算,计算出该 IP 地址中的网络地址。例如,子网掩码为 255.255.255.224 时,IPv4 地址 200.100.166.108 的网络地址计算过程如图 3-10 所示。

计算网络地址时,IP 地址和 Mask 按二进制进行逻辑与运算,图 3-10 中所示的计算结果 200.100.166.96 就是网络地址。

确定子网掩码的因素是整个网络内需要的网络号个数和子网内所能容纳的最多主机

	十进制	二进制
IP	200.100.166.108	11001000 01100100 10100110 01101010
and) Mask	255.255.255.224	11111111 11111111 11111111 11100000
=	200.100.166.96	11001000 01100100 10100110 01100000

图 3-10　网络地址计算过程

个数。表 3-3 所示是 C 类网络中 Mask 的取值和可用的子网个数与子网内最多能够容纳的主机数对照表。

表 3-3　Mask 与子网数、子网内最多主机数对照表

Mask	二进制数	子网数	子网内主机数
128	10000000	2	126
192	11000000	4	62
224	11100000	8	30
240	11110000	16	14
248	11111000	32	6
252	11111100	64	2

在图 3-8 所示的例子中,如果按照图 3-9 所示规划子网,那么使用的子网掩码为 255.255.255.192。

网络 A 中的 IP 地址分配方案可以是

路由器 A 的 E0 口：200.100.61.1　255.255.255.192
PC_1：　　　　　　　200.100.61.2　255.255.255.192
PC_2：　　　　　　　200.100.61.3　255.255.255.192
PC_3：　　　　　　　200.100.61.4　255.255.255.192
PC_4：　　　　　　　200.100.61.5　255.255.255.192

网络 B 中的 IP 地址分配方案可以是

路由器 B 的 E0 口：200.100.61.65　255.255.255.192
PC_5：　　　　　　　200.100.61.66　255.255.255.192
PC_6：　　　　　　　200.100.61.67　255.255.255.192
PC_7：　　　　　　　200.100.61.68　255.255.255.192

网络 C 中的 IP 地址分配方案可以是

路由器 B 的 E1 口：200.100.61.129　255.255.255.192
PC_8：　　　　　　　200.100.61.130　255.255.255.192
PC_9：　　　　　　　200.100.61.131　255.255.255.192
PC_{10}：　　　　　　200.100.61.132　255.255.255.192
PC_{11}：　　　　　　200.100.61.133　255.255.255.192

网络 D 中的 IP 地址分配方案可以是

路由器 A 的 S0 口：200.100.61.193　255.255.255.192
路由器 B 的 S0 口：200.100.61.194　255.255.255.192

这里,对于 C 类网络来说只使用了 200.100.61.0 网络,但由于使用了 255.255.255.192 子网掩码,在一个 C 类网络内划分出 4 个子网,满足了网络号的需求。4 个子网的网络地址分别是 200.100.61.0、200.100.61.64、200.100.61.128 和 200.100.61.192。

在分配 IPv4 地址时,后面需要子网掩码,用于说明该 IP 地址的网络地址。子网掩码也可以使用"IP 地址/网络地址长度"表示。例如,在 C 类网络中,第 4 字节的前 3 位作为子网编码时,即网络地址长度为 27 位,子网掩码可以用下列两种方法表示。

```
200.100.120.28   255.255.255.224
200.100.120.28/27
```

子网是解决 IPv4 地址紧缺的一种方法,但要彻底解决 IP 地址紧缺问题,最后还是要走向 IPv6 网络。IPv4 能够编码的地址最大数量是 2^{32},大约是 4G 个;而 IPv6 可以编码的地址最大数量是 2^{128},按地球的表面积计算,每平方厘米可以有 2000 多个 IP 地址,所以人们对 IPv6 的描述是"让地球上每粒沙子都有一个 IP 地址"。

在 IPv6 中没有子网的概念,因为足够长的地址空间可以划分足够多的网络。IPv6 的网络被称作链路(但是子网的概念更容易理解,况且一个企业即便是能够得到足够大的地址空间,在企业内部也存在划分子网的需求)。链路本地地址就是子网内的地址。IPv6 使用网络地址长度计算网络地址,不再使用 Mask。默认的网络地址长度是 64,相当于 64 位子网掩码。在申请 IPv6 地址时很容易得到一大块 IP 地址空间(一个可路由的网络地址),用户在使用得到的地址空间时往往需要划分成子网。

3.3.3　网络地址规划

在网络管理工作中,根据网络的分布与连接情况以及申请得到的 IP 网络地址,合理地规划子网,正确地分配 IP 地址和子网掩码,就是进行网络地址规划。

在一个不和 Internet 连接的内部网络中,虽然可以任意使用 IP 地址,可以使用私有 IP 地址,但 IP 地址的分配规则是不能改变的。要对每一个网络指定唯一的网络号,网络内部主机号也要进行科学的分配。只有做好网络地址规划,搭建的网络才能通畅地工作。

例如,某公司内网络连接情况和各部门的计算机配置如图 3-11 所示。假设该公司申请得到了 202.3.5.0/24 网络地址使用权,应该如何进行网络地址规划呢?

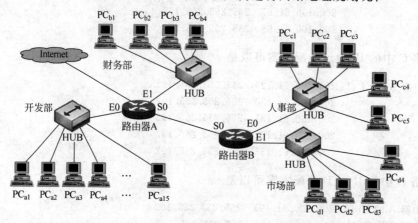

图 3-11　某公司内网络连接情况和各部门的计算机配置

首先要确定需要多少个网络号。在图 3-11 中,通过两台路由器连接了 5 个内部网络(连接到 Internet 的 IP 地址由上级网络提供,这里不需要考虑),包括财务部、开发部、人事部和市场部 4 个网络以及两台路由器之间的 1 个网络。在所有网络中,开发部配置的主机数量最多,有 15 台 PC,所以确定子网掩码为 255.255.255.224。根据表 3-3 知道,在使用该掩码时,在 C 类网络中可以划分出 8 个子网,满足需要 5 个网络号的条件;每个子网内可以容纳主机 30 台,满足开发部需要 16 个主机地址(15 台 PC 加 1 个路由端口)的条件,所以网络地址规划方案如下。

开发部网络为

路由器 A 的 E0 端口:202.3.5.1   255.255.255.224
PC_{a1}:   202.3.5.2   255.255.255.224
PC_{a2}:   202.3.5.3   255.255.255.224
⋮   ⋮
PC_{a15}:   202.3.5.16   255.255.255.224

财务部网络为

路由器 A 的 E1 端口:202.3.5.33   255.255.255.224
PC_{b1}:   202.3.5.34   255.255.255.224
PC_{b2}:   202.3.5.35   255.255.255.224
PC_{b3}:   202.3.5.36   255.255.255.224
PC_{b4}:   202.3.5.37   255.255.255.224

人事部网络为

路由器 B 的 E0 端口:202.3.5.65   255.255.255.224
PC_{c1}:   202.3.5.66   255.255.255.224
PC_{c2}:   202.3.5.67   255.255.255.224
PC_{c3}:   202.3.5.68   255.255.255.224
PC_{c4}:   202.3.5.69   255.255.255.224
PC_{c5}:   202.3.5.70   255.255.255.224

市场部网络为

路由器 B 的 E1 端口:202.3.5.97   255.255.255.224
PC_{d1}:   202.3.5.98   255.255.255.224
PC_{d2}:   202.3.5.99   255.255.255.224
PC_{d3}:   202.3.5.100 255.255.255.224
PC_{d4}:   202.3.5.101 255.255.255.224

两台路由器之间连接的网络为

路由器 A 的 S0 端口:202.3.5.129 255.255.255.224
路由器 B 的 S0 端口:202.3.5.130 255.255.255.224

从上面的 IP 地址分配可以看到,开发部网络地址是 202.3.5.0/27,财务部网络地址是 202.3.5.32/27,人事部网络地址是 202.3.5.64/27,市场部网络地址是 202.3.5.96/27,两台路由器之间的网络地址是 202.3.5.128/27,还有 3 个网络地址 202.3.5.160/27、202.3.5.192/27 和 202.3.5.224/27 没有使用。在每个子网内分配 IP 地址时都是从网络地址加 1 开始的,子网内 0 编号地址不能分配给主机或网络连接端口。

如果是 IPv6 网络,网络规划就简单多了。假设取得了 3000:1:1:1::/64 地址使用权,对于如此之多的 IP 地址,为了方便起见拿出 16 位二进制数编码网络地址就能得到 64K 个网络号,所以上例用 IPv6 地址规划如下。

开发部网络为

路由器 A 的 E0 端口:3000:1:1:1:1::1/80
PC_{a1}:　　　　　　3000:1:1:1:1::2/80
PC_{a2}:　　　　　　3000:1:1:1:1::3/80
$\vdots$　　　　　　　　$\vdots$
PC_{a15}:　　　　　　3000:1:1:1:1::16/80

财务部网络为

路由器 A 的 E1 端口:3000:1:1:1:2::1/80
PC_{b1}:　　　　　　3000:1:1:1:2::2/80
PC_{b2}:　　　　　　3000:1:1:1:2::3/80
PC_{b3}:　　　　　　3000:1:1:1:2::4/80
PC_{b4}:　　　　　　3000:1:1:1:2::5/80

人事部网络为

路由器 B 的 E0 端口:3000:1:1:1:3::1/80
PC_{c1}:　　　　　　3000:1:1:1:3::2/80
PC_{c2}:　　　　　　3000:1:1:1:3::3/80
PC_{c3}:　　　　　　3000:1:1:1:3::4/80
PC_{c4}:　　　　　　3000:1:1:1:3::5/80
PC_{c5}:　　　　　　3000:1:1:1:3::6/80

市场部网络为

路由器 B 的 E1 端口:3000:1:1:1:4::1/80
PC_{d1}:　　　　　　3000:1:1:1:4::2/80
PC_{d2}:　　　　　　3000:1:1:1:4::3/80
PC_{d3}:　　　　　　3000:1:1:1:4::4/80
PC_{d4}:　　　　　　3000:1:1:1:4::5/80

两个路由器之间连接的网络为

路由器 A 的 S0 端口:3000:1:1:1:5::1/80
路由器 B 的 S0 端口:3000:1:1:1:5::2/80

可以看到,IPv6 做地址规划比 IPv4 简单得多,总体感觉就是太"奢侈"了,不像使用 IPv4 地址那样要精打细算的节约地址,也没有必要想划分子网后哪个地址是哪个子网的。当然如果愿意精打细算节约 IP 地址,也可以更细的划分子网。

3.4　网络通信路由

人们在出门旅行之前,都会确定一条旅行路线。计算机网络中的一台主机将数据报文通过网络发送给某台主机,就如同该报文到互联网世界中去旅游,最终到达目的主机。

对于计算机来说,在发送报文之前,首先要查找自己的路由表中有没有存储到达目的主机的路由。如果有,则根据路由表指示将报文发送给路由上的下一台主机(专业术语叫下一跳);如果没有到达目的主机的路由,则丢弃该报文。网络连接设备路由器中也存储着路由表,路由器收到一个报文后,根据报文中的目的 IP 地址到路由表中查找到达目的地址的路由,如果查到了路由,将报文转发给路由上的下一跳;否则,丢弃该报文。由此可以知道,网络通信路由在计算机网络中是非常关键的问题。

3.4.1 路由表

主机中的路由表和路由器中的路由表的内容有所不同,但一般都包含以下信息。

1. 目的地址、子网掩码

目的地址是报文要到达的目的地址,子网掩码用于计算网络地址。

在路由器中,路由表的目的地址都是网络地址,只确定到达该网络的路由,这样可以减少路由器中的路由表项。

在主机中,路由表的目的地址有网络地址、主机地址和广播地址,用于指示到达特定网络的路由、到达特定主机的路由和广播报文的路由。

2. 下一跳地址、输出端口

下一跳地址是路由上下一个接收该报文的主机或路由器的 IP 地址。路由表中并不指示一条通往目的网络的完整路线,只是告诉通往目的网络下一步应该怎么走。路由表的路由描述方式是局部的,但对网络路由的把握是全局的。在主机路由表中,下一跳称作网关(Gateway)。

输出端口是本路由器在该路由上的连接端口,如 Ethernet0、Serial0 等。在主机路由表中,输出端口用 IP 地址表示。

例如,在图 3-12 所示的网络连接中,路由器 A 中路由表的部分内容如表 3-4 所示。

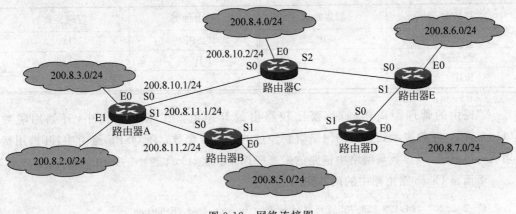

图 3-12   网络连接图

3. 路由种类

在 Cisco 路由器的路由表中,每条路由前面有一个字符说明路由的种类。下面介绍几种常见的路由种类。

表 3-4　路由器 A 的路由表部分内容

目的网络	掩　码	下一跳	输出端口
200.8.3.0	255.255.255.0	直联	Ethernet0
200.8.2.0	255.255.255.0	直联	Ethernet1
200.8.10.0	255.255.255.0	直联	Serial0
200.8.11.0	255.255.255.0	直联	Serial1
200.8.4.0	255.255.255.0	200.8.10.2	Serial0
200.8.6.0	255.255.255.0	200.8.10.2	Serial0
200.8.5.0	255.255.255.0	200.8.11.2	Serial1
200.8.7.0	255.255.255.0	200.8.11.2	Serial1
⋮	⋮	⋮	⋮

(1) C：直联网络(Connected)，和路由器直接相连接的网络。

(2) S：静态路由(Static)，由人工通过配置命令生成的路由。

(3) R：由路由选择协议 RIP 生成的动态路由。

(4) B：由边界网关协议 BGP 生成的动态路由。

(5) O：由路由选择协议 OSPF 生成的动态路由。

(6) ＊：默认路由(Candidate Default)，当路由表内查找不到目标网络时使用的路由。

4. 管理距离与开销

在一个路由表内，到达同一个目的地址可能存在多条路由。在查找路由时应该使用最短的路由。开销(Metric)就是为了选择最短路由而设计的。

在路由表内有多种路由存在时，管理距离将被使用，系统会选择管理距离最小的路由。管理距离是人为规定的，其中，在 Cisco 路由器中规定的管理距离如表 3-5 所示。

表 3-5　Cisco 路由器中规定的管理距离

路由种类	管理距离	路由种类	管理距离
直联网络	0	OSPF	110
静态路由	1	RIP	120
BGP	20		

当路由的管理距离相同时，要比较路由的开销值。在 RIP 路由中，开销用跳数(Hop)表示，跳数表示到达目的网络需要经过的路由器个数；在 OSPF 路由中，开销用费用(Cost)表示，该参数与网络中链路的带宽等因素相关，Cost 越小的路由越好。

下面是 Cisco 路由器中的两条路由。

```
C   202.207.124.128 255.255.255.224 is directly connected, Ethernet0
R   192.168.1.0/24 [120/1] via 192.168.255.1, 00:00:21, Serial0
```

第 1 条路由表示 202.207.124.128 255.255.255.224 网络是直接连接在 Ethernet0 端口上的。第 2 条路由表示是由路由选择协议 RIP 生成的动态路由，到达 192.168.1.0/24 网络的下一跳地址是 192.168.255.1，输出端口是 Serial0。该路由的管理距离是 120，到达目的网络为 1 跳,路由建立的时间计数为 21s。

在 Windows 操作系统中,在"命令提示符"窗口中使用以下命令:

Route print

可以显示主机中的路由表。例如,下面就是在 Windows 操作系统中显示的路由表:

```
Active Routes:
Network Destination        Netmask            Gateway            Interface        Metric
          0.0.0.0          0.0.0.0        192.168.1.1       192.168.1.23          20
        127.0.0.0        255.0.0.0          127.0.0.1          127.0.0.1           1
      192.168.1.0    255.255.255.0       192.168.1.23       192.168.1.23          20
     192.168.1.23  255.255.255.255          127.0.0.1          127.0.0.1          20
    192.168.1.255  255.255.255.255       192.168.1.23       192.168.1.23          20
        224.0.0.0        240.0.0.0       192.168.1.23       192.168.1.23          20
  255.255.255.255  255.255.255.255       192.168.1.23       192.168.1.23           1
Default Gateway:       192.168.1.1
```

这个主机路由表中包括目的地址(Network Destination)、子网掩码(Netmask)、网关(Gateway)、输出端口(Interface)和开销(Metric)。网关就是下一跳 IP 地址。

路由表中的第 1 条路由:

```
0.0.0.0          0.0.0.0          192.168.1.1          192.168.1.23          20
```

表示一条默认路由,因为任何 IP 地址用子网掩码 0.0.0.0 去做逻辑与运算时,得到的网络地址都是 0.0.0.0。默认路由的网关是 192.168.1.1,输出端口是 192.168.1.23,说明该计算机的 IP 地址是 192.168.1.23。

路由表中的第 2 条路由是回送地址路由,网关和输出端口都是 127.0.0.1,表示该路由不会到达物理网络;第 3 条路由是到达 192.168.1.0 255.255.255.0 特定网络的路由;第 4 条是到达 192.168.1.23 特定主机路由,由于这是到达本机的路由,所以网关地址是 127.0.0.1,表示该路由不会到达物理网络;第 5 条是对本网络的广播路由;第 6 条是组播路由;第 7 条是受限广播路由。最后一行

Default Gateway:192.168.1.1

指示本机的默认网关是 192.168.1.1,它和默认路由是一致的。

在路由表内选择路由时,按照直联网络、特定主机路由、特定网络路由、默认路由的顺序选择。如果没有默认路由,而前面又没有查到路由结果,报文将被丢弃。

3.4.2　主机路由设置

1. 默认路由设置

路由表在网络通信中的作用是非常重要的,一台计算机中没有正确的路由表就不能联网工作。在 3.4.1 小节看到的主机路由表中,除了默认路由之外的路由都是计算机系统自动生成的,但默认路由只能由用户自己设置。

设置默认路由的操作很简单,图 3-13 所示为"Internet 协议(TCP/IP)属性"窗口,无论是 IPv4 还是 IPv6,在 TCP/IP 属性窗口中正确设置"默认网关"的 IP 地址就可以了。

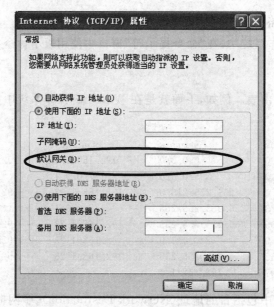

图 3-13 "Internet 协议(TCP/IP)属性"窗口

2. 默认网关

主机路由表内没有默认路由设置或者默认路由设置不正确,计算机都不能正常联网工作。通过设置默认网关就可以设置默认路由,那么默认网关的地址应该如何确定呢?

现在来看如图 3-14 所示的网络连接。在这个网络中有 3 台 PC 通过集线器 HUB 连接到路由器的 E0 端口,各台 PC 和路由器 E0 端口的 IP 地址已经标识在图中。对于 PC_1 来说,它的网关地址应该是哪个呢?

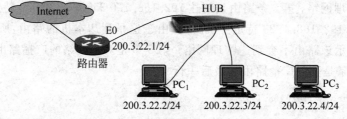

图 3-14 默认网关设置

所谓默认网关,就是与其他网络内的主机通信时的必经之路。在图 3-14 中,如果 PC_1 和 PC_2、PC_3 以及路由器通信,由于它们都属于 200.3.22.0/24 网络,属于网络内部通信,路由表内自动生成了这个特定网络路由。如果 PC_1 和 Internet 中的其他计算机通信,那么在系统自动生成的路由表内就不能查找到目的网络路由。但是这个报文应该送到哪里呢? 显然,应该交给路由器,再由路由器转发到 Internet。所以,PC_1 的默认网关设置应该使用路由器和本网络连接端口的 IP 地址,即默认网关应该设置为 200.3.22.1。当然,对于本网络内的其他计算机,默认网关也应该设置为 200.3.22.1。

在做网络地址规划时,网络管理员总喜欢把该网络内的第一台可用主机编号,或最后一台可用主机编号分配给连接该网络的路由器端口。当然这不是分配规则。但是在设置自己计算机上的默认网关时,必须知道和本网络相连接的路由器端口地址,即默认网关地址。

3.4.3　网络连接的 TCP/IPv4 属性设置

在 TCP/IPv4 网络中,主机中必须正确设置网络连接的 TCP/IP 属性才能正常联网工作。Windows 操作系统中的网络连接的"TCP/IP 属性"窗口如图 3-13 所示。在该窗口中有两组单选按钮,一组单选按钮是有关 IP 地址设置的,另一组单选按钮是有关 DNS 服务器设置的。

1. 自动获得

在网络连接的 TCP/IP 属性设置中,选择"自动获得 IP 地址"和"使用下面的 DNS 服务器地址"单选按钮,可以由系统自动获得 TCP/IP 属性参数。这种设置用于网络内启用了动态主机配置协议(Dynamic Host Configuration Protocol,DHCP)(DHCP 的内容可以参考网络操作系统教科书)和电话拨号上网、ADSL 上网的情况。

动态主机配置协议(DHCP)用于大型网络中自动为网络内主机分配网络连接的 TCP/IP 属性参数,还可以将有限的 IP 地址动态地分配给网络内主机使用。在启用了 DHCP 的系统中,只有主机联网工作时才临时获得 IP 地址,以节省 IP 地址。

在网络内启用了 DHCP 后,只要打开网络连接,DHCP 系统就会给该主机分配 IP 地址、子网掩码、默认网关和 DNS 服务器地址。要在 Windows 操作系统中查看"自动获得"的网络连接 TCP/IP 属性参数,可以在"命令提示符"窗口中输入以下命令:

ipconfig /all

得到如下信息(每行后面是添加的注释):

```
Ethernet adapter 本地连接:
        Physical Address.........:00-0B-DB-1C-02-19        ;物理地址
        Dhcp Enabled...........:Yes                        ;使用 DHCP 协议
        Autoconfiguration Enabled....:Yes                  ;使用自动配置
        IP Address............:192.168.1.100               ;获得的 IP 地址
        Subnet Mask...........:255.255.255.0               ;子网掩码
        Default Gateway.........:192.168.1.1               ;默认网关地址
        DHCP Server...........:192.168.1.1                 ;DHCP 服务器地址
        DNS Servers...........:202.99.160.68               ;DNS 服务器地址
                             202.99.166.4                  ;备用 DNS 服务器地址
```

注意:对于电话拨号上网和 ADSL 上网,都会给登录网络的主机分配 IP 地址、默认网关和 DNS 服务器地址。计算机获得的 IP 地址和默认网关地址是相同的,而且子网掩码是 255.255.255.255。其实这是一种虚接口设置,用于远程登录安全控制(本书不讨论远程登录服务问题)。

2. 静态设置

"自动获得"方式在有些情况下是不能使用的。例如,网络中的服务器地址必须是相对固定的,必须采用静态设置。在小型网络中,一般也采用静态设置方式。

静态设置方式就是在网络连接"Internet 协议(TCP/IP)属性"窗口中选择"使用下面的 IP 地址"和"使用下面的 DNS 服务器地址"单选按钮,然后在"IP 地址""子网掩码""默认网关"文本框中填写合法的内容,在"首选 DNS 服务器"和"备用 DNS 服务器"文本框中填写本地 DNS 服务器的 IP 地址。

　　注意:在实验室的网络实验中,由于一般不会使用公网 IP 地址配置 PC 网络连接的 TCP/IP 属性,如果没有通过 NAT 服务器和公网连接,内部网络中也没有配置 DNS 服务,那么 DNS 服务器配置是没有意义的,即不需要配置 DNS 服务器。

　　使用静态设置方式的 IP 地址称作静态 IP 地址。静态设置的网络连接 TCP/IP 属性参数是固定不变的。静态设置网络连接 TCP/IP 属性参数时必须了解网络的网络地址规划情况、子网掩码、默认网关地址和本地 DNS 服务器的地址,要根据网络规划或网络管理员分配的 IP 地址进行设置。

　　子网掩码是用来计算 IP 地址中的网络地址的。如果子网掩码设置错误,可能造成该计算机不能正常联网工作。例如,在如图 3-8 所示的网络连接例子中,如果按照图 3-9 所示的地址规划配置 IP 地址和子网掩码(255.255.255.192),但 PC_5 配置时使用了 200.100.61.66　255.255.255.0,当 PC_5 和 PC_8 通信时,目的主机地址应该是 200.100.61.130。从图 3-8 可以知道,PC_8 和 PC_5 不在一个网络内,PC_5 应该把报文送交默认网关——路由器 B 的 E0 口,由路由器转发到 PC_8 所在的网络。但是由于 PC_5 的子网掩码使用的是 255.255.255.0,表示本机所在的网络地址是 200.100.61.0,对于发送给 200.100.61.130 地址的报文,目标 IP 地址和 255.255.255.0 进行逻辑与运算之后,得到的网络地址是 200.100.61.0,即该报文是网络内部的报文,不需要送网关转发,所以不能正常通信。

3. 启用网络连接 TCP/IP 属性设置

　　在完成网络连接的 TCP/IP 属性设置后,一般情况下需要重新启动计算机,设置才能生效。如果不重新启动计算机,也可以在如图 3-15 所示的"网络连接"窗口中右击"本地连接"图标,在弹出的快捷菜单中选择"停用"选项。当显示"本地连接禁用"后,双击"本地连接"图标,就可以使用新配置的网络连接 TCP/IP 属性参数重新启动网络连接。

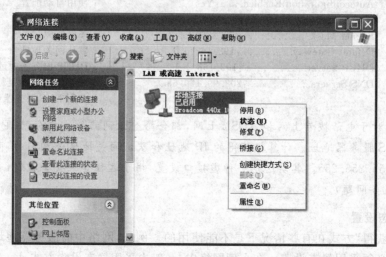

图 3-15　"网络连接"窗口

在计算机联网工作时,有时会产生网络软件工作故障,需要重新启动计算机。此时,也可以采用重新启动网络连接的方法排除网络软件故障,节约工作时间。

3.4.4　TCP/IPv6 属性设置

在 IPv6 网络中设置 TCP/IP 属性比 IPv4 简单。TCP/IPv6 属性设置可以选取静态配置,像 IPv4 那样手动配置单播地址、网络地址长度、默认网关、DNS。但在 IPv6 网络中一般主机的 TCP/IP 属性设置都可以自动配置,可以不需要用户干预,所谓即插即用。

在 IPv6 中也可以选择"自动获得"方式完成 TCP/IP 属性的配置,但是需要网络中有 DHCP 服务器的支持;在 IPv6 中,如果网络中存在 DHCP 服务器,主机可以通过 DHCP 服务器获取 TCP/IP 属性配置。这种配置方式称为有状态自动配置;在 IPv6 网络中没有 DHCP 服务器时,主机也可以自动获得 TCP/IP 属性配置,这种配置方式称为无状态自动配置。

无状态自动配置是在主机启动时,首先根据自己的 48 位 MAC 地址生成 IEEE EUI-64 格式的接口标识符,得到链路本地地址,例如,

FE80::20D0:58FF:FE1A:CB3/64

然后主机通过链路本地范围内所有路由器组播地址 FF02::2 向本网连接的路由器索取网络的单播地址前缀(网络地址长度)来配置自己的 TCP/IP 属性。其中,单播地址是用路由器通告的单播地址前缀和自己的 IEEE EUI-64 格式接口标识符组成。由于网卡的 MAC 地址是唯一的,所以不可能产生重复地址。

例如,从路由器收到的地址前缀是 3001:1::/64,那么该接口的单播地址就是 3001:1::20D0:58FF:FE1A:0CB3/64。

使用无状态自动配置可以配置接口的链路本地地址、单播地址和默认网关(发送通告报文的路由器接口地址就是默认网关),但是不能自动配置 DNS 地址,而且自动配置的单播地址主机部分默认长度是 64 位,显然网络地址长度必须小于等于 64 位,这等于海量地浪费 IP 地址资源,所以 IPv6 的无状态自动配置功能尚待完善。

3.5　路由器基本配置

路由器是网络连接设备,其实就是一台专门用于路由功能的计算机。路由器主要功能有两项:为到达的数据报文选择到达目的地址的最佳路径;将数据报文转发到正确的输出端口。路由器内部从功能上划分为两个机构:路由选择机构和报文转发机构。路由器的生产厂商有很多家,各家的性能、配置命令有所不同,但基本原理都是一样的。Cisco 路由器是路由器产品中的著名品牌,本书以 Cisco 路由器为例介绍路由器的基本配置。

3.5.1　Cisco 路由器硬件结构

1. 硬件组成

路由器具有计算机的基本组成部分。Cisco 路由器的硬件包括以下几个。

(1) CPU:路由器的处理器。

(2) Flash:存储路由器的操作系统映像和初始配置文件。

(3) ROM:存储路由器的开机诊断程序、引导程序和操作系统软件。

（4）NVRAM(Nonvolatile RAM)：非易失 RAM,存储路由器的启动配置文件。

（5）RAM：存储路由表、运行配置文件和待转发的数据报队列等。

（6）I/O Port：输入/输出接口(有时也称端口)。一般有如下几个：

• Console：系统控制台接口；

• AUX：辅助口(异步串行口)；

• AUI：以太网接口(局域网接口)；

• Serial：同步串行口(广域网接口)；

• Async：异步串行口(广域网接口)；

• FastEthernet：100Mb/s 以太网接口(局域网接口)。

图 3-16 所示是 Cisco 2620 路由器的接口面板,该款路由器有两个同步串行口 Serial0 和 Serial1；一个 Console 口；一个异步串行口 AUX；一个 100Mb/s 快速以太网接口 FastEthernet 0/0。

2. 控制台连接

路由器是一台专用计算机,它平时工作时不像普通计算机一样有键盘输入设备和显示器输出设备。如果把一台具有显示器和键盘的计算机终端设备通过一条如图 3-17 所示的 Console 线连接到路由器的 Console 口,这时路由器就像一台普通的计算机了,这个计算机终端就成为路由器的控制台(Console)。一般在配置路由器时,需要给路由器连接控制台,以便输入配置命令、查看配置结果并检查路由器的运行状态等。

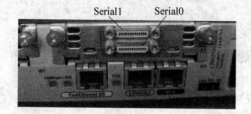

图 3-16　Cisco 2620 路由器的接口面板

图 3-17　Console 线

Console 线是一条 8 芯扁平电缆,一端使用 RJ-45 接口连接路由器的 Console 口,另一端使用 9 针的 RS-232 接口连接到计算机终端的 RS-232 异步串行口。在配置路由器时,也可以使用普通 PC 代替计算机终端作为控制台,但需要使用 Windows 操作系统中的超级终端功能。

使用 Windows 操作系统 PC 作为路由器控制台时,需要把 Console 线的 RS-232 接口连接到 PC 的 9 针 RS-232 口(一般称为 COM1 口)。在 Windows 操作系统中单击"开始"|"程序"|"附件"|"通讯"|"超级终端"命令,打开一个"新建连接"窗口,如图 3-18(a)所示。

在"新建连接"窗口中需要输入一个连接名称,名称可以随意,也可以为连接选择一个图标,单击"确定"按钮之后打开"连接到"窗口,如图 3-18(b)所示。在"连接到"窗口中需要在"连接时使用"下拉列表框中选择"COM1"选项,单击"确定"按钮之后打开"COM1 属性"窗口,如图 3-19(a)所示。在"COM1 属性"窗口中需要修改"每秒位数"的传输速率设置,默认的设置是 2400,需要修改为 9600；其他项不需要修改。单击"确定"按钮之后

(a) "新建连接"窗口　　　　　　　　　(b) "连接到"窗口

图 3-18　超级终端"新建连接"窗口

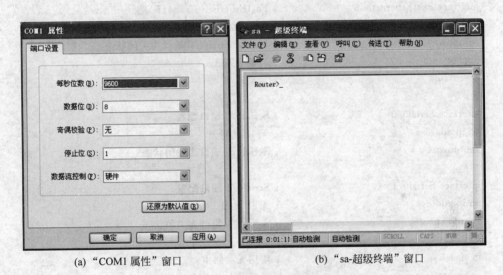

(a) "COM1 属性"窗口　　　　　　　(b) "sa-超级终端"窗口

图 3-19　"COM1 属性"和"sa-超级终端"窗口

打开"sa-超级终端"窗口,如图 3-19(b)所示。在路由器已经启动时,"sa-超级终端"窗口中
会显示出路由器的命令提示符:Router>_,在其后就可以输入对路由器的操作命令了。

3.5.2　Cisco 路由器启动过程

开启 Cisco 路由器电源后,首先执行 ROM 存储器中的开机诊断程序和操作系统引
导程序,从 Flash 存储器中加载操作系统软件。如果 NVRAM 中有启动配置文件
(startup-config),将把配置文件加载到 RAM 中;如果 NVRAM 中没有启动配置文件,则
从 Flash 存储器中加载一个初始配置文件到 RAM 中。

路由器启动后,根据 RAM 中的配置文件配置各个网络端口和初始化路由表。对路
由器的配置操作就是修改配置文件内容。对于新购置的路由器,或者当 NVRAM 中没有
启动配置文件时,路由器启动后会提示:

Would you like to enter the initial configuration dialog? [yes/no]:

如果回答"Y",将进入路由器初始配置过程。一般需要回答"N",然后出现提示信息:

Press RETURN to get started!

按 Enter 键,系统从 Flash 存储器中加载一个类似下面的配置(路由器型号不同,配置文件的内容会有些差异):

```
version 12.2                              ；操作系统版本
service timestamps debug datetime msec
service timestamps log datetime msec
no service password-encryption           ；没有口令设置,进入特权模式不需要密码口令
hostname Router                          ；路由器名称为 Router
ip subnet-zero                           ；允许使用 0 号子网
!
interface FastEthernet0/0                 ；FastEthernet0/0 端口配置
no ip address                            ；无 IP 地址
shutdown                                 ；FastEthernet0/0 端口为关闭状态
duplex auto                              ；自动全双工
speed auto                               ；自动速率
!
interface Serial0/0                       ；Serial0/0 端口配置
no ip address                            ；无 IP 地址
shutdown                                 ；Serial0/0 端口为关闭状态
!
interface Serial0/1                       ；Serial0/1 端口配置
no ip address                            ；无 IP 地址
shutdown                                 ；Serial0/1 端口为关闭状态
!
ip classless                             ；使用无类路由
no ip http server                        ；无启动 http 服务
!
line con 0                               ；Console 端口
line aux 0                               ；辅助口
line vty 0 4                              ；允许 5 个 Telnet 登录
!
end
```

在路由器的初始配置中,除配置了主机名称和允许使用 0 号子网之外,所有端口都处于关闭(Shutdown)状态。只有进行必要的配置后,路由器才能完成为数据报文寻找路由和转发的工作。

3.5.3 Cisco 路由器的命令行界面

Cisco 路由器有多种命令行界面,在不同的命令行界面下允许进行的操作不同。在 Cisco 路由器中,命令行界面又称作模式。Cisco 路由器的部分模式和模式之间的转换命令以及不同模式的命令提示符、各种模式下可以进行的主要操作如表 3-6 所示。

表 3-6　Cisco 路由器的模式

模式名称	进入模式命令	模式提示	可以进行的操作
用户模式	开机进入	Router＞	查看路由器状态
特权模式	Router＞ Enable(口令)	Router＃	查看路由器配置及端口状态
全局配置模式	Router＃ Config terminal	Router(config)＃	配置主机名、密码、静态路由等
接口配置模式	Router(config)＃ Interface 接口	Router(config-if)＃	网络接口参数配置
子接口配置模式	Router(config)＃ Interface 接口.n	Router(config-subif)＃	子接口参数配置
路由配置模式	Router(config)＃ Router 路由选择协议	Router(config-router)＃	路由选择协议配置
线路配置模式	Router(config)＃ Line n	Router(config-line)＃	虚拟终端等线路配置
退回上一级	Router(config-if)＃ Exit	Router(config)＃	退出当前模式
结束配置	Router(config-if)＃ Ctrl-Z	Router＃	返回特权模式

3.5.4　Cisco 路由器的帮助功能

Cisco 路由器有比较好的帮助功能,可以帮助用户方便、高效地完成命令输入工作。Cisco 路由器的帮助功能包括以下内容。

1. 可用命令提示

在任何模式下,输入"help"或"?",都可以显示当前模式下的所有可用命令。

2. 使用历史命令

从键盘输入的所有命令都会存储在历史缓冲区内。历史缓冲区中默认可以存储10 条历史命令。在特权模式下,使用"history size n(n: 1-256)"命令设置历史缓冲区的大小,最大可以设置到存储 256 条历史命令。

使用 Ctrl＋P 组合键或"↑"键可以显示前一条历史命令;使用 Ctrl＋N 组合键或"↓"键可以显示下一条历史命令。

3. 单词书写提示

当输入一个单词的开始部分字母后,输入"?",系统将提示当前模式下以该部分字母开始的所有命令单词。如果该部分字母开始的单词在当前模式下是唯一的,可以使用Tab 键让系统自动完成单词的书写。

4. 命令参数提示

当输入部分命令后,如果不知道下一个命令参数是什么,可以在和前面部分间隔一个空格后输入"?",系统将显示下一部分所有可用的参数或内容提示。

5. 简略命令输入

在 Cisco 路由器的操作命令中,无论是命令单词还是参数部分,只要不发生理解错误,或在当前状态下没有二义性解释,都可以简略输入。

例如,从用户模式进入特权模式的命令是"enable",在用户模式下,以 en 字母开头的命令单词只有 enable,所以输入"enable"命令时只需要输入"en"就可以了。

又如,进入接口配置模式命令"Router(config)♯interface FastEthernet0/0"可以简略成"Router(config)♯int Faste 0/0";"Router♯ Config terminal"可以简略成"Router♯ Conf t"。

正是由于这样的原因,在路由器的端口标识中经常出现 E0、E1、S0 或 S1 等符号,表示路由器的 Ethernet0、Ethernet1、Serial0、Serial1 端口。某些系列的 Cisco 路由器端口编号使用"模块号/端口号"表示,例如 FastEthernet0/0、Serial0/0 或 Serial0/1 等。在书写配置命令时,端口编号必须按照路由器给出的编号书写(名称和编号之间的空格可有可无),但平时叙述中一般不考虑 Serial0 和 Serial0/0、Ethernet0 和 FastEthernet0/0 的区别。

6. 错误提示

在输入一个命令后,如果存在语法错误,系统会在发生错误的部分下面显示一个"˄",指示该部分出错。

3.5.5 Cisco 路由器 IPv4 网络基本配置命令

1. 全局配置命令

```
Router(config)♯hostname 名字           ;配置主机名称
Router(config)♯enable secret 密码       ;配置/修改特权密码
```

注意:一旦路由器设置了特权密码,没有密码就不能进入特权模式。必须妥善保管密码。

2. 显示配置命令

```
Router♯show running-config           ;显示当前运行的配置文件
Router♯show startup-config           ;显示 NVRAM 中的配置文件
Router♯show ip route                 ;显示路由表
Router♯show interfaces 接口           ;显示接口状态
```

3. 配置以太网接口

```
Router(config)♯interface Ethernet0              ;指定端口
                                                 ;快速以太网接口可能使用 FastEthernet0/0
Router(config-if)♯ip address x. x. x. x   y. y. y. y   ;配置 IP 地址,子网掩码
Router(config-if)♯no shutdown                    ;启动端口
```

4. 配置同步串行口

路由器上的同步串行口一般用于广域网连接。两台路由器之间通过租用线路把两个同步串行口连接起来。在广域网连接中,通信线路上需要使用基带 Modem 之类的 DCE 设备,在路由器上则是 DTE 设备。同步传输中的同步时钟信号由 DCE 设备提供。

在有些情况下,例如,相邻很近的两台路由器,或者在实验室做路由器配置实验时,路由器之间可以直接使用两条 V.35 接口电缆背对背地连接起来,如图 3-20 所示。

在图 3-20 中,连接两台路由器 S0 口的线路上没有 DCE 设备,所以必须把一台路由器的 S0 端口配置成 DCE 工作方式,即该端口在通信时提供同步时钟信号。至于哪一方

图 3-20 两台路由器背对背地连接

配置成 DCE 工作方式,哪一方配置成 DTE 工作方式,是没有关系的,但是必须按照电缆上的 DTE、DCE 标签指示配置(在 V.35 接口电缆上贴有 DTE、DCE 标签),和 DCE 电缆连接的路由器 S0 端口必须配置成 DCE 工作方式。

1) DTE 端同步串行口配置

```
Router(config)#interface Serial0              ;指定端口
Router(config-if)#ip address x.x.x.x  y.y.y.y    ;配置 IP 地址,子网掩码
Router(config-if)#encapsulation hdlc          ;数据链路层封装格式,默认是 hdlc,该行可省略
Router(config-if)#no shutdown                 ;启动端口
```

2) DCE 端同步串行口配置

```
Router(config)#interface Serial0              ;指定端口
Router(config-if)#ip address x.x.x.x  y.y.y.y    ;配置 IP 地址,子网掩码
Router(config-if)#clock rate   nnnn           ;同步时钟速率,DCE 端需要配置
Router(config-if)#no shutdown                 ;启动端口
```

5. 配置路由

1) 什么情况需要配置路由

在图 3-21 的网络连接中,路由器的 Fa0/0 端口连接着 192.168.1.0/24 网络;Fa0/1 端口连接着 192.168.2.0/24 网络;路由器端口的 IP 地址如图中所示。

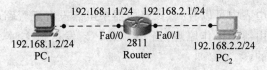

图 3-21 网络连接图

PC$_1$ 的 TCP/IP 属性配置为

IP 地址:192.168.1.2;Mask:255.255.255.0;默认网关:192.168.1.1

PC$_2$ 的 TCP/IP 属性配置为

IP 地址:192.168.2.2;Mask:255.255.255.0;默认网关:192.168.2.1

如果路由器中没有配置过路由,那么 PC$_1$ 能够和 PC$_2$ 通信吗?

在 PC$_1$ 的 DOS 命令窗口中输入命令及显示结果如图 3-22 所示。

从图 3-22 中可以看到,本机的 IP 地址是 192.168.1.2,即图 3-21 中的 PC$_1$。从 PC$_1$ 上使用命令:

```
Ping 192.168.2.2
```

```
Command Prompt

Packet Tracer PC Command Line 1.0
PC>ipconfig

IP Address.....................: 192.168.1.2
Subnet Mask....................: 255.255.255.0
Default Gateway................: 192.168.1.1

PC>ping 192.168.2.2

Pinging 192.168.2.2 with 32 bytes of data:

Reply from 192.168.2.2: bytes=32 time=63ms TTL=127
Reply from 192.168.2.2: bytes=32 time=63ms TTL=127
Reply from 192.168.2.2: bytes=32 time=62ms TTL=127
Reply from 192.168.2.2: bytes=32 time=63ms TTL=127

Ping statistics for 192.168.2.2:
    Packets: Sent = 4, Received = 4, Lost = 0 (0% loss),
Approximate round trip times in milli-seconds:
    Minimum = 62ms, Maximum = 63ms, Average = 62ms

PC>
```

图 3-22　在 PC$_1$ 的 DOS 命令窗口中输入命令及显示结果

即 ping PC$_2$，结果是通的。那么连接在路由器两侧两个网络中的计算机，在没有配置过路由的情况下为什么能够通信呢？

在路由器上查看一下路由表，输入的命令及显示结果如下：

Router # show ip route
> Gateway of last resort is not set
> C　　192.168.1.0/24 is directly connected，FastEthernet0/0
> C　　192.168.2.0/24 is directly connected，FastEthernet0/1

Router #

从上面显示的路由表中可以看到，该路由器中虽然没有配置路由，但路由表中却有两条直联路由。根据路由器的工作原理，当 PC$_1$ 给 PC$_2$ 发送报文时，显然在路由表内是可以查到目的网络路由的。

那么，在图 3-23 所示的网络连接中，Router0 的 Fa0/0 口连接着 192.168.1.0/24 网络，Fa0/1 口连接着 192.168.2.0/24 网络；Router1 的 Fa0/0 口连接着 192.168.2.0/24 网络，Fa0/1 口连接着 192.168.3.0/24 网络。各路由器端口的 IP 地址如图中所示。

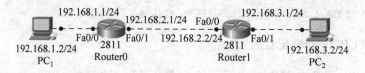

图 3-23　网络连接图

PC$_1$ 的 TCP/IP 属性配置为

IP 地址：192.168.1.2；Mask：255.255.255.0；默认网关：192.168.1.1

PC$_2$ 的 TCP/IP 属性配置为

IP 地址：192.168.3.2；Mask：255.255.255.0；默认网关：192.168.3.1

如果路由器 Router0 和 Router1 中都没有配置过路由,那么 PC$_1$ 能够和 PC$_2$ 通信吗?

答案是否定的。根据前面一个网络连接的经验可以知道,Router0 的路由表中应该有两条直联路由:

```
C    192.168.1.0/24 is directly connected,FastEthernet0/0
C    192.168.2.0/24 is directly connected,FastEthernet0/1
```

在 Router1 的路由表中应该有:

```
C    192.168.2.0/24 is directly connected,FastEthernet0/0
C    192.168.3.0/24 is directly connected,FastEthernet0/1
```

那么在 PC$_1$ 给 PC$_2$ 通信时,显然目的网络地址是 192.168.3.0。Router0 在收到 PC$_1$ 给 PC$_2$ 的报文后,从路由表内查找目的网络是 192.168.3.0 的路由,结果肯定是没有到达 192.168.3.0 网络的路由,该报文将被丢弃,所以 PC$_1$ 不能和 PC$_2$ 通信;反之亦然。

所以,当网络连接中存在和某路由器没有直联的网络时,该网络上就需要配置到达那个网络的路由。

2) 配置静态路由

静态路由配置命令用于向路由表内添加一条静态路由,静态路由一般用于小型网络。Cisco 路由器的静态路由配置命令的简单格式为

Router(config)♯ip route 目的网络地址 Mask 下一跳 IP 地址/端口 [管理距离]

例如,在图 3-23 所示的网络中,因为 Router0 没有和 192.168.3.0/24 网络相连,所以就没有到达 192.168.3.0/24 网络的路由,对发往 192.168.3.0/24 网络报文将被丢弃。为了能够和 192.168.3.0/24 网络通信,可以在路由器 A 中配置一条到达 192.168.3.0/24 网络的静态路由:

Router(config)♯ip route 192.168.3.0　255.255.255.0　192.168.2.2

该静态路由也可以使用下面命令格式配置:

Router(config)♯ip route 192.168.3.0　255.255.255.0　Fa0/1

Fa0/1 是本路由器上的输出端口。使用静态路由配置命令中的管理距离可以改变路由的选择顺序。由表 3-5 可以知道,静态路由的管理距离是 1,当路由表中同时存在到达同一目的网络的静态路由和其他路由选择协议生成的路由时,肯定首先选择静态路由。如果不希望静态路由作为首选路由,可以指定静态路由的管理距离。例如:

Router(config)♯ip route 192.168.3.0　255.255.255.0　192.168.2.2　130

3) 配置默认路由

在路由器中也可以配置默认路由。配置了默认路由之后,如果一个报文在路由表内查找不到到达目的网络的路由,那么就使用默认路由。默认路由设置是为不能路由的报文提供最后的手段,默认路由的设置也会大量减少路由表的路由个数。

在图 3-24 的网络连接中,为了使 PC$_1$ 能够访问 Internet,Router0 中应该配置什么路由呢?

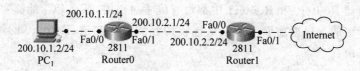

图 3-24　网络连接

　　显然,在 Internet 中有无数个逻辑网络,无论 Router0 中配置再多的静态路由,也不可能使 PC₁ 能够访问 Internet 中的所有网站,解决这种问题的方法是配置默认路由。

　　Cisco 路由器的默认路由配置命令格式为

Router(config)#ip route 0.0.0.0　0.0.0.0　下一跳

　　其实道理很简单,使用 Mask"0.0.0.0"去和任何 IP 地址相与,结果都是"0.0.0.0",所以就找到了一条路由。

　　在图 3-24 中,对于路由器 Router0,为了访问 Internet,需要配置的默认路由为

Ip route 0.0.0.0　0.0.0.0　200.10.2.2

6. 删除配置命令

　　当需要删除一条配置命令时,需要进入相应的模式,在相同的命令前增加单词"no"。例如,需要删除为 E0 口配置的 IP 地址命令,需要:

```
Router(config)#interface e0                ；指定端口
Router(config-if)#no ip address x.x.x.x y.y.y.y  ；删除 IP 地址配置命令
```

7. 保存配置文件

　　使用控制台进行的路由器配置操作只修改了 RAM 存储器中的运行配置(running-config)文件,如果不把 RAM 存储器中的运行配置文件保存到 NVRAM 存储器中,那么路由器下次启动时就不能使用本次所做的配置。把 RAM 存储器中的运行配置文件保存到 NVRAM 存储器中的命令是

Router#write memory

8. 测试命令

　　在路由器上测试到达某台主机或路由器端口是否能够连通,使用命令:

Router#ping　IP 地址

　　如果显示类似如下信息,就说明能够连通。

```
Sending 5, 100-byte ICMP Echos to x.x.x.x, timeout is 2 seconds：
!!!!!
Success rate is 100 percent (5/5), round-trip min/avg/max = 28/28/28 ms
```

9. 配置举例

　　网络连接以及 IP 地址分配如图 3-25 所示。

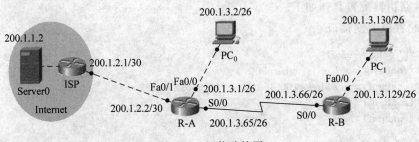

图 3-25　网络连接图

在图 3-25 中可以看到,从 R-B 路由器无论到 200.1.3.0/26 网络还是到 R-A 路由器以外的 Internet 网络,都必须将报文发送给 R-A 路由器,所以,在 R-B 路由器上,只需要配置一条默认路由即可。默认路由的配置为

Ip route 0.0.0.0 0.0.0.0 200.1.3.65

在 R-A 路由器上,需要在路由器中配置到达 200.1.3.128/26 网络和 Internet 的路由。从 R-A 路由器到达 Internet 的默认路由为

Ip route 0.0.0.0 0.0.0.0 200.1.2.1

但是,到达 200.1.3.128/26 网络的路由必须配置一条静态路由,路由为

Ip route 200.1.3.128　255.255.255.192 200.1.3.66

R-A 路由器配置具体如下。

1) 配置以太网接口

R-A # Config terminal
R-A (config) # interface fastethernet 0/0
R-A (config-if) # ip address 200.1.3.1　255.255.255.192
R-A (config-if) # no shutdown
R-A (config-if) # exit
R-A (config) # interface fastethernet 0/1
R-A (config-if) # ip address 200.1.2.2　255.255.255.252
R-A (config-if) # no shutdownR-A (config-if) # exit

2) 配置 S0 口

R-A (config) # interface Serial 0
R-A (config-if) # ip address 200.1.3.65　255.255.255.192
R-A (config-if) # clock rate 64000
R-A (config-if) # no shutdown
R-A (config-if) # exit

3) 配置路由

R-A (config) # ip route 0.0.0.0　0.0.0.0　200.1.2.1
R-A (config) # ip route 200.1.3.128　255.255.255.192　200.1.3.66
R-A (config) # exit

R-B 路由器配置具体如下。

1）配置以太网接口

R-B# Config terminal
R-B（config）# interface fastethernet 0/0
R-B（config-if）# ip address 200.1.3.129 255.255.255.192
R-B（config-if）# no shutdown
R-B（config-if）# exit

2）配置 S0 口

R-B（config）# interface Serial 0
R-B（config-if）# ip address 200.1.3.66   255.255.255.192
R-B（config-if）# no shutdown
R-B（config-if）# exit

3）配置路由

R-B（config）# ip route 0.0.0.0 0.0.0.0 200.1.3.65
R-B（config）# exit

配置好 PC 的 TCP/IP 属性后，在 PC₀ 上测试：

PC>ping 200.1.3.130
Pinging 200.1.3.130 with 32 bytes of data：
Reply from 200.1.3.130：bytes=32 time=94ms TTL=126
Reply from 200.1.3.130：bytes=32 time=80ms TTL=126
Reply from 200.1.3.130：bytes=32 time=93ms TTL=126
Reply from 200.1.3.130：bytes=32 time=94ms TTL=126
Ping statistics for 200.1.3.130：
    Packets：Sent = 4，Received = 4，Lost = 0（0% loss），
Approximate round trip times in milli-seconds：
    Minimum = 80ms，Maximum = 94ms，Average = 90ms
PC>ping 200.1.1.2
Pinging 200.1.1.2 with 32 bytes of data：
Reply from 200.1.1.2：bytes=32 time=94ms TTL=126
Reply from 200.1.1.2：bytes=32 time=93ms TTL=126
Reply from 200.1.1.2：bytes=32 time=78ms TTL=126
Reply from 200.1.1.2：bytes=32 time=78ms TTL=126
Ping statistics for 200.1.1.2：
    Packets：Sent = 4，Received = 4，Lost = 0（0% loss），
Approximate round trip times in milli-seconds：
    Minimum = 78ms，Maximum = 94ms，Average = 85ms

在 PC₁ 上测试：

PC>ping 200.1.3.2
Pinging 200.1.3.2 with 32 bytes of data：
Reply from 200.1.3.2：bytes=32 time=94ms TTL=126
Reply from 200.1.3.2：bytes=32 time=93ms TTL=126
Reply from 200.1.3.2：bytes=32 time=94ms TTL=126
Reply from 200.1.3.2：bytes=32 time=94ms TTL=126

Ping statistics for 200.1.3.2：

　　Packets：Sent = 4，Received = 4，Lost = 0（0% loss），

Approximate round trip times in milli-seconds：

　　Minimum = 93ms，Maximum = 94ms，Average = 93ms

PC>ping 200.1.1.2

Pinging 200.1.1.2 with 32 bytes of data：

Reply from 200.1.1.2：bytes=32 time=125ms TTL=125

Reply from 200.1.1.2：bytes=32 time=125ms TTL=125

Reply from 200.1.1.2：bytes=32 time=125ms TTL=125

Reply from 200.1.1.2：bytes=32 time=112ms TTL=125

Ping statistics for 200.1.1.2：

　　Packets：Sent = 4，Received = 4，Lost = 0（0% loss），

Approximate round trip times in milli-seconds：

　　Minimum = 112ms，Maximum = 125ms，Average = 121ms

PC>

测试表明内网与外网全部连通。

3.5.6　Cisco 路由器 IPv6 网络配置

在 Cisco 路由器上配置 IPv6 网络从概念上说没有什么区别，只是命令格式稍有不同。另外，不同版本的系统对 IPv6 的支持程度也有不同。

1. 开启 IPv6

Router(config)♯ipv6 unicast-routing

配置 IPv6 网络必须开启 IPv6 的报文转发功能，即允许 IPv6 的单播路由。

2. 显示命令

Router♯show ipv6 route　　　　　　　　　　;显示 IPv6 路由表

Router♯show ipv6 interfaces 接口　　　　　　;显示 IPv6 接口状态

3. 配置接口

配置接口和 IPv4 相同，只是地址配置需要使用：

Router(config-if)♯ipv6　address　IPv6 地址/网络地址长度

例如：

Router(config-if)♯ipv6　address 3001:1::1/64

4. 配置路由

配置静态路由命令格式为

Router(config)♯ipv6　route 目的网络/网络地址长度 下一跳 IP 地址/端口［管理距离］

注意：目的网络的表示中，主机部分需要用全 0 表示。

配置默认路由命令格式为

Router(config)♯ipv6　route ::/0 下一跳 IP 地址/端口［管理距离］

5. 配置举例

与图 3-25 相同网络连接如图 3-26 所示。假设取得了 3001:3::/96 网络地址使用权，即可以使用的 IPv6 地址有 2^{32} 个。本网络需要 3 个网络地址，为了简单方便，拿出 16 位做子网地址。地址分配如图 3-26 所示。由于低版本路由器不支持 IPv6，本例中路由器使用了 Cisco2811。按照图 3-25 举例的配置思路，该网络中的配置如下。

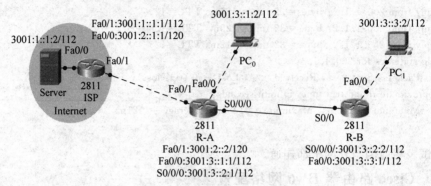

图 3-26 IPv6 网络地址分配

1）R-A 路由器配置

R-A＞enable
R-A ♯ configure terminal
;开启 IPv6
R-A（config）♯ ipv6 unicast-routing
;配置上连端口
R-A（config）♯ interface FastEthernet0/1
R-A（config-if）♯ ipv6 address 3001:2::2/120
R-A（config-if）♯ no shutdown
R-A（config-if）♯ exit
;配置 FastEthernet0/0 口
R-A（config）♯ interface FastEthernet0/0
R-A（config-if）♯ ipv6 address 3001:3::1:1/112
R-A（config-if）♯ no shutdown
R-A（config-if）♯ exit
;配置串行口
R-A（config）♯ interface Serial0/0/0
R-A（config-if）♯ ipv6 address 3001:3::2:1/112
R-A（config-if）♯ clock rate 128000
R-A（config-if）♯ no shutdown
R-A（config-if）♯ exit
;配置静态路由
R-A（config）♯ ipv6 route 3001:3::3:0/112 3001:3::2:2
;配置默认路由
R-A（config）♯ ipv6 route ::/0 3001:2::1

2）R-B 路由器配置

R-B♯ Config terminal

```
R-B (config) # ipv6 unicast-routing
R-B (config) # interface fastethernet 0/0
R-B (config-if) # ipv6 address 3001:3::3:1/112
R-B (config-if) # no shutdown
R-B (config-if) # exit
R-B (config) # interface Serial0/0/0
R-B (config-if) # ipv6 address 3001:3::2:2/112
R-B (config-if) # no shutdown
R-B (config-if) # exit
;配置路由
R-B (config) # ipv6 route ::/0 3001:3::2:1
```

3) 查看 R-A 上的路由表

```
R-A # show ipv6 route
IPv6 Routing Table - 9 entries
Codes: C - Connected, L - Local, S - Static, R - RIP, B - BGP
       U - Per-user Static route, M - MIPv6
       I1 - ISIS L1, I2 - ISIS L2, IA - ISIS interarea, IS - ISIS summary
       O - OSPF intra, OI - OSPF inter, OE1 - OSPF ext 1, OE2 - OSPF ext 2
       ON1 - OSPF NSSA ext 1, ON2 - OSPF NSSA ext 2
       D - EIGRP, EX - EIGRP external
S    ::/0 [1/0]
     via 3001:2::1                                    ;默认路由
C    3001:2::/120 [0/0]
     via ::, FastEthernet0/1
L    3001:2::2/128 [0/0]
     via ::, FastEthernet0/1
C    3001:3::1:0/112 [0/0]
     via ::, FastEthernet0/0
L    3001:3::1:1/128 [0/0]
     via ::, FastEthernet0/0
C    3001:3::2:0/112 [0/0]
     via ::, Serial0/0/0
L    3001:3::2:1/128 [0/0]
     via ::, Serial0/0/0
S    3001:3::3:0/112 [1/0]
     via 3001:3::2:2                                  ;静态路由
L    FF00::/8 [0/0]
     via ::, Null0
R-A #
```

4) 查看 R-B 上的路由表

```
R-B # show ipv6 route
IPv6 Routing Table - 6 entries
Codes: C - Connected, L - Local, S - Static, R - RIP, B - BGP
       U - Per-user Static route, M - MIPv6
       I1 - ISIS L1, I2 - ISIS L2, IA - ISIS interarea, IS - ISIS summary
       O - OSPF intra, OI - OSPF inter, OE1 - OSPF ext 1, OE2 - OSPF ext 2
       ON1 - OSPF NSSA ext 1, ON2 - OSPF NSSA ext 2
```

```
            D - EIGRP，EX - EIGRP external
S    ::/0 [1/0]
        via 3001:3::2:1
C    3001:3::2:0/112 [0/0]
        via ::，Serial0/0/0
L    3001:3::2:2/128 [0/0]
        via ::，Serial0/0/0
C    3001:3::3:0/112 [0/0]
        via ::，FastEthernet0/0
L    3001:3::3:1/128 [0/0]
        via ::，FastEthernet0/0
L    FF00::/8 [0/0]
        via ::，Null0
R-B#
```

5) 测试配置完成 PC 的 IPv6 地址和默认网关之后，在 PC₁ 的命令窗口中测试。

测试与外网的连通：

```
PC>ping 3001:1::1:2

Pinging 3001:1::1:2 with 32 bytes of data：

Reply from 3001:1::1:2: bytes=32 time=31ms TTL=125
Reply from 3001:1::1:2: bytes=32 time=32ms TTL=125
Reply from 3001:1::1:2: bytes=32 time=16ms TTL=125
Reply from 3001:1::1:2: bytes=32 time=31ms TTL=125

Ping statistics for 3001:1::1:2：
    Packets：Sent = 4，Received = 4，Lost = 0 (0% loss)，
Approximate round trip times in milli-seconds：
    Minimum = 16ms，Maximum = 32ms，Average = 27ms
```

测试与 PC₀ 的连通：

```
PC>ping 3001:3::1:2

Pinging 3001:3::1:2 with 32 bytes of data：

Reply from 3001:3::1:2: bytes=32 time=16ms TTL=126
Reply from 3001:3::1:2: bytes=32 time=16ms TTL=126
Reply from 3001:3::1:2: bytes=32 time=31ms TTL=126
Reply from 3001:3::1:2: bytes=32 time=31ms TTL=126

Ping statistics for 3001:3::1:2：
    Packets：Sent = 4，Received = 4，Lost = 0 (0% loss)，
Approximate round trip times in milli-seconds：
    Minimum = 16ms，Maximum = 31ms，Average = 23ms

PC>
```

6. IPv6 的接口组播地址

在 3.2.3 小节我们已经说过,IPv6 网络中一个接口可以分配多个不同种类的地址。一个接口必须有一个单播地址。在配置了单播地址之后,接口会自动配置所需的组播地址。其中,所有接口会自动配置链路本地节点组播地址,路由器接口还会自动配置链路本地路由器组播地址。

在图 3-26 的举例配置中,查看 R-A 路由器的 FastEthernet 0/0 端口配置可以看到:

```
R-A♯show ipv6 interface FastEthernet 0/0
FastEthernet0/0 is up, line protocol is up
  IPv6 is enabled, link-local address is FE80::201:64FF:FEC4:B801   ;链路本地地址
  No Virtual link-local address(es):
  Global unicast address(es):
    3001:3::1:1, subnet is 3001:3::1:0/112                          ;单播地址
    Joined group address(es):
    FF02::1                                                        ;本地链路所有接口组播地址
    FF02::2                                                        ;路由器接口组播地址
    FF02::1:FF01:1
    FF02::1:FFC4:B801
  MTU is 1500 bytes
  ICMP error messages limited to one every 100 milliseconds
  ICMP redirects are enabled
  ICMP unreachables are sent
  ND DAD is enabled, number of DAD attempts: 1
  ND reachable time is 30000 milliseconds
  ND advertised reachable time is 0 milliseconds
  ND advertised retransmit interval is 0 milliseconds
  ND router advertisements are sent every 200 seconds
  ND router advertisements live for 1800 seconds
  ND advertised default router preference is Medium
  Hosts use stateless autoconfig for addresses.
R-A♯
```

3.6　动态路由与路由选择协议

3.6.1　Internet 网络结构

Internet 是连接了世界上所有国家的无数个网络的互联网络。在 Internet 中的路由数以万计,这些路由不可能都保存在每台路由器内。路由器中的路由数量越多,查找路由的时间越长,就会影响网络性能,所以 Internet 中采用主干网络和自治系统的结构,如图 3-27 所示。

自治系统(Autonomous System,AS)是一组路由器的集合,它们在一个管理域中运行,共享域内的路由信息。图 3-26 表示出了 3 个自治系统 AS100、AS200 和 AS300。在一个管理域中,表示这些路由器同属一个网络管理组织,可能是一个单位或一个部门,例如,中国教育网(CERNET)是一个自治系统,中国 Internet 主干网 CHINANET 也是一

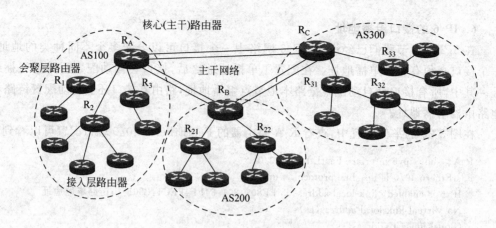

图 3-27   Internet 网络结构示意图

个自治系统。在一个自治系统内,路由器之间可以相互传递路由信息。

自治系统是由一个以 16 位二进制数表示的自治系统编号标识的,其中 1～64511 由 Internet 编号分配机构(Internet Assigned Numbers Authority,IANA)来管理,64512～ 65535 为私有 AS 号。使用私有 AS 号可以在一个 AS 内部再划分自治系统。私有 AS 号 类似于私有 IP 地址。

一个自治系统中可能有几百台路由器,其最底层的路由器一般称作接入层路由器,用 于网络的连接和接入。接入层路由器一般 RAM 较小,CPU 处理能力较差,价格便宜,例 如,Cisco1600、1700、2500、2600 系列路由器。

在一个自治系统中可能存在多个地区性网络,例如,在中国教育网内有很多分布在全 国各地的大学校园网,每个大学校园网内又使用路由器连接了若干网络,但一般每个校园 网只使用一台路由器和上一级网络连接。显然,在这台路由器上转发的报文的数量最大, 而且路由条数较多,要求路由器的处理能力更强。这种路由器称作会聚层路由器(也称作 区域边界路由器),例如,Cisco4500、4000、3600 系列路由器就是会聚层路由器。这类路 由器的网络接口一般有自己的处理器,转发报文时一般不需要 CPU 的干预。

Internet 是由多个自治系统互联起来的网络,自治系统之间也是通过路由器连接的。 在连接自治系统之间的路由器上需要转发的报文更多,这种路由器上存在的路由应该更 多,即路由器的性能要求更高。这种连接自治系统的路由器称作核心(主干)路由器(也称 作自治系统边界路由器,表示处于自治系统网络边界),例如,Cisco12000、7500、7200、 7000 系列路由器。核心路由器除了具有更强大的处理功能之外,还具有更多的广域网接 口,一般情况下,两点之间都要使用两条线路连接。各个自治系统的核心路由器连接起来 构成了 Internet 的核心(主干)网络。在主干网络中,核心路由器之间的连接都采用具有 冗余线路的网状连接。

3.6.2   子网、超网和无类域间路由

在 1973 年,ARPANET 上的计算机节点才有 40 个,当时 IP 地址按照 A 类、B 类、 C 类设计和分配没有什么问题。随着 TCP/IP 技术的普及和 Internet 网络的形成,IP 地 址中网络地址的缺乏和 IP 地址的浪费问题逐渐暴露出来。1985 年开始在 TCP/IP 技术

中使用子网掩码技术,解决了 IP 地址中网络地址的缺乏和 IP 地址的浪费问题。

　　随着 Internet 爆炸性发展,Internet 中的网络个数和路由数目急剧增长,不要说子网路由,C 类主网就有上百万个,而且在核心路由器中根本就不能设置默认路由。在 1993 年,路由过多的问题已经干扰了 Internet 的发展,于是人们提出了超网与无类域间路由(Classless Inter Domain Routing,CIDR)的概念。所谓超网,就是将若干小网合并成一个大网,例如,将若干个 C 类网络合并成一个 B 类网络,用于减少路由数量。无类域间路由的思想是,IPv4 地址的分配不再按照类别网络号分配,而是按照地址块分配,使用 IP 地址时不考虑哪类网络,而是根据网络地址长度判断网络号。CIDR 中的 IPv4 地址表示方式为

　　IP 地址/网络地址长度(如 18.23.56.21/18)

这和子网掩码的表示方法是一致的,只不过在概念上子网掩码是在主网中把主机地址部分拿出若干位作为子网地址。CIDR 中已经没有了地址类别的概念,IP 地址分为网络地址和主机地址两部分,通过网络地址长度计算网络地址。当然,可以按照子网掩码理解 CIDR。

　　CIDR 技术从 1994 年开始被采用。采用 CIDR 不但可以解决子网划分的问题,而且可以大量简化路由。例如,在 CERNET 中,石家庄邮电职业技术学院校园网申请主机 IP地址 2000 个,CERNET 网管中心分给了 8 个 C 类网络 202.207.120.0~202.207.127.0。仅这 8 个 C 类网络在上游路由器中就需要配置 8 条路由。

　　采用 CIDR 技术,在上游路由器中其实只配置了一条路由,这条路由的目的网络是

　　202.207.120.0/21

显然,这个地址块中包含的 IP 地址范围是 202.207.120.0~202.207.127.255。主机地址是 11 位,即 $2^{11}=2048$ 个主机地址。所有到达这 8 个 C 类网络的报文都可以通过一条路由转发。

3.6.3　动态路由

　　在一个小的网络中可以配置静态路由,也可以使用默认路由弥补静态路由的缺陷。但是在一个大网络中,静态路由的配置将非常麻烦,而且默认路由可能会导致许多弯路。最大的问题是,当网络中的路由发生变化时,静态路由的维护工作是非常困难的。为了在一个大型网络中能够自动生成和自动维护路由器中的路由表,需要使用动态路由。动态路由是由路由选择协议自动生成和维护的路由。

　　Internet 中的路由选择协议分为两类,即内部网关协议(Interior Gateway Protocol,IGP)和外部网关协议(External Gateway Protocol,EGP)。内部网关协议是在一个自治系统内部使用的路由选择协议,目前网络中使用较多的是路由信息协议(Routing Information Protocol,RIP)和开放最短路径优先协议(Open Shortest Path First,OSPF)。一个自治系统内部可以自主地选用路由选择协议。外部网关协议是自治系统之间交换路由信息的协议,例如图 3-27 中的 R_A、R_B、R_C 核心路由器之间交换路由信息需要使用外部网关协议。目前使用的外部网关协议是第 4 版边界网关协议(Border Gateway Protocol,BGP)。

　　关于 OSPF、BGP 协议的内容请参阅《网络集成技术》等教材。

3.6.4　路由信息协议 RIP

　　RIP 是最早应用于网络内生成和维护动态路由的协议,早在 20 世纪 70 年代就已经盛行,它是 IPv4 时代的路由选择协议。由于 RIP 不能支持变长子网掩码,在进入 21 世纪之后,出现了 RIP 的第 2 版,称作 RIPv2,RIPv2 支持变长子网掩码。那么最初的版本就是 RIPv1(一般所说的 RIP 指的就是 RIPv1)。尽管 RIPv1 不支持变长子网掩码,但它的简单特性使它一直被延续下来,在定长子网掩码的小型网络一直被使用。

1. RIP 简单工作原理

　　RIP 是一种有类别的距离向量(Distance Vector)路由选择协议。执行 RIP 协议的路由器之间定时地交换路由信息,但在交换的路由信息中不携带子网掩码,所以称其为有类别的路由选择协议。RIP 的默认管理距离是 120,说明由 RIP 生成的路由可信度较差。从表 3-5 可以看到,如果到达同一目的地址有其他类型的路由存在,就不会使用 RIP 生成的路由。RIP 使用跳数(Hop Count)作为路由开销(Metric)的度量值,而不考虑线路的带宽、费用等因素。

　　在如图 3-28 所示的网络连接中,路由器 A 有两条路由到达路由器 C。一条是通过传输速率为 100Mb/s 的局域网线路经过路由器 B 到达路由器 C;另一条是通过租用的传输速率为 56Kb/s 的电话线路直接到达路由器 C。当图 3-28 中的两台计算机之间通信时,RIP 认为电话线路最好,因为该路由跳数为 1,距离最近,但实际上这条路由不是最好的。所以说 RIP 路由的可信度较差。

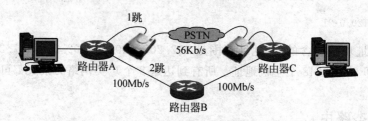

图 3-28　说明 RIP 路由可信度较差的网络

　　RIP 把跳数作为路由的距离。RIP 把路由的最远距离定义为 15 跳,如果跳数等于 16,则认为这是一条不可到达的路由。RIP 的跳数限制不能适应大型网络,但在 20 世纪 70 年代,人们认为超过 15 跳的网络是不可能存在的。在大型网络中只能使用其他路由选择协议。

　　RIP 的简单工作原理如下。

　　(1) 路由器中的初始路由表中只有直联网络。图 3-29 所示是一个网络连接和路由器 B 的初始路由表。0 跳数表示一个直联网络。

　　(2) 路由器每隔 25～30s(标称 30s)向相邻路由器广播一次自己的路由表。路由器收到路由广播报文后,把报文中的每条路由信息和自己路由表中的内容进行比较。如果是一条新路由,则将该路由添加到自己的路由表中,并将跳数增 1。如果路由表内存在该条路由,再比较一下两条路由的跳数,如果表内的路由跳数大于收到路由的跳数增 1,则使用新路由替换表内路由,并把路由跳数增 1;否则丢弃收到的该条路由信息。

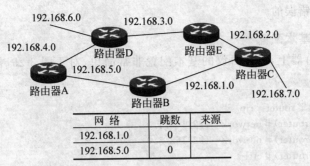

网　络	跳数	来源
192.168.1.0	0	
192.168.5.0	0	

图 3-29　网络连接和路由器 B 的初始路由表

例如,在第 1 次广播路由信息后,路由器 B 中的路由表如下:

目的网络	跳数	来源
192.168.1.0	0	
192.168.5.0	0	
192.168.2.0	1	C
192.168.7.0	1	C
192.168.4.0	1	A

在第 2 次广播路由信息后,路由器 B 中的路由表如下:

目的网络	跳数	来源
192.168.1.0	0	
192.168.5.0	0	
192.168.2.0	1	C
192.168.7.0	1	C
192.168.4.0	1	A
192.168.3.0	2	C
192.168.6.0	2	A

在第 3 次广播路由信息后,路由器 B 虽然能够收到路由器 C 广播报文中到达 192.168.6.0 网络的路由信息,但是路由中的跳数是 3,大于存在路由的跳数,所以丢弃该路由信息。

在图 3-29 所示的网络中,经过 2 次路由信息广播后,每台路由器中都已经存在了到达所有网络的路由。在 RIP 中每建立一条路由后,同时启动该路由的定时信息(初始定时器＝0s),每次收到路由广播报文后,对与路由表内路由信息相同的路由重新启动定时。如果某条路由的定时器计数达到了 180s,表示该路由已经有 180s 没有消息,说明该条路由已经失效(如路由器关机或线路故障),这时 RIP 将该路由的跳数设置为 16,表示该路由已经不可到达。

(3) RIP 的路由信息报文禁止向路由来源方向广播,该技术称作"水平分割",目的是杜绝路由广播环路的形成,避免造成路由判断错误。

例如,在图 3-29 中,假如 192.168.7.0 的网线被拔掉,在路由器 C 的路由表中,该条路由将是不可到达。但是如果路由器 B 向路由器 C 广播从路由器 C 中得到的路由,路由器 C 中将会产生一条到达 192.168.7.0 网络的路由,该路由的下一跳是路由器 A,跳数为 2。显然,这是错误的。

2. RIP 协议基本配置

在 Cisco 路由器上,RIP 协议的基本配置非常简单,对于图 3-29 中的路由器 B 配置 RIP 的命令如下:

```
Router(config)#router   rip
Router(config-router)#network   192.168.1.0
Router(config-router)#network   192.168.5.0
Router(config-router)#ctrl-z
Router#
```

每个和该路由器直联的网络使用一条 network 命令说明,但命令中不能使用子网掩码。配置完成后,使用 show ip route 命令显示路由会有类似于下面的结果:

```
Router#show ip route
C        192.168.1.0 is directly connected,Serial0/0
C        192.168.5.0 is directly connected,Serial0/1
```

如果其他路由器上的 RIP 协议已经正确配置,等待 1min 后再使用 show ip route 命令显示路由时,会看到路由表内增加了若干条从其他路由器学习到的路由(路由来源是下一跳的地址,不是路由器名称)。

在配置 RIP 协议的 network 命令中,地址参数只能是有类 IP 网络地址,不能书写带子网的网络地址。例如,将图 3-29 中的 IP 地址修改为如图 3-30 所示之后,路由器 B 的 RIP 协议配置命令是

```
Router(config)#router   rip
Router(config-router)#network   10.0.0.0
Router(config-router)#ctrl-z
Router#
```

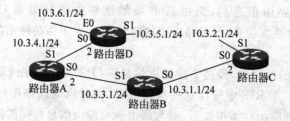

图 3-30   使用子网的网络路由

由于路由器 B 的 S0 口和 S1 口都连接着 10.0.0 网络,所以只需使用一条 network 命令即可。

RIP 协议是有类别路由选择协议,但不意味着在 RIP 协议中不能使用子网路由。在图 3-30 所示的网络连接中,各台路由器上都正确配置了 RIP 协议和各个端口的 IP 地址之后(注意,各个端口地址的子网掩码都是 24 位),在路由器 B 上使用 show ip route 命令显示的路由表内容如下:

```
10.0.0.0/24 is subnetted，6 subnets
C          10.3.1.0 is directly connected，Serial0/0
C          10.3.3.0 is directly connected，Serial0/1
R          10.3.2.0 [120/1] via 10.3.1.2, 00:01:09, Serial0/0
R          10.3.4.0 [120/1] via 10.3.3.2, 00:01:09, Serial0/1
R          10.3.5.0 [120/2] via 10.3.3.2, 00:00:26, Serial0/1
R          10.3.6.0 [120/2] via 10.3.3.2, 00:00:26, Serial0/1
```

RIP 在核实路由时，首先根据主网络，然后根据直联接口在主网络上的子网掩码判断子网路由。在图 3-30 中，所有 IP 地址都使用了 10.0.0.0 主网络，所有直联接口的子网掩码都使用了 24 位的子网掩码，RIP 都正确地识别出了所有子网，并广播了子网路由。但是，如果网络中的地址分配如图 3-31 所示，那么子网路由就不能正确传递了。

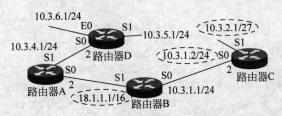

图 3-31　RIP 子网路由发生错误的网络

在图 3-31 所示的网络中，由于在路由器 A 和路由器 B 之间的主网络是 18.0.0.0，路由器 D 上的子网路由到达路由器 B 需要跨越主网络边界（通过另一个主网络），由于路由信息中没有子网掩码，在路由器 A 上一边是 10.0.0.0 网络，一边是 18.0.0.0 网络，所以路由器 A 只能转发主网络路由，即 10.0.0.0，不会转发 10.3.5.0/24。

对于路由器 C 来说，一边的子网掩码是 24 位，一边的子网掩码是 27 位，这时 RIP 不知道使用哪个接口的子网掩码，所以路由器 C 就不广播路由信息了。

RIP 只适应简单的小网络，网络中的主网络号应该一致（对于上游路由器来说，RIP 路由广播报文跨越主网络边界会形成路由的汇总，减少路由条数）；各台路由器上的子网掩码要一致，这就是所谓的 RIP 协议不支持变长子网掩码。如果需要使用变长子网掩码，可以使用 RIPv2 或其他路由选择协议。

3．RIP 交换的路由信息

RIP 协议是在配置了 RIP 协议的路由器之间相互交换路由信息而形成动态路由表。一般把 RIP 交换路由信息称作定时广播自己的路由表。其实这种说法不是严格的，RIP 在有些情况下并不是广播路由器中路由表的全部内容。RIP 广播的路由信息有以下几个方面的约定。

（1）只广播由 RIP 协议生成的路由信息。其中包括：

① 由 network 命令发布的直联网络。虽然路由器能够自己发现直联网络，并且能够将直联网络填写在路由表中。但是，如果没有在 RIP 协议配置中使用 network 发布直联路由，那么 RIP 就不能发布它的直联网络。

② 由 RIP 生成的路由信息。

（2）RIP 不向路由来源方向广播路由信息（水平分割）。

（3）RIP 不广播路由表中的其他路由信息。路由表中的静态路由、默认路由和其他路由选择协议生成的路由默认情况下 RIP 都不会向外广播。

4. 配置举例

1）路由分析与规划

某企业内部网络连接以及 IP 地址分配如图 3-32 所示。网络外连端口的 IP 地址是 202.207.128.2/24，上连地址为 202.207.128.1/24，DNS 为 202.99.160.68。网络运营商端已经配置了到达本企业网络的路由：

Ip route 202.207.120.0 255.255.248.0 202.207.128.2

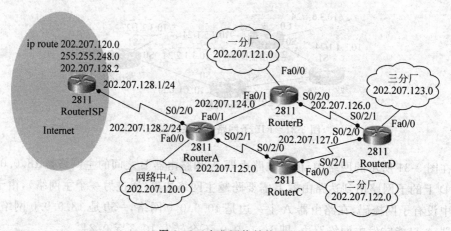

图 3-32　企业网络结构图

对于这样较为复杂的网络中，在内部网络路由器上首先考虑配置动态路由。现在只要在网络内部的 4 台路由器上配置了 RIP 协议，内部网络中就能够实现相互访问。

但是，外部网络一般不会与内部网络交换路由信息。要保证内部网络能够访问外部网络，必须配置通往外部网络的路由。

在路由器 RouterA 上，通往外网的路由应该配置一条默认路由，配置命令为

Ip route 0.0.0.0 0.0.0.0 202.207.128.1

在路由器 RouterA 上配置了通往外网的默认路由之后，其他路由器上还需要配置通往外网的路由吗？既然路由器 RouterA 上有通往外网的路由，其他路由器有通往路由器 RouterA 的路由，似乎内部网络与外部网络的通信应该没有问题。但是，在内部网络的其他路由器上，根本就不能访问外部网络，因为在这些路由器的路由表中没有到达外部网络的路由。所以内部网络的其他路由器上，必须配置到达外部网络的路由。

在路由器 RouterB 上，与外部网络通信路由可以配置成：

Ip route 0.0.0.0 0.0.0.0 202.207.124.1

如果考虑网络的安全可用性及最佳路由选择，可以如下配置：

```
Ip route 0.0.0.0 0.0.0.0 202.207.124.1
Ip route 0.0.0.0 0.0.0.0 202.207.126.2 10
```

在路由器 RouterB 有两条默认路由,但指向路由器 RouterA 的默认路由管理距离使用默认值1,指向路由器 RouterD 的默认路由管理距离为10,一般情况下会选择指向路由器 RouterA 的默认路由。

同理,在路由器 RouterC 上配置的默认路由为

```
Ip route 0.0.0.0 0.0.0.0 202.207.125.1
Ip route 0.0.0.0 0.0.0.0 202.207.127.2 10
```

在路由器 RouterD 上配置的默认路由为

```
Ip route 0.0.0.0 0.0.0.0 202.207.126.1
Ip route 0.0.0.0 0.0.0.0 202.207.127.1
```

在路由器 RouterD 上配置的默认路由中不能使用不同的管理距离。这样一方面可以实现负载均衡,报文可以通过两条路由传输;另一方面可以避免路由死锁。路由死锁是说如果将通过 RouterB 的默认路由设置为较小的管理距离(较高的优先级),那么一旦 RouterA 和 RouterB 之间的链路出现故障,RouterB 就要通过 RouterD 转发到达外部网络的报文,但由于 RouterD 中到达外部网络的默认路由通过 RouterB 为首选路由,报文将被送回到 RouterB,即形成了路由死锁,使连接到 RouterB、RouterD 上的设备无法与外部网络通信。

2) 路由器 RouterA 的配置

```
RouterA (config) # interface Serial0/2/0
RouterA(config-if) # ip address 202.207.128.2 255.255.255.0
RouterA(config-if) # clock rate 128000
RouterA(config-if) # no shutdown
RouterA(config-if) # exit
RouterA(config) #
RouterA(config) # interface FastEthernet0/0
RouterA(config-if) # ip address 202.207.120.1 255.255.255.0
RouterA(config-if) # no shutdown
RouterA(config-if) # exit
RouterA(config) #
RouterA(config) # interface FastEthernet0/1
RouterA(config-if) # ip address 202.207.124.1 255.255.255.0
RouterA(config-if) # no shutdown
RouterA(config-if) # exit
RouterA(config) #
RouterA(config) # interface Serial0/2/1
RouterA(config-if) # ip address 202.207.125.1 255.255.255.0
RouterA(config-if) # clock rate 128000
RouterA(config-if) # no shutdown
RouterA(config-if) # exit
```

```
RouterA(config)#
RouterA(config)# Router rip
RouterA(config-router)# network 202.207.120.0
RouterA(config-router)# network 202.207.124.0
RouterA(config-router)# network 202.207.125.0
RouterA(config-router)# network 202.207.128.0
RouterA(config-router)# exit
RouterA(config)#
RouterA(config)# ip route 0.0.0.0 0.0.0.0 202.207.128.1
RouterA(config)#
```

3) 路由器 RouterB 的配置

```
RouterB(config)# interface FastEthernet0/0
RouterB(config-if)# ip address 202.207.121.1 255.255.255.0
RouterB(config-if)# no shutdown
RouterB(config-if)# exit
RouterB(config)# interface FastEthernet0/1
RouterB(config-if)# ip address 202.207.124.2 255.255.255.0
RouterB(config-if)# no shutdown
RouterB(config-if)# exit
RouterB(config)# interface Serial0/2/0
RouterB(config-if)# ip address 202.207.126.1 255.255.255.0
RouterB(config-if)# clock rate 128000
RouterB(config-if)# no shutdown
RouterB(config-if)# exit
RouterB(config)# router rip
RouterB(config-router)# network 202.207.124.0
RouterB(config-router)# network 202.207.121.0
RouterB(config-router)# network 202.207.126.0
RouterB(config-router)# exit
RouterB(config)# ip route 0.0.0.0 0.0.0.0 202.207.124.1
RouterB(config)# ip route 0.0.0.0 0.0.0.0 202.207.126.2 10
RouterB(config)#
```

4) 路由器 RouterC 的配置

```
RouterC(config)# interface FastEthernet0/0
RouterC(config-if)# ip address 202.207.122.1 255.255.255.0
RouterC(config-if)# no shutdown
RouterC(config-if)# exit
RouterC(config)# interface Serial0/2/0
RouterC(config-if)# ip address 202.207.125.2 255.255.255.0
RouterC(config-if)# exit
RouterC(config)# interface Serial0/2/1
RouterC(config-if)# ip address 202.207.127.1 255.255.255.0
RouterC(config-if)# clock rate 128000
```

RouterC(config-if)♯no shutdown
RouterC(config-if)♯exit
RouterC(config)♯router rip
RouterC(config-router)♯network 202.207.125.0
RouterC(config-router)♯network 202.207.122.0
RouterC(config-router)♯network 202.207.127.0
RouterC(config-router)♯exit
RouterC(config)♯ip route 0.0.0.0 0.0.0.0 202.207.125.1
RouterC(config)♯ip route 0.0.0.0 0.0.0.0 202.207.127.2 10
RouterC(config)♯

5）路由器 RouterD 的配置

RouterD(config)♯interface Serial0/2/0
RouterD(config-if)♯ip address 202.207.127.2 255.255.255.0
RouterD(config-if)♯no shutdown
RouterD(config-if)♯exit
RouterD(config)♯interface Serial0/2/1
RouterD(config-if)♯ip address 202.207.126.2 255.255.255.0
RouterD(config-if)♯no shutdown
RouterD(config-if)♯exit
RouterD(config)♯interface FastEthernet0/0
RouterD(config-if)♯ip address 202.207.123.1 255.255.255.0
RouterD(config-if)♯no shutdown
RouterD(config-if)♯exit
RouterD(config)♯router rip
RouterD(config-router)♯network 202.207.126.0
RouterD(config-router)♯network 202.207.127.0
RouterD(config-router)♯network 202.207.123.0
RouterD(config-router)♯exit
RouterD(config)♯ip route 0.0.0.0 0.0.0.0 202.207.126.1
RouterD(config)♯ip route 0.0.0.0 0.0.0.0 202.207.127.1
RouterD(config)♯

3.6.5　路由注入

在图 3-32 的例子中，RouterB、RouterC、RouterD 上都设置了两条默认路由，用于应付当某条链路断开之后的网络可用性问题。

解决这一问题另一种方法是让 RIP 广播默认路由，这样就可以动态更新默认路由。但是 RIP 只广播自己的直联网络和由 RIP 生成的路由，如果希望 RIP 广播默认路由，就需要将默认路由加入 RIP 的路由表内，这种技术称作路由注入。

在图 3-32 的例子中，在 RouterA 中将默认路由注入 RIP 协议的路由表内，让 RIP 将默认路由广播出去，从而实现默认路由的动态更新。

在 Cisco 路由器中向 RIP 协议注入静态路由的命令为

Router(config)♯router rip
Router(config-router)♯redistribute static

在图 3-32 的例子中,各台路由器上配置了 RIP 后,路由器上不再配置默认路由。当然这时内网与外网是不通的。只在 RouterA 上配置一条默认路由:

```
RouterA(config)#Ip route 0.0.0.0 0.0.0.0 202.207.128.1
```

将默认路由注入 RIP 中:

```
RouterA(config)#router rip
RouterA(config-router)#redistribute static
```

在 RouterA 上将默认路由注入 RIP 后,通过路由信息交换,其他路由器就会生成默认路由。经过一段时间后,在 RouterB 上显示路由表:

```
RouterB#show ip route
        ⋮
R    202.207.120.0/24 [120/1] via 202.207.124.1, 00:00:19, FastEthernet0/1
C    202.207.121.0/24 is directly connected, FastEthernet0/0
R    202.207.122.0/24 [120/2] via 202.207.124.1, 00:00:19, FastEthernet0/1
                      [120/2] via 202.207.126.2, 00:00:18, Serial0/2/0
R    202.207.123.0/24 [120/1] via 202.207.126.2, 00:00:18, Serial0/2/0
C    202.207.124.0/24 is directly connected, FastEthernet0/1
R    202.207.125.0/24 [120/1] via 202.207.124.1, 00:00:19, FastEthernet0/1
C    202.207.126.0/24 is directly connected, Serial0/2/0
R    202.207.127.0/24 [120/1] via 202.207.126.2, 00:00:18, Serial0/2/0
R*   0.0.0.0/0 [120/1] via 202.207.124.1, 00:00:19, FastEthernet0/1 ;RIP 生成的默认路由
```

由 RIP 生成的默认路由,该路由的输出端口为 FastEthernet0/1。

同样,在 RouterD 上显示路由表内容为

```
RouterB#show ip route
        ⋮
R    202.207.120.0/24 [120/2] via 202.207.126.1, 00:00:12, Serial0/2/1
                      [120/2] via 202.207.127.1, 00:00:04, Serial0/2/0
R    202.207.121.0/24 [120/1] via 202.207.126.1, 00:00:12, Serial0/2/1
R    202.207.122.0/24 [120/1] via 202.207.127.1, 00:00:04, Serial0/2/0
C    202.207.123.0/24 is directly connected, FastEthernet0/0
R    202.207.124.0/24 [120/1] via 202.207.126.1, 00:00:12, Serial0/2/1
R    202.207.125.0/24 [120/1] via 202.207.127.1, 00:00:04, Serial0/2/0
C    202.207.126.0/24 is directly connected, Serial0/2/1
C    202.207.127.0/24 is directly connected, Serial0/2/0
R*   0.0.0.0/0 [120/2] via 202.207.126.1, 00:00:12, Serial0/2/1
R*   0.0.0.0/0 [120/2] via 202.207.127.1, 00:00:04, Serial0/2/0
```

可以看到有两条由 RIP 生成的默认路由。当某条链路故障时,默认路由也会动态改变。通过路由注入方式,可以简化路由的配置,而且有较好的可靠性。

3.7   IPv6 RIPng

在 IPv6 网络中,使用的 RIP 协议称作 RIPng,即下一代路由信息协议。RIPng 功能和 RIPv2 相似,支持变长网络地址。

3.7.1　配置 RIPng

在 Cisco 路由器上配置 RIPng 的命令如下。

1）在全局配置模式下启动 RIPng

Router(config)#ipv6 router rip 进程标识

进程标识是表示该 RIPng 进程的一个特定字符串,需要交换路由信息的各台路由器都必须配置相同的 RIPng 进程标识。例如,

Router(config)#ipv6 router rip tgl

2）在接口上启用 RIPng

在所有需要交换路由信息的连接接口上必须启用 RIPng:

Router(config)# interface 接口名
Router(config-if)# ipv6 rip 进程标识 enable

例如,使用上例中指定的 RIPng 进程标识 tgl:

Router(config)# interface FastEthernet0/0
Router(config-if)# ipv6 rip tgl enable

3.7.2　RIPng 中的路由注入

在 RIPng 中注入静态路由的命令如下。

1）在全局配置模式进入 RIPng

Router(config)#ipv6 router rip 进程标识
Router(config-rtr)#

2）注入静态路由的命令为

Router(config-rtr)# redistribute static

3.7.3　RIPng 配置举例

一个网络连接及 IP 地址分配如图 3-33 所示。

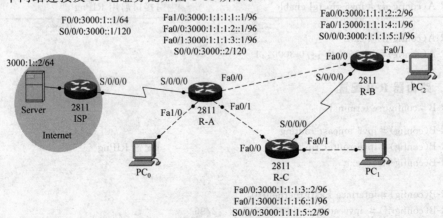

图 3-33　网络连接及 IP 地址分配

路由器 R-A、R-B、R-C 组成的内部网络通过 R-A 的 S0/0/0 端口和 Internet 连接。
ISP 路由器上配置了到达本网络的静态路由：

IPv6 route 3000:1:1:1::/64 3000::2

为了连通内部网络和外部网络，除了路由器端口等需要配置外，内部网络路由的配置
显然使用 RIPng 最简单；和外部网络的路由需要配置默认路由，显然在 R-A 中注入默认
路由是最简单的方法。各台路由器的配置如下。

1. 路由器 R-A 配置

R-A#configure terminal

R-A(config)#ipv6 unicast-routing   ;启动 IPv6
R A(config)#ipv6 router rip tgl   ;配置 RIPng
R-A(config-rtr)#redistribute static   ;注入静态路由
R-A(config-rtr)#exit

R-A(config)#interface Serial0/0/0
R-A(config-if)#ipv6 address 3000::2/120
R-A(config-if)#no shutdown
R-A(config-if)#ipv6 rip tgl enable   ;接口启用 RIPng

R-A(config)#interface FastEthernet1/0
R-A(config-if)#ipv6 address 3000:1:1:1::1/96
R-A(config-if)#no shutdown
R-A(config-if)#ipv6 rip tgl enable   ;接口启用 RIPng

R-A(config)#interface FastEthernet0/0
R-A(config-if)#ipv6 address 3000:1:1:2::1/96
R-A(config-if)#no shutdown
R-A(config-if)#ipv6 rip tgl enable   ;接口启用 RIPng

R-A(config)#interface FastEthernet0/1
R-A(config-if)#ipv6 address 3000:1:1:3::1/96
R-A(config-if)#no shutdown
R-A(config-if)#ipv6 rip tgl enable   ;接口启用 RIPng

R-A(config-if)#exit
R-A(config)#ipv6 route ::/0 3000::1

2. 路由器 R-B 配置

R-B#configure terminal

R-B(config)#ipv6 unicast-routing
R-B(config)#ipv6 router rip tgl   ;配置 RIPng
R-B(config-rtr)#exit

R-B(config)#interface FastEthernet0/0
R-B(config-if)#ipv6 address 3000:1:1:2::2/96
R-B(config-if)#no shutdown

R-B(config-if)＃ipv6 rip tgl enable　　　　　　　　　　　;接口启用 RIPng

R-B(config)＃interface FastEthernet0/1
R-B(config-if)＃ ipv6 address 3000:1:1:1:4::1/96
R-B(config-if)＃no shutdown
R-B(config-if)＃ipv6 rip tgl enable　　　　　　　　　　　;接口启用 RIPng

R-B(config)＃interface Serial0/0/0
R-B(config-if)＃ipv6 address 3000:1:1:1:5::1/96
R-B(config-if)＃no shutdown
R-B(config-if)＃ clock rate 128000
R-B(config-if)＃ipv6 rip tgl enable　　　　　　　　　　　;接口启用 RIPng

3. 路由器 R-C 配置

R-C＃configure terminal

R-C(config)＃ipv6 unicast-routing
R-C(config)＃ipv6 router rip tgl　　　　　　　　　　　　　;配置 RIPng
R-C(config-rtr)＃exit

R-C(config)＃interface FastEthernet0/0
R-C(config-if)＃ ipv6 address 3000:1:1:1:3::2/96
R-C(config-if)＃no shutdown
R-C(config-if)＃ipv6 rip tgl enable　　　　　　　　　　　;接口启用 RIPng

R-C(config)＃interface FastEthernet0/1
R-C(config-if)＃ ipv6 address 3000:1:1:1:6::1/96
R-C(config-if)＃no shutdown
R-C(config-if)＃ipv6 rip tgl enable　　　　　　　　　　　;接口启用 RIPng

R-C(config)＃interface Serial0/0/0
R-C(config-if)＃ipv6 address 3000:1:1:1:5::2/96
R-C(config-if)＃no shutdown
R-C(config-if)＃ipv6 rip tgl enable　　　　　　　　　　　;接口启用 RIPng

4. 配置测试

1) R-A 路由表

R-A＃show ipv6 route
IPv6 Routing Table - 13 entries
　⋮
S　　::/0 [1/0]　　　　　　　　　　　　　　　　　　　　;配置的默认路由
　　　via 3000::1
C　　3000::/120 [0/0]
　　　via ::, Serial0/0/0
L　　3000::2/128 [0/0]
　　　via ::, Serial0/0/0
C　　3000:1:1:1:1::/96 [0/0]
　　　via ::, FastEthernet1/0

```
    L    3000:1:1:1:1::1/128 [0/0]
         via ::, FastEthernet1/0
    C    3000:1:1:1:2::/96 [0/0]
         via ::, FastEthernet0/0
    L    3000:1:1:1:2::1/128 [0/0]
         via ::, FastEthernet0/0
    C    3000:1:1:1:3::/96 [0/0]
         via ::, FastEthernet0/1
    L    3000:1:1:1:3::1/128 [0/0]
         via ::, FastEthernet0/1
    R    3000:1:1:1:4::/96 [120/2]
         via FE80::201:43FF:FEAC:71B9, FastEthernet0/0
    R    3000:1:1:1:5::/96 [120/2]
         via FE80::201:43FF:FEAC:71B9, FastEthernet0/0
         via FE80::200:CFF:FE76:7601, FastEthernet0/1
    R    3000:1:1:1:6::/96 [120/2]
         via FE80::200:CFF:FE76:7601, FastEthernet0/1
    L    FF00::/8 [0/0]
         via ::, Null0
    R-A#
```

2) R-B 路由表

```
R-B# show ipv6 route
IPv6 Routing Table - 12 entries
    ⋮
    R    ::/0 [120/1]                                              ;RIPng 生成的默认路由
         via FE80::290:CFF:FED4:731A, FastEthernet0/0
    R    3000::/120 [120/2]
         via FE80::290:CFF:FED4:731A, FastEthernet0/0
    R    3000:1:1:1:1::/96 [120/2]
         via FE80::290:CFF:FED4:731A, FastEthernet0/0
    C    3000:1:1:1:2::/96 [0/0]
         via ::, FastEthernet0/0
    L    3000:1:1:1:2::2/128 [0/0]
         via ::, FastEthernet0/0
    R    3000:1:1:1:3::/96 [120/2]
         via FE80::290:CFF:FED4:731A, FastEthernet0/0
         via FE80::20C:CFFF:FE70:2601, Serial0/0/0
    C    3000:1:1:1:4::/96 [0/0]
         via ::, FastEthernet0/1
    L    3000:1:1:1:4::1/128 [0/0]
         via ::, FastEthernet0/1
    C    3000:1:1:1:5::/96 [0/0]
         via ::, Serial0/0/0
    L    3000:1:1:1:5::1/128 [0/0]
         via ::, Serial0/0/0
    R    3000:1:1:1:6::/96 [120/2]
         via FE80::20C:CFFF:FE70:2601, Serial0/0/0
    L    FF00::/8 [0/0]
```

via ：：，Null0

R-B#

3）R-C 路由表

R-C# show ipv6 route

IPv6 Routing Table - 12 entries

⋮

R　　::/0 [120/1]

　　　　via FE80::2D0:FFFF:FEDC:E48，FastEthernet0/0

R　　3000::/120 [120/2]

　　　　via FE80::2D0:FFFF:FEDC:E48，FastEthernet0/0

R　　3000:1:1:1:1::/96 [120/2]

　　　　via FE80::2D0:FFFF:FEDC:E48，FastEthernet0/0

R　　3000:1:1:1:2::/96 [120/2]

　　　　via FE80::2D0:FFFF:FEDC:E48，FastEthernet0/0

　　　　via FE80::201:97FF:FE59:22EB，Serial0/0/0

C　　3000:1:1:1:3::/96 [0/0]

　　　　via ：：，FastEthernet0/0

L　　3000:1:1:1:3::2/128 [0/0]

　　　　via ：：，FastEthernet0/0

R　　3000:1:1:1:4::/96 [120/2]

　　　　via FE80::201:97FF:FE59:22EB，Serial0/0/0

C　　3000:1:1:1:5::/96 [0/0]

　　　　via ：：，Serial0/0/0

L　　3000:1:1:1:5::2/128 [0/0]

　　　　via ：：，Serial0/0/0

C　　3000:1:1:1:6::/96 [0/0]

　　　　via ：：，FastEthernet0/1

L　　3000:1:1:1:6::1/128 [0/0]

　　　　via ：：，FastEthernet0/1

L　　FF00::/8 [0/0]

　　　　via ：：，Null0

R-C#

4）网络连通性测试

从 PC₁ ping PC₀：

PC>ping 3000:1:1:1:1::1

Pinging 3000:1:1:1:1::1 with 32 bytes of data：

Reply from 3000:1:1:1:1::1: bytes=32 time=16ms TTL=254

Reply from 3000:1:1:1:1::1: bytes=32 time=16ms TTL=254

Reply from 3000:1:1:1:1::1: bytes=32 time=0ms TTL=254

Reply from 3000:1:1:1:1::1: bytes=32 time=0ms TTL=254

Ping statistics for 3000:1:1:1:1::1：

　　Packets：Sent = 4，Received = 4，Lost = 0（0% loss），

Approximate round trip times in milli-seconds：

Minimum = 0ms, Maximum = 16ms, Average = 8ms

从 PC₂ping 外网 server:

PC>ping 3000:1::2

Pinging 3000:1::2 with 32 bytes of data:

Reply from 3000:1::2: bytes=32 time=31ms TTL=125
Reply from 3000:1::2: bytes=32 time=47ms TTL=125
Reply from 3000:1::2: bytes=32 time=32ms TTL=125
Reply from 3000:1::2: bytes=32 time=17ms TTL=125

Ping statistics for 3000:1::2:
    Packets: Sent = 4, Received = 4, Lost = 0 (0% loss),
Approximate round trip times in milli-seconds:
    Minimum = 17ms, Maximum = 47ms, Average = 31ms

3.8   小结

本章介绍了计算机网络通信中的地址信息类型,以及 IP 地址的概念和使用规则;介绍了路由在网络通信中的重要作用,路由的种类,以及如何在主机与路由器中配置路由,并以 Cisco 路由器为例介绍了路由器的基本配置和简单路由选择协议 RIP 的原理与基本配置。本章内容是计算机网络工作原理的核心,将对理解具体的网络通信协议有很大的帮助。

本章结合 IPv4 和 IPv6 介绍了路由器的端口配置、静态路由配置、路由信息协议的配置以及路由注入的概念和配置举例。

3.9   习题

1. 网卡主要完成什么网络功能?

2. 网卡之间传递数据使用什么地址?

3. 计算机的物理地址一般用什么表示? 请举例说明。

4. 某路由器上有 5 个连接计算机网络的通信接口。试问这台路由器有几个物理地址?

5. 一个 IP 地址的二进制编码是 10110110 01010011 11001010 01011100,请写出该 IP 地址的点分十进制表示。

6. 写出下列 IPv6 地址二进制编码的冒分十六进制格式:

(1) 0010000000000001   0000000011000011   0000000010010001   0010111100111100
    0000001010111010   0000000000011011   0111000000101000   0000110001011011

(2) 0000000001000001   0000000000000000   0000000000000000   0000000000000000
    0000000000000000   0000000000011111   0000000000000000   0000110001011001

(3) 1100000001000001   0000000000000000   0000000000000000   0000000000000000

　0000000000000000　　0000000000000000　　0000000000000000　　0000000001000001

7. 在表 3-7 中写出 IP 地址的类别和网络号、主机号。

表　3-7

IP 地址	类　别	网络号	主机号
34.200.86.200			
200.122.1.2			
155.200.47.22			

8. 什么是域名地址?

9. 在浏览器地址栏输入 http://www.baidu.com 时不能打开网站,而在浏览器地址栏输入 http:// 202.108.22.43 能打开网站,这是什么原因?

10. IP 地址 202.206.110.68/28 的网络地址是什么?

11. 在 IPv6 中,网络接口必须分配的地址是什么地址?

12. 图 3-34 所示是一个企业内部网络连接图。

(1) 还有哪些接口需要分配 IP 地址?

(2) 图中哪个 PC 分配的 IP 地址是错误的? 为什么? 应该如何改正?

(3) 完成网络中所有应分配 IP 地址的接口 IP 地址分配。

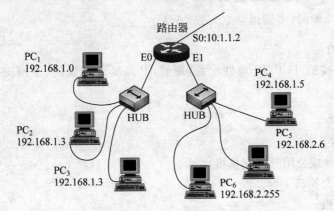

图 3-34　企业内部网络连接图

13. 在图 3-33 所示的网络连接中,每个实验室装有 30 台 PC,假设可以使用 200.12.99.0 C 类网络地址,请完成如图 3-35 所示的网络地址规划(和 Internet 连接的 IP 地址如图所示)。

14. 按照习题 13 的规划方案,写出实验室一和实验室二中各一台 PC 网络连接的 TCP/IP 属性配置(DNS 服务器地址使用 202.99.160.68)。

15. 假设图 3-35 中的两台路由器型号为 Cisco 2620,路由器 A 的 S0 口按 DCE 配置,路由器 B 的 S0 口按 DTE 配置。按照习题 13 的规划方案,要使实验室一和实验室二中的 PC 之间能够通信,并且能够访问 Internet,路由器 A 和路由器 B 应该怎样配置?

16. 什么是自治系统?

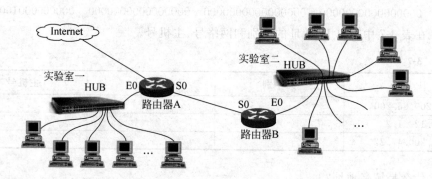

图 3-35　网络连接图

17. 某部门申请 4000 个 IP 地址,如果从 200.3.0.0 开始分配,使用 CIDR 写出地址块地址,并说明分配的有类网络号。

18. 什么是动态路由?

3.10　实训

3.10.1　TCP/IP 属性配置实训

实训学时:2 学时;实训组学生人数:5 人。

1. 实训目的

练习 PC 连接的 TCP/IP 属性配置,理解 IP 地址分配规则、子网掩码和默认网关、DNS 的概念。

2. 实训器材

(1) PC 5 台。

(2) 路由器(或公用三层交换机)1 台。

(3) 以太网交换机 1 台。

(4) 网线 6 根。

3. 实训准备(教师)

(1) 按图 3-36 完成网络连接,完成路由器(三层交换机)上的路由、NAT、端口配置。

(2) 公布各分组学生可以使用的 IP 地址为 10.0.x.0/24,其中,x 为组号。

(3) 公布 DNS 服务器地址,校园网网站域名及 IP 地址,使学生能够使用"http://校园网网站 IP 地址"和使用"http://域名地址"访问校园网及 Internet。

(4) 根据 PC 的操作系统类型及版本介绍 TCP/IP 属性配置方法。

4. 实训任务

(1) PC 的网络连接 TCP/IP 属性配置:根据实训组分配的 IP 地址、子网掩码和默认网关,配置 PC 的网络连接 TCP/IP 属性,DNS 配置使用实训室提供的 DNS 服务器地址。

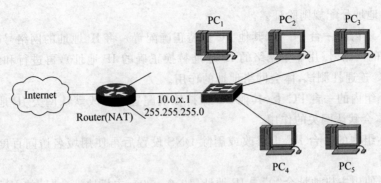

图 3-36　网络连接图

（2）网络连通性测试。

① 用 ping 命令进行本网内 PC 之间的连通性测试。

② 用域名地址访问 Internet 上的网站。

（3）地址分配规则验证。

① IP 地址使用规则验证。

② 默认网关 IP 地址验证。

③ DNS 配置验证。

5. 实训指导

（1）PC 的网络连接 TCP/IP 属性配置。

根据 PC 的系统种类、版本，正确操作"TCP/IP 属性"设置。选择静态配置方式，配置 IP 地址、子网掩码、默认网关和 DNS。

① IP 地址：根据可用的 IP 地址配置，相互之间不要冲突。

② 子网掩码：使用指定的子网掩码是 255.255.255.0。

③ 默认网关：本网络连接到的路由器端口地址。

④ DNS：使用实训室提供的 DNS 服务器地址。

（2）网络连通性测试。

① 连通测试。在 PC 的"命令提示符"窗口中输入命令：

```
ping　本组另一个 PC IP 地址
ping　其他组一个 PC IP 地址
```

查看本计算机能否和本网络以及其他组网络中的主机通信。如果不能通信，说明网络连接的 TCP/IP 属性设置错误，需要重新进入"TCP/IP 属性"设置中修改属性设置。

② 访问外部网站。

在浏览器地址栏输入 http://www.baidu.com，应该能够打开百度网站首页。

在浏览器地址栏输入 http://校园网域名，应该能够打开校园网网站首页。

在浏览器地址栏输入 http://校园网 IP 地址，应该能够打开校园网网站首页。

（3）IP 地址分配规则验证。

① 在小组内的一台 PC 上（其他 PC 保持正确配置），将 IP 地址的网络号部分修改为非本组使用的网络号（用非本网络的 IP 地址替换正确的 IP 地址），再进行和组内以及其他组内的 PC 连通性测试，体会网络地址的作用。

② 在小组内的一台 PC 上（其他 PC 保持正确配置），修改默认网关 IP 地址，测试网络连通性，体会默认网关的作用。

③ 在小组内的一台 PC 上修改或删除 DNS 设置后再使用域名访问百度网站，体会 DNS 的作用。

④ 分别使用主机地址全"0"的 IP 地址（10.0.x.0）、主机地址全"1"的 IP 地址（10.0.x.255）、本组内其他 PC 的 IP 地址，查看错误信息报告，体会特殊 IP 地址和地址分配规则。

6. 实训报告

TCP/IP 属性配置实训报告

班号：　　　　组号：　　　　学号：　　　　姓名：

PC 编号	IP 地址	Mask	默认网关
PC$_1$			
PC$_2$			
PC$_3$			
PC$_4$			
PC$_5$			
DNS			

连通性测试	ping 本组内其他主机		通/不通
	ping 其他组内的主机		通/不通
	http:// www.baidu.com	打开百度网站	能/不能
	http://校园网域名	打开校园网网站	能/不能
	http:// 校园网 IP 地址	打开校园网网站	能/不能

IP 地址分配规则验证

1. 将一台 PC 的 IP 地址配置为 10.10.x.2（其他 PC 保持配置正确），试一试还能否 ping 通组内其他 PC，能否打开百度网站，为什么？

结论	主机配置的网络地址与本网络不同时，该计算机（　　）。 A. 不能和任何计算机通信 B. 可以和本组网内的计算机通信 C. 可以访问 Internet

2. 将一台 PC 的默认网关地址修改成组内某台 PC 的 IP 地址（其他 PC 保持配置正确），试一试还能否 ping 通组内其他 PC，能否打开百度网站，为什么？

续表

结论	默认网关配置错误时,该计算机( )。 A. 不能和任何计算机通信 B. 可以和本组网内的计算机通信但不能访问外网 C. 可以和任何计算机通信

3. 将一台 PC 的 DNS 修改或删除后:
(1) 用 http:// 校园网 IP 地址,能否打开校园网网站?
(2) 用 http:// 校园网域名,能否打开校园网网站?
(3) 为什么?

结论	没有 DNS 配置或者 DNS 配置错误时( )。 A. 不能访问 Internet B. 不能使用域名访问 Internet C. 访问 Internet 不受影响

4. 在一台 PC 上做以下实验

操作内容:	系统提示:
将 IP 地址配置为 10.0.x.0	
将 IP 地址配置为 10.0.x.255	
将 IP 地址配置为 10.0.x.1	

3.10.2 路由器基本配置实训

实训学时:4 学时;实训组学生人数:5 人。

1. 实训目的

认识路由器设备,熟悉路由器的基本配置命令,掌握路由器上局域网口和广域网口的基本配置,理解路由的作用,掌握 IP 地址规划、路由规划和静态路由、默认路由配置技术。

2. 实训器材

(1) PC 5 台。
(2) Cisco 路由器 2 台。
(3) 以太网交换机 2 台。
(4) 网线 8 根。
(5) Console 线 2 根。
(6) V.35 背对背电缆 1 根。

3. 实训准备(教师)

(1) 完成图 3-37 网络连接中 NAT 路由器(或三层交换机)上的端口配置。
(2) 完成到各个实训分组的路由配置。
(3) 保持路由器中没有启动配置文件。
(4) 公布 DNS 地址和各组使用的 IP 地址(10.0.x.0/24,其中,x 为组号)。

4. 实训任务

(1) 网络连接、路由器认知、控制台连接、路由器配置方法。

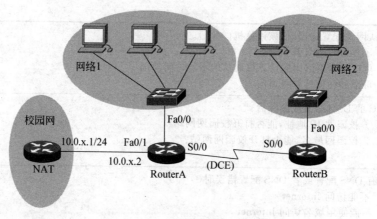

图 3-37　实训网络连接图

（2）IP 地址规划、路由规划。

（3）路由器网络连接端口配置、路由配置。

5. 实训指导

（1）按照图 3-37 完成实训网络连接。

① 识别路由器的端口：快速以太网 FastEthernet 端口及端口号码；同步串行口 Serial 端口及端口号码；控制台 Console 端口。

② 掌握网络连接操作技术。

Console 线不能和网线混淆使用，Console 线需要连接 PC 的异步串行口和路由器的 Console 端口。

使用网线连接 PC 和交换机、交换机和路由器。交换机上的接口不需要区分，但连接到路由器时必须注意连接的端口号。路由器的端口配置是和网络实际连接紧密相关的。

同步串行口之间使用 V.35 背对背电缆连接，连接时需要注意端口号和电缆上的 DCE、DTE 标签，不仅端口号与路由器端口配置有关，和电缆 DCE 端连接的端口通常在端口配置时需要配置时钟速率。

（2）IP 地址规划：根据小组可用的 IP 地址，为每台 PC、路由器的网络连接端口分配 IP 地址、确定子网掩码。

（3）路由规划：根据 IP 地址规划和网络连接，确定各台路由器上需要配置的路由。

（4）配置各台 PC 的 TCP/IP 属性。

（5）在 PC 上建立超级终端连接，打开"超级终端"窗口，明确配置的路由器对象以及需要配置的内容，对目标路由器进行配置：

① 打开 Cisco 路由器电源，在"超级终端"窗口观察路由器启动过程。在出现提示：

Would you like to enter the initial configuration dialog? [yes/no]：

时回答"N"，出现提示：

Press RETURN to get started!

时输入回车。出现 Router＞提示后,表示进入用户状态,输入:

Router＞en ＜回车＞

进入特权用户模式:Router♯

② 使用:Router♯show running-config 命令查看路由器的初始配置文件。注意端口名称表示方式。

③ 练习路由器配置命令的使用,练习 Cisco 路由器的帮助功能。

注意:如果使用"enable secret 密码"命令设置了特权密码,必须记住密码,否则影响进入特权模式。设置特权密码后不要使用 write 命令保存配置文件,以免影响路由器设备的使用。

④ 查看 V.35 电缆上的 DTE、DCE 标签,根据标签和图 3-37 中的 IP 地址规划配置两台路由器的 S0/0 端口。主要配置命令有:

```
Router(config)♯interface Serial 0/0          ;指定端口
Router(config-if)♯ip address x. x. x. x mask  ;配置 IP 地址,子网掩码
Router(config-if)♯clock rate nnnn            ;同步时钟速率(DCE 端),注意需要选用
Router(config-if)♯no shutdown                ;启动端口
```

⑤ 根据 IP 地址规划配置两台路由器的局域网端口。主要配置命令有:

```
Router(config)♯interface FastEthernet 0/0    ;指定端口
Router(config-if)♯ip address x. x. x. x mask  ;配置 IP 地址,子网掩码
Router(config-if)♯no shutdown                ;启动端口
```

⑥ 在 Router A 上配置静态路由和默认路由,在 Router B 上配置默认路由。命令格式为

Router(config)♯ ip route 目的网络 mask 下一跳

⑦ 使用以下命令查看各台路由器上的路由表。

Router♯show　ip　route

⑧ 测试。测试各台 PC 之间能否 ping 通;测试在各台 PC 能否打开百度网站

6. 实训报告

路由器基本配置实训报告

班号:	组号:		学号:	姓名:
IP 地址规划	RouterA 路由器	以太网接口: 同步串行口:		
	网络 1 地址范围	—		
	RouterB 路由器	以太网接口: 同步串行口:		
	网络 2 地址范围	—		

续表

路由规划 (需要配置什么路由)	RouterA 路由器	
	RouterB 路由器	
RouterA 路由器配置	局域网端口	
	同步串行口	
	路由	
RouterB 路由器配置	局域网端口	
	同步串行口	
	路由	
路由表 (有效路由)	RouterA 路由器	
	RouterB 路由器	
连通性测试	从网络 1 中的 PCping 网络 2 中的 PC	通 不通
	从网络 1 中的 PC 上打开 http://www.baidu.com	能 不能
	从网络 2 中的 PC 上打开 http://www.baidu.com	能 不能

3.10.3 动态路由配置实训

实训学时：4 学时；实训组学生人数：5 人。

1. 实训目的

理解动态路由的概念,掌握 RIP 路由选择协议的配置和路由注入配置。

2. 实训器材

(1) PC 4 台。

(2) Cisco 路由器 4 台。

(3) 网线 5 根。

(4) Console 线 4 根。

(5) V.35 背对背电缆 4 根。

3. 实训准备(教师)

(1) 完成实训图 3-38 网络中 RouterISP 路由器(或三层交换机)上的端口配置、NAT 配置和到各个实训分组的路由配置:

Ip route 10.x.0.0 255.255.248.0 10.0.x.2

(2) 保持路由器中没有启动配置文件。

(3) 公布 DNS 服务器地址。

4. 实训任务

(1) IP 地址规划:为所有计算机及路由器连接端口分配 IP 地址。

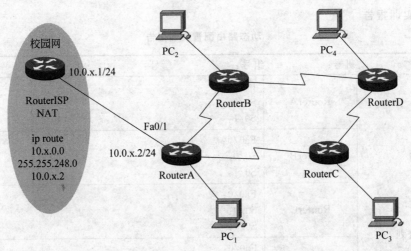

图 3-38　实训网络连接图

（2）路由规划：规划各台路由器中需要配置的路由，使网络能够通信畅通。

（3）完成路由器端口配置与路由配置；完成 PC 的 TCP/IP 属性配置。

5．实训指导

（1）通过 RouterISP 中配置的到达各个实训分组的路由确定本组可以使用的 IP 地址范围（即 10.x.0.0～10.x.7.0，相当于 8 个 C 类网络）。按照分配的 IP 地址，完成 IP 地址规划及 IP 地址分配（其中，x 为组号）。

（2）按照网络连接及 IP 地址分配，完成各台路由器上的路由规划。

① 在各台路由器上配置 RIP 协议后，内部网络中就可以相互通信。

② 在 RouterA 上配置一条到达校园网的默认路由，再将默认路由注入 RIP 中，就可以实现各台路由器上的默认路由自动生成，使内网能够和校园网通信。

（3）路由器配置。

① 按照 IP 地址规划配置各台路由器的端口。

② 按照路由规划在各台路由器上配置 RIP 协议。

③ 在 RouterA 上配置到达外网的默认路由。

④ 在 RouterA 上配置静态路由注入命令，将默认路由注入 RIP 中。

（4）配置 PC 的 TCP/IP 属性。

按照 IP 地址规划，给各台 PC 配置 IP 地址、子网掩码、默认网关、DNS。

（5）配置检查与测试。

① 在特权模式下使用：show running-config 检查各台路由器上的配置文件。

② 在特权模式下使用：show ip route 检查各台路由器路由表。

③ 在各台 PC 上测试网络是否连通，能否访问 Internet。

6. 实训报告

动态路由配置实训报告

班号：　　　　组号：　　　　学号：　　　　姓名：

IP 地址规划	RouterA	Fa0/0： S0/0： S0/1：		
	RouterB	Fa0/0： S0/0： S0/1：		
	RouterC	Fa0/0： S0/0： S0/1：		
	RouterD	Fa0/0： S0/0： S0/1：		
	PC	IP 地址		默认网关
	PC_1			
	PC_2			
	PC_3			
	PC_4			
路由配置命令	RouterA			
	RouterB			
	RouterC			
	RouterD			
路由观察：在 Router B 上查看路由表(有效路由)	配置完成后的路由表			
	断开到 Router A 的链路后的路由表			
连通性测试	PC_1 上打开 http://www.baidu.com			能　　不能
	PC_2 上打开 http://www.baidu.com			能　　不能
	PC_3 上打开 http://www.baidu.com			能　　不能
	PC_4 上打开 http://www.baidu.com			能　　不能

3.10.4　IPv6 RIPng 配置实训

实训学时：4学时；实训组学生人数：5人。

1. 实训目的

练习 IPv6 地址的分配与配置,掌握 RIPng 路由选择协议的配置和路由注入技术。

2. 实训器材

(1) PC 3 台。

(2) Cisco2811 路由器 3 台。

(3) 网线 4 根。

(4) Console 线 3 根。

(5) V.35 背对背电缆 3 根。

3. 实训准备(教师)

(1) 完成图 3-39 网络连接中 ISP 路由器上的端口配置;到各个实训分组的路由配置:

Ipv6 route 2000:0:1:x::/64 3000::x:2　　　　　(x 为实训分组号)

(2) 在服务器 Server 上配置模拟百度网站;配置 DNS 服务,使学生能够在 PC 上使用 http://www.baidu.com 访问模拟百度网站。

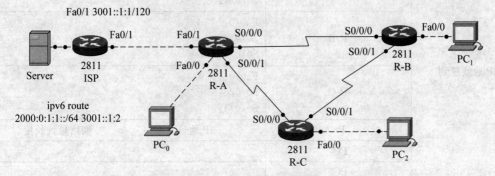

图 3-39　实训网络连接图

(3) 保持路由器中没有启动配置文件。

(4) 公布 DNS 服务器地址及模拟百度网站域名。

4. 实训任务

(1) 根据 ISP 上配置的到达本分组的路由确定可以使用的网络地址。根据可用的 IP 地址为所有 PC 及路由器网络连接接口分配 IP 地址。

(2) 路由规划:设计各台路由器中的路由配置方案。

(3) 完成路由器端口配置与路由配置,完成 PC 的 TCP/IP 属性配置。

5. 实训指导

(1) 按照分配的 IP 地址,完成 IP 地址规划及 IP 地址分配(其中 x 为组号)。

(2) 按照网络连接及 IP 地址分配,完成各台路由器上的路由规划。

(3) 路由器配置。

① 按照 IP 地址规划配置各台路由器的端口。

② 按照路由规划配置在各台路由器上配置 RIPng 协议。

③ 在 R-A 上配置到达外网的默认路由。

④ 在 R-A 上配置静态路由注入命令,将默认路由注入 RIPng 中。

(4) 配置 PC 的 TCP/IP 属性。

按照 IP 地址规划,给各台 PC 配置单播地址、网络地址长度、默认网关、DNS。

(5) 配置检查与测试。

① 使用:show running-config 检查各台路由器上的配置文件。

② 使用:show ipv6 route 检查各台路由器上的路由。

③ 在各台 PC 上测试网络是否连通,能否访问 http://www.baidu.com 网站。

6. 实训报告

IPv6 RIPng 配置实训报告

班号：		组号：	学号：	姓名：

IP 地址规划	R-A	Fa0/1： Fa0/0： S0/0/0： S0/0/1：		
	R-B	Fa0/0： S0/0/0： S0/0/1：		
	R-C	Fa0/0： S0/0/0： S0/0/1：		
	PC	IP 地址		网络地址长度
	PC_0			
	PC_1			
	PC_2			
路由器配置简要 命令	R-A	全局配置		
		Fa0/0 端口配置		
		S0/0/0 端口配置		
		S0/0/1 端口配置		
	R-B	全局配置		
		Fa0/0 端口配置		
		S0/0/0 端口配置		
		S0/0/1 端口配置		
	R-C	全局配置		
		Fa0/0 端口配置		
		S0/0/0 端口配置		
		S0/0/1 端口配置		
连通性测试	PC_0 上打开模拟百度网站			能 不能
	PC_1 上打开模拟百度网站			能 不能
	PC_2 上打开模拟百度网站			能 不能

第 4 章

传输层协议

TCP/IP 参考模型的传输层主要为网络应用程序完成端到端的数据传输服务,即进程到进程的数据传输服务。传输层把应用程序交付的数据组成传输层数据报,然后交给网络层去完成网络传输。传输层不关心报文是怎样通过网络传输的。本章从应用程序发起数据传输过程开始,介绍 TCP/IP 网络传输层工作原理。

4.1 客户/服务器交互模式

4.1.1 客户/服务器交互模式的概念

网络通信的最终对象是网络应用程序进程。程序进程之间的通信和人们平时进行电话通信、书信通信的过程非常类似。程序进程在需要通信时,要通过某种方式和对方程序进程进行通信。但是,无论哪种通信方式,对方必须有意识地去接收。例如,在电话通信中,如果通信对象没有在电话机旁守候,通信就不能正常进行。在书信通信中,如果对方从来不去邮箱查看是否有信件到达,通信也就不能完成。

在计算机网络中,为了使网络应用程序之间能够顺利地通信,通信的一方通常需要处于守候状态,等待另一方通信请求的到来。这种一个应用程序被动地等待,另一个应用程序通过请求启动通信过程的通信模式称作客户/服务器交互模式。

在设计网络应用程序时,都是将应用程序设计成两部分,即客户(Client)程序和服务器(Server)程序。安装有服务器程序的计算机称作服务器,安装有客户程序的计算机称作客户机(也称作客户端),客户/服务器交互模式一般简写为 C/S 模式。例如,银行的业务处理系统,服务器程序安装在中心服务器上,银行业务终端、营业点柜台终端、POS 机、ATM 柜员机等是安装了客户程序的客户机。

应用程序工作时,服务器一般处于守候状态,监视客户端的请求;若客户端发出服务请求,服务器收到请求后执行操作,并将结果回送到客户端。例如,在银行业务处理系统中,储户到银行营业柜台办理一笔取款业务,营业员通过柜台终端向中心服务器发送一个取款业务服务请求,包括业务种类、账号、密码、姓名、金额、操作员等信息;服务器收到服务请求后,从数据库中找出该账户的信息,核对无误后,完成该用户账目的记账处理,并把处理结果数据回送到发送服务请求的柜台终端计算机上;柜台终端收到回送的处理结果数据后,就可以完成储蓄存折的打印和付款。对于 ATM 柜员机,收到服务器的回送结果后才能执行付款操作。

在 Interent 中,许多应用程序的客户端可以使用浏览器程序代替。如办公网站等,只需要开发 Web 应用程序安装在服务器上,而客户端使用浏览器(Browser)就可以和服务器通信。这种以浏览器作为客户端的网络应用程序通信模式称作浏览器/服务器交互模式,简称 B/S 模式。

4.1.2　传输层服务类型

根据数据传输服务的需求,TCP/IP 协议传输层提供两种类型的传输协议:面向连接的传输控制协议(Transport Control Protocol,TCP)和非连接的用户数据报协议(User Datagram Protocol,UDP)。两种传输层协议分别提供连接型传输服务和非连接型传输服务。

1. 连接型传输服务

传输层的连接型传输服务类似于数据交换中的电路交换方式,需要通信双方在传输数据之前首先建立起连接,即交换握手信号,证明双方都在场。就像电话通信一样,问明对方身份后才正式通话。传输控制协议 TCP 是 TCP/IP 协议传输层中面向连接的传输服务协议。

连接型传输服务在传输数据之前需要建立起通信进程之间的连接。在 TCP 协议中建立连接过程是比较麻烦的。客户方首先发出建立连接请求,服务器收到建立连接请求后回答同意建立连接的应答报文,客户端收到应答报文之后还要发送连接确认报文,双方才能建立通信连接。这样做的主要原因是传输层报文需要通过下层网络传输,而传输层对下层网络没有足够的信任,需要自己完成连接差错控制。

在连接型传输服务中,由于通信双方建立了连接,能够保证数据正确有序地传输,应用程序可以利用建立的连接发送连续的数据流,即支持数据流的传输。在数据传输过程中可以进行差错控制、流量控制,可以提供端到端的可靠性数据传输服务。连接型传输服务适用于数据传输可靠性要求较高的应用程序。

2. 非连接型传输服务

连接型传输服务虽然可以提供可靠的传输层数据传输服务,但在传输少量信息时的通信效率却不尽如人意。例如,客户端只需向服务器发送一个单词 ok,而建立连接的过程比传递 ok 这个单词花费的时间要多得多。从提高通信效率出发,TCP/IP 协议的传输层设计了面向非连接的用户数据报协议 UDP。

非连接型传输服务的通信过程类似于书信通信,通信发起方在发送数据时不需要知道对方的状态,由于通信双方没有建立连接,报文可能会丢失,所以非连接型传输服务的可靠性较差。

对于非连接型传输服务,由于通信进程间没有建立连接,只是发送数据时才占用网络资源,所以占用网络资源少。非连接型传输服务传输控制简单,通信效率高,它适用于发送信息较少、对传输可靠性要求不高或为了节省网络资源的应用程序。例如,RIP 协议就是使用无连接的 UDP 协议向邻居路由器广播自己的路由表信息。

4.2 网络应用程序的通信过程

4.2.1 应用程序通信协议

网络应用程序需要分别设计客户端程序与服务器端程序。在网络应用程序设计中,除了客户端程序与服务器端程序中需要处理的内容不同之外,两端之间的数据通信工作是必须考虑的。为了使系统能够协调地工作,客户端程序与服务器端程序之间必须进行必要的数据交换,必须对通信报文中的数据格式、字段含义进行严格的定义,即定义应用程序的通信协议。客户端程序和服务器端程序必须按照通信协议去理解和处理数据报文内容。

例如,在银行业务处理系统中,中心主机上的服务器端程序主要负责对账户数据的处理、报表统计等工作;前台营业客户端程序主要完成账户信息的录入、信息显示、存折打印等工作。前台账户数据需要传送到服务器去处理,服务器的处理结果需要回送给前台显示、打印,前台营业员需要根据处理结果进行现金收付。下面我们设计一个简单的银行储蓄业务系统应用程序通信协议,如图 4-1 所示。

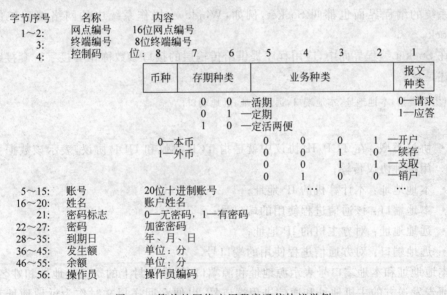

图 4-1 简单的网络应用程序通信协议举例

在如图 4-1 所示的网络应用程序通信协议例子中,虽然内容不够完整和实用,但是可以看到,网络应用程序通信协议就是说明各个字段的含义及表示方法,指示程序如何处理数据报文。不同网络应用程序的通信协议内容是不同的,但都是对数据字段结构的说明和字段内容的约定。

有了网络应用程序通信协议之后,发送方应用程序按照协议规定组织数据报文内容,接收方按照协议规定读取报文中相应的数据字段内容。

4.2.2 传输层接口参数

在 TCP/IP 网络中,应用程序按照通信协议组织好数据报文后需要交给传输层去传递到对方,应用程序在把数据报文提交给传输层时还需要提交什么呢?

在 TCP/IP 网络中,应用程序在把数据报文提交给传输层时还有三个方面的问题必须向传输层说明。

(1) 采用哪种传输服务方式,是面向连接的 TCP 协议传输,还是无连接的 UDP 协议传输?

(2) 接收方主机地址,即对方主机的 IP 地址。

(3) 接收该数据报文的网络应用程序进程。

在 3.1.4 小节中已经讨论过,应用程序进程是用端口号表示的。网络上的一些著名服务器程序使用众所周知的知名端口号,用户自己开发的应用服务器程序可以使用一个 1024~65535 之间的端口号,该端口号必须是事先规定好,而且是客户端程序知道的。

这三个需要说明的事项就是应用层调用传输层功能过程时需要提交的接口参数。在网络应用程序开发中,不同的系统可能有不同的编程界面。在 UNIX 操作系统中,为了解决网络系统中的通信问题,提出了一种编程界面叫 Socket,表示"插座"的意思。后来,其他系统的编程界面也都叫 Socket,例如,Windows 操作系统中的网络编程控件称作 Winsock。

在 Socket 编程界面中,应用程序提供给传输层的接口参数称作套接字。套接字的完整描述是

〔协议类型,本地地址,本地端口,远地地址,远地端口〕

其中,

- 协议类型:在 TCP/IP 协议中就是指 TCP 协议和 UDP 协议,表示该数据报文使用哪种协议传输;
- 本地地址:本计算机的 IP 地址;
- 本地端口:该通信进程使用的端口号;
- 远地地址:对方主机的 IP 地址;
- 远地端口:对方通信进程使用的端口号。

本地地址和本地端口号表示源地址和源端口,就像信封上的寄信人地址和姓名一样,用于通告发送方的主机地址和通信进程端口号,以便在回送报文时作为远地地址和远地端口参数。

服务器通信进程的端口号是在编程之前就已经约定好的。客户端进程的端口号可以在编程时指定,也可以在进程启动后通过系统函数向系统申请。

4.2.3 C/S 模式通信过程

应用程序使用 Socket 编程界面调用传输层功能完成应用程序数据报文的传输。根据选用的传输层服务类型不同,其通信过程也不相同。

1. 面向连接的 C/S 模式通信过程

在面向连接的 C/S 模式通信过程中,服务器进程一般都处于守候状态。服务器进程

启动时,将指定的端口号绑定[bind()]到该进程,然后启动一个侦听[listen()]过程,进入守候状态。当侦听到一个连接请求后,启动一个接收[accept()]过程,接收请求报文内容,建立和客户端的连接。连接建立成功后进入数据报文传输状态,使用 read() 过程接收数据报文,使用 write() 过程发送数据报文。数据报文传送完毕后,关闭连接,再进入侦听[listen()]守候状态。

在面向连接的 C/S 模式通信过程中,客户进程是在需要进行数据通信时才和服务器进程发起一次通信过程。客户进程启动后,将指定的端口号(或从系统中申请获得的端口号)绑定[bind()]到本进程。客户端需要进行数据传输时调用通信过程完成一次数据报文传输。一次通信过程包括:

(1) 向服务器进程发送建立连接请求;

(2) 当连接建立成功后,进入数据传输状态;

(3) 使用 write() 过程发送数据报文,使用 read() 过程等待接收应答报文;

(4) 数据传送完毕后,关闭连接。

面向连接的 C/S 模式通信过程如图 4-2 所示。

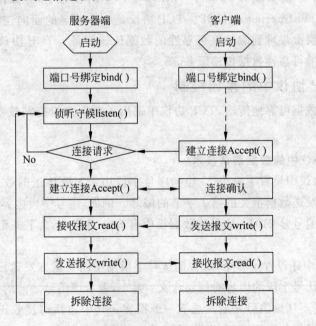

图 4-2　面向连接的 C/S 模式通信过程

2. 面向非连接的 C/S 模式通信过程

在面向非连接的 C/S 模式通信过程中,客户进程和服务器进程之间不需要建立连接,通信过程比较简单。服务器进程一般处于守候等待接收数据状态,客户端需要发送数据时,直接将报文发送给服务器。如果需要服务器返回应答报文,客户进程会等待接收应答报文。服务器收到数据报文后,对数据进行相应的处理,如果需要回送应答报文,直接将应答报文发送给客户端。面向非连接的 C/S 模式通信过程如图 4-3 所示。

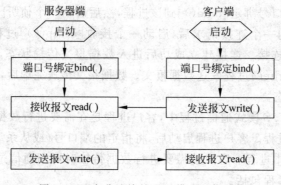

图 4-3　面向非连接的 C/S 模式通信过程

4.3　TCP 协议

TCP/IP 参考模型就是起源于 ARPANET 中的传输控制协议(Transport Control Protocol,TCP)和 Internet 协议 IP。TCP 协议是一个著名的面向连接的传输控制协议,它主要为应用层提供端到端的高可靠性的数据传输服务。TCP 协议的工作原理就是完成进程到进程的可靠性数据传输服务。

4.3.1　TCP 协议中的差错控制

为了保证数据可靠地传输,TCP 协议中采用了两项差错控制技术:数据确认技术和超时重传技术。

1. TCP 协议中的数据确认技术

在 TCP 协议中设置了一个 32 位的序号字段用于对要传送的数据按字节编号,序号字段内容就是发送数据报文的第 1 字节的编号。例如,序号字段内容=2101,表示发送报文的第 1 字节编号是 2101;如果该数据报中有 800 字节,那么下一个数据报的第 1 字节的编号就是 2901。

TCP 协议中还设置了一个 32 位确认号字段用于向发送方发送已经正确接收的报文字节编号。确认号字段的内容有两层含义:第一,表示该编号之前的数据已经正确接收;第二,发送方需要从该编号开始发送下一个报文。其中包括对接收正确的数据的确认和对接收的差错报文的差错控制。

例如,在如图 4-4 所示的例子中,发送方从序号 201 开始发送报文。在发送完第 1 个报文后,如果收到的确认号是 501,说明该报文接收正确,接着发送第 2 个报文。如果连续发送了报文 2、报文 3、报文 4 之后收到的确认号=1201,这说明什么呢? 第一,说明报

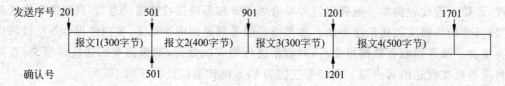

图 4-4　数据确认举例

文 4 传输错误,需要从 1201 编号重新传输;第二,说明报文 2 和报文 3 已经正确接收。但是,为什么没有收到 901 的确认号呢? 如果以后再收到 901 确认号,怎么解释呢?

在 TCP 协议中使用的数据确认技术采用的是"累计确认"方式。也就是说,如果前面的报文传输错误,绝对不会确认后面的报文;或者说,即便后面的接收正确,只要前面有接收错误的报文,也要从发生错误的报文开始全部重发,也就是全部返回重发方式。"累计确认"就是指如果收到了后面报文的确认信息,前面的报文肯定已经接收正确,即便以后再收到前面报文的确认信息,也不需要处理了。

"累计确认"方式的优点就在于数据报文在 Internet 中传输时,不同报文所经过的路径可能不同,到达目的地的先后顺序可能出现差错,但是只要收到了某个报文的确认信息,就说明前面的报文已经正确接收,确认信息不会发生二义性。

2. TCP 协议中的超时重传技术

传输层虽然不考虑数据报是如何穿越物理网络的,但是从数据传输的可靠性考虑,传输层要考虑到报文可能会在网络传输中被丢失,就像人们寄一封平信一样,虽然一般情况下能够寄到收信人那里,但人们都有这样的常识,信件可能会丢失。如果是重要的怕丢失的信件,就要寄挂号信。在计算机网络中没有类似"挂号信"的传输方式,所以 TCP 协议采用"超时重传"技术。

在 TCP 协议中,发送方每发送一定数量的数据报文后需要等待接收方的确认,只有收到了确认信息后,才能继续发送。发送方在发送了数据报文后会启动一个定时,如果超过了规定的时间还没有收到接收方的确认信息,发送方就认为该报文已经丢失了,需要重新发送,这就是超时重传。一般情况下,TCP 请求报文超时时间初始设定为 500ms,当接收方返回应答信息后,再通过报文的往返时延(Round-Trip Time,RTT)计算确定超时间隔。

4.3.2　TCP 协议中的流量与网络拥塞控制

1. TCP 协议中的流量控制

流量控制是两个通信对象之间的传输流量控制。TCP 协议中使用"窗口"技术实现传输层之间的通信流量控制。在 TCP 协议报头中设置了一个 16 位的"窗口"字段,用于向对方通告自己可以接收的报文长度(接收窗口尺寸),窗口尺寸的最大值是 64KB。

发送方只能发送通告窗口之内的字节编号。例如,接收到的确认号＝1201,通告窗口尺寸＝4000,那么发送方只能发送序号为 1201～5200 的数据。如果发送了序号不在此范围内的数据报文,接收方将不予接收。当再次收到确认号之后,发送窗口滑动到以确认号开始的位置,可以发送的字节序号从确认号开始到"确认号＋通告窗口尺寸"结束。

接收方根据处理能力调整接收窗口的大小,并将接收窗口尺寸在发送的报文中通告给对方。接收方通过调整接收窗口的大小实现通信流量的控制。

2. TCP 协议中的网络拥塞控制

通过调整接收窗口尺寸可以实现两个通信对象之间的通信流量控制。接收窗口的大小主要取决于接收者的处理能力,例如可用数据缓冲区的大小等。但是在网络传输中,报文还需要中间节点(一般为路由器)的转发,由于路由器的处理能力不足,可能导致报文的丢失或延迟,这种现象称作网络拥塞。

发生网络拥塞时,不能仅靠超时重传解决问题。因为重传只能造成拥塞的加剧。控制拥塞需要靠网络中的所有报文发送者降低发送数据的速度,控制自己的通信流量来完成。

TCP协议中的网络拥塞控制也采用"窗口"控制方法。在传输层实际上有如下三个窗口。

(1) 通告窗口:对方的接收窗口尺寸。

(2) 拥塞控制窗口:初始值等于通告窗口尺寸,每当要进行一次超时重传(即发生了报文丢失)或者收到了路由器发出的"源站抑制"报文时,拥塞控制窗口尺寸减半,直到拥塞窗口尺寸减为1为止。

(3) 发送窗口:取通告窗口和拥塞控制窗口中的较小尺寸。

由于在发生网络拥塞时,拥塞窗口尺寸迅速减小,降低了网络通信流量,可以逐渐缓解网络拥塞。当拥塞窗口尺寸减小到1时,TCP协议在多次重发的情况下仍然会坚持不懈地发送只携带一个字节数据的报文,只要收到确认信息,说明网络拥塞已经缓解,这时TCP协议采取一种称作慢启动的策略,即每成功发送一个报文后(被接收方确认后),拥塞控制窗口的尺寸+1,逐步恢复通信流量。

4.3.3　TCP协议中的连接控制

1. TCP连接建立过程

在TCP协议中,为了建立可靠的连接,采用了三次握手过程。三次握手过程如图4-5所示。

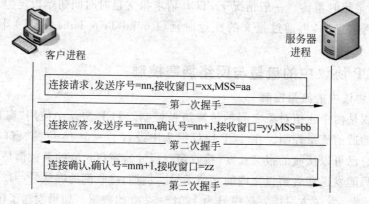

图4-5　TCP三次握手建立连接过程

客户进程首先发送一个连接请求报文,向服务器进程请求建立通信连接,并通告自己的发送数据序号和接收窗口尺寸,协商数据最大分段尺寸(Maximum Segment Size, MSS)。

服务器进程收到连接请求报文后,发回一个应答报文,通报自己的数据序号,确认发送方的数据序号,通报自己的接收窗口大小,协商数据最大分段尺寸MSS。

客户进程收到连接应答报文后,再发回一个确认报文,确认对方的数据序号,通报自己的接收窗口。

　　经过三次握手之后，双方连接建立，开始为应用层传递数据报文。TCP 协议之所以使用三次握手建立连接，主要是为了建立可靠的连接。如果不采用三次握手方式，当客户进程发出一个建立连接请求后，如果应答超时，客户进程会重发一个建立连接请求。当重发的连接请求被建立后，如果第一次发送的建立连接请求报文到达了服务器，可能造成连接错误。采用三次握手后，由于客户端重发了连接请求报文，对于第一次连接应答，报文就不会确认，避免了错误连接。

2. TCP 连接的拆除

　　当数据传输结束后，通信中的某一方发出结束通信连接的请求，对方回应一个应答报文，TCP 连接就被拆除了。服务器端进程在和客户端建立连接之后会启动一个活动计数器，表示该连接处于活动状态。如果客户端没有经过连接拆除过程就关机了，活动计数器在到达规定时间后没有收到客户端的报文，服务器端将拆除该连接。

4.3.4　TCP 协议报文格式

　　TCP 协议报文分协议报头和报文数据两部分。TCP 协议内容就是报头部分，报文数据部分是为应用层传递的应用层报文。在 TCP 连接控制报文中只有报头部分。TCP 协议报文格式如图 4-6 所示。

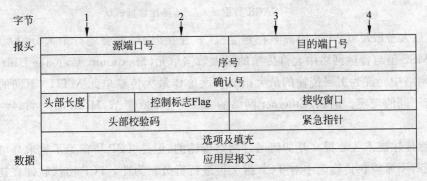

图 4-6　TCP 协议报文格式

　　(1) 源端口号、目的端口号：通信进程地址。

　　(2) 序号：发送报文数据的第 1 字节编号。

　　(3) 确认号：需要接收的下一个报文字节编号。

　　(4) 头部长度：4 位二进制数，范围为 5～15。头部长度×4=报头字节数。

　　(5) 控制标志 Flag：使用 6 位控制标志，控制位及含义如图 4-7 所示。

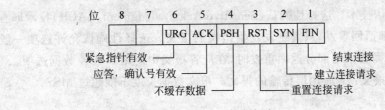

图 4-7　控制标志

PSH＝1 时要求接收方不要缓存数据,而是将数据立即交给应用层处理。发送方发送了 PSH＝1 的报文后,会等待接收方的确认应答报文。

(6) 接收窗口:向对方通告自己的接收窗口尺寸。

(7) 头部校验码:用于报头的传输差错校验。

(8) 紧急指针:用于指示报文数据中的某字节(偏移量)是一个需要紧急处理的数据,例如中断数据传输等。只有在控制标志的 URG＝1 时,接收方才会按照紧急指针指示处理紧急数据。

(9) 选项及填充:TCP 选项字段允许用户设置扩展功能,选项格式为

选项代码(1 字节),选项长度(1 字节)[选项数据]

使用 TCP 选项时必须保证选项部分为 4 的整数倍字节,不够时用 00 补足。

常用的选项有:

代码	选项长度	选项数据	功能
01	无	无	无操作
02	4	MSS 值	MSS 协商
04	2	无	SACK 允许
05	n	SACK 数据	选择性数据确认

① 最大分段尺寸 MSS 协商。在建立 TCP 连接时,一般会进行最大分段尺寸 MSS 协商。MSS 值与传输网络中允许传输的最大数据单元(Maximum Transfer Unit,MTU)有关。网络中允许为上层传输的最大报文长度称作最大传输单元 MTU,不同的网络对 MTU 有不同的规定。例如,Ethernet 网络的 MTU＝1500 字节,HDLC 的 MTU＝1500 字节等。

虽然传输层不关心报文是如何通过网络传输的,但是 TCP 协议为了追求高可靠性的传输服务,不希望在传输途中对 TCP 报文再进行拆分。为此,TCP 协议软件在初始化时会探寻底层网络的 MTU,即协议层之间通过接口参数交换 MTU 信息。

在路由器的各个端口上可以配置该端口的 MTU,例如,在 Cisco 路由器中使用命令

Router(config-if)# IP mtu 1480

该命令表示该端口(网络层)可以传输的传输层最大报文长度是 1480 字节。一般情况下不要改变端口的 MTU 值;否则可能产生通信故障。

② 选择性确认技术。选择性确认(Selective Acknowledgment,SACK)技术即有传输错误时不需要全部返回重发,只需重发发生错误的报文。选择性确认允许选项一般在建立连接报文中,在需要采用部分返回重发时,在应答报文中使用 SACK 数据选项。

(10) 应用层报文:为应用层传输的报文。报文数据长度不能超过 MSS。

4.4 UDP 协议

4.4.1 UDP 协议的特点

用户数据报协议 UDP 是一个面向无连接的传输层协议。UDP 协议不能提供可靠的数据传输服务,所以只适用于对数据传输可靠性要求不高的场合,或用于可靠性较高的网络环境(如局域网)中。UDP 协议是无连接的传输协议,所以不支持数据流的传输,需要传输的内容要组织在一个报文内。UDP 协议主要追求节省网络资源、提高传输效率,一般适用于较短报文的传输。UDP 协议没有差错控制机制,将把发生传输差错的报文直接丢弃,所以使用 UDP 协议时需要应用层进行差错控制。

4.4.2 UDP 协议报文格式

UDP 协议报文格式如图 4-8 所示。TCP/IP 协议要求 UDP 报文在交到传输层时需要携带源 IP 地址和目的 IP 地址等信息,目的是进行接收主机地址检查和取得发信人地址,以便返回信息时使用。其实,这些信息不是传输层协议的内容,所以称之为伪报头。UDP 报文长度中不包括伪报头部分。

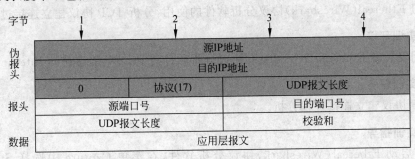

图 4-8　UDP 协议报文格式

4.5 小结

本章从网络应用程序调用传输层完成网络通信入手,介绍了客户/服务器交互模式的概念以及 C/S 模式通信过程,通过 TCP 协议的差错控制、流量控制和连接控制介绍了 TCP 协议的工作原理,并对 UDP 协议进行了简单的介绍。本章涉及的内容是网络编程的基础,但这里主要简单介绍理论和概念。

4.6 习题

1. 什么是客户/服务器交互模式?
2. 下列(　　　)不是面向连接的传输层协议特点。

　　A. 能提供可靠的数据传输服务　　　　　　　　B. 占用网络资源少

C. 通信的实时性较好   D. 支持数据流传输方式

3. 下列(   )不是面向非连接的传输层协议特点。

    A. 能提供可靠的数据传输服务   B. 占用网络资源少

    C. 传输少量数据时通信效率高   D. 可靠性差

4. TCP 协议中使用的差错控制技术有哪些?

5. TCP 报头中的确认号字段表示什么含义?

6. TCP 协议中的"累计确认"技术是什么意思?

7. TCP 协议中的"窗口"字段有什么用途?

8. 简述 TCP 协议建立连接的三次握手过程。

4.7 实训

TCP 协议分析

实训学时:1 学时;实训组学生人数:1 人。

1. 实训目的

练习 Ethereal(Wireshark)协议分析软件的使用,分析 TCP 协议建立连接过程。

2. 实训环境

使用安装有 Ethereal(Wireshark)协议分析软件的 PC,PC 能够访问 Internet。

3. 实训任务

TCP 协议建立连接过程分析。

4. 实训指导

(1) 启动 Ethereal(Wireshark)协议分析软件,在菜单 Capture 中选择 Start 打开 Ethereal:Capture Options 窗口,如图 4-9 所示。

(2) 在 Capture Filter 列表框中输入 tcp,即只抓取 TCP 协议报文。

(3) 全部选中 Display Options 中的复选框,单击 OK 按钮。

(4) 打开 IE 浏览器,在地址栏中输入一个网站地址。例如,http://www.baidu.com。

(5) 在打开网站后,单击 Ethereal 窗口中的"停止"按钮,抓包结果如图 4-10 所示。

从图 4-10 中可以看到,序号为 1、2、3 的三个报文就是 TCP 协议三次握手建立连接过程。Source 列表项中是发送报文的源主机 IP 地址;Destination 列表项中是该报文的目的主机 IP 地址。

在 Ethereal 窗口报文列表区中选中一个报文后(反白显示),协议分析区是该报文的协议结构树,单击 Transmission Control Protocol 前面的三角形图标可以展开传输层协议分析内容。在协议分析区中选中传输层协议后,报文数据区中反白显示的是报文(包括报头)代码数据。

报文数据区中显示的代码是十六进制数据,分析时需要根据同步情况将十六进制数转换为二进制数或十进制数。

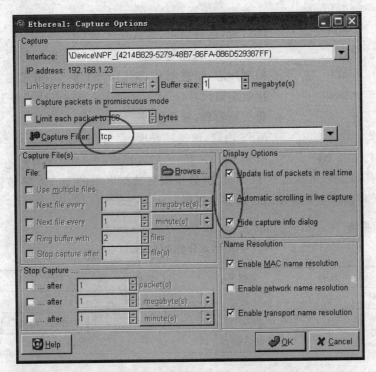

图 4-9 Ethereal：Capture Options 窗口

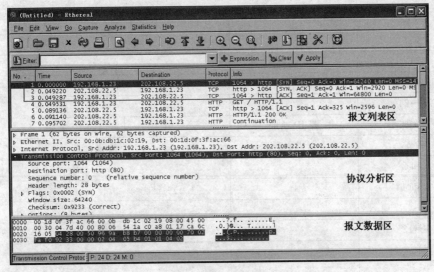

图 4-10 抓包结果

图 4-10 中的报文数据分析如下。

字节	内容	协议含义
1 和 2	04 28	源端口号（4×256＋2×16＋8＝1064）
3 和 4	00 50	目的端口号（5×16＝80,http 协议）

5～8	96 9a b8 b7	十六进制发送序号
9～12	00 00 00 00	确认号(连接请求,确认号=0)
13	70	头部长度,二进制01110000,头部长度=4×7=28字节
14	02	控制标志,二进制00000010,SYN=1,请求建立连接
15和16	fa f0	接收窗口尺寸(15×4096+10×256+15×16+0=64240)
17～20		报头校验和,紧急指针
21和22	02 04	MSS协商,该选项长度=4字节
23和24	05 b4	MSS值(5×256+11×16+4=1460字节)

依次选择第二个和第三个TCP报文,分析报文数据区中的1～16字节内容,就可以清楚看到TCP协议建立连接的三次握手过程。

5. 实训报告

TCP协议分析实训报告

班号:	组号:	学号:	姓名:

PC编号		IP地址		
第1次握手	源IP地址		目的IP地址	
字节	十六进制数据		协议含义	
1和2				
3和4				
5～8				
9～12				
13				
14				
15和16				
21～24				
第2次握手	源IP地址		目的IP地址	
字节	十六进制数据		协议含义	
1和2				
3和4				
5～8				
9～12				
13				
14				
15和16				
21～24				
第3次握手	源IP地址		目的IP地址	
字节	十六进制数据		协议含义	
1和2				

续表

5～8				
9～12				
13				
14				
15 和 16				

第 5 章

网络层协议

    TCP/IP 参考模型的网络互联层一般简称为网络层。传输层的数据报文都要交给网络层进行网络传递。网络层为了完成报文的传递,需要进行路由的选择和将数据报文交给数据链路层通过物理网络传输。在 TCP/IP 参考模型中,网络层协议并不是一个协议,而是由互联层协议(Internet Protocol,IP)、地址解析协议(Address Resolution Protocol,ARP)、Internet 控制报文协议(Internet Control Message Protocol,ICMP)等协议组成的一个协议簇。IPv6 中不再使用 ARP 协议,由邻居发现协议(Neighbor Discovery Protocol,NDP)完成 ARP 协议的功能及增强 ICMP 协议功能。

5.1 IP 协议

5.1.1 IP 协议的特点

    IP 协议是 TCP/IP 参考模型中的网络互联层协议,主要功能是为传输层提供网络传输服务,完成数据报文主机到主机的传输。

    在网络互联层面对的是一个具体的传输网络。这个网络是由很多中间节点(路由器)连接组成的复杂网络。IP 协议的特点主要表现在以下几个方面。

    1) IP 协议是主机到主机(点对点)的网络层通信协议

    IP 协议完成的是源主机到目的主机的网络传输通信,虽然中间可能经过很多转发节点(路由器),但 IP 协议中只使用源主机 IP 地址和目的主机 IP 地址,中间节点只是根据目的地址进行转发,直到到达目的主机为止。对于源主机和目的主机来说,网络传输是透明的。

    2) IP 协议是一种不可靠、无连接的数据报传输服务协议

    网络层一般把数据报称作"分组",IP 协议允许的最大分组长度是 64KB。IP 协议在传输分组时采用了"尽力传递"的策略,使用无连接的数据报服务方式,不提供差错控制,不维护数据报发送后的状态信息。在报文传输可靠性要求较高的 TCP 协议中,会通过差错控制与流量控制解决由 IP 层引起的传输差错问题。

    由于路由器的拥塞可能导致分组在路由器中滞留或被丢弃,分组离开主机之后根据路由器选择的路由进行传输。在 IP 协议中,分组在离开源主机时,在分组协议报头中就写入了一个"生存时间(Time To Live,TTL)",分组每经过一个网关(路由器),生存时间

值将被减 1；如果在该网关中发生了滞留，还要减去滞留时间。一旦分组的生存时间值被减为 0，该分组将被丢弃，不能再在网络中继续传递。

3）IP 协议可以使用不同协议的下层网络传输 IP 分组

在 TCP/IP 参考模型中，为网络层提供传输服务的下层网络可以是其他协议的网络。根据下层网络协议的种类，IP 协议可以提供不同的接口参数，用于满足分组在下层网络中传输的需要。

5.1.2 IPv4 协议报文格式

IPv4 协议报文格式如图 5-1 所示，分为报头和数据两部分。报头部分是 IP 协议内容，数据部分是传输层的协议报文。

| 1 | 8 | 16 | 24 | 32 |

版本	报头长度	优先级	D	T	R	C	0	总长度
标识			0	DF	MF	片偏移量
生存时间		协议		头部校验和	
源IP地址
目的IP地址
选项和填充
数据

图 5-1　IPv4 协议报文格式

IPv4 协议报文格式说明如下。

（1）版本：IP 协议版本号，4 表示 IPv4。

（2）报头长度：IP 报头字节数。报头字节数＝报头长度×4。报头字节范围是 20～60B。

（3）总长度：IP 报文的总长度（包含报头部分），最大值是 64KB。

（4）服务类型：指示路由器如何处理分组，一般在 QoS（服务质量）设置中使用。服务类型包括以下几个。

- 优先级（3bit）：报文处理优先级，0～7。7 为最高优先级。
- D：Delay，延迟。该位为 1，表示需要选用低延迟路由。
- T：Throughput，吞吐量。该位为 1，表示需要选用高速率路由。
- R：Reliability，可靠性。该位为 1，表示需要选用高可靠性路由。
- C：Cost，开销。该位为 1，表示需要选用低费用路由。

D、T、R、C 这 4 个参数只能一个为 1，一般都为 0。

（5）标识、标志、片偏移量：用于 IP 分组的分片传输控制。IP 分组的最大长度为 64KB，受底层网络 MTU 的限制，当 IP 分组较大时，需要将分组分成若干片（段）进行传输。

报文被分片之后，各个分片到达目的主机之后就存在报文重组的问题。因为每个分片都是作为独立的报文传输的，各自选择的路由可能不同，到达的顺序可能混乱，也可能发生分片的丢失，所以报文重组时需要知道哪些片属于一个分组，以及每个片在分组内的位置。

- 标识:标识字段内容相同的分片属于同一分组。
- 片偏移量:该片在分组中的相对位置。
- 标志:标志字段中包括两个标志位,即禁止分片标志 DF 和分片结束标志 MF。

DF 是传输层调用 IP 层的入口参数。一般在 TCP 协议中,报文禁止分片传输(DF=1)。UDP 报文一般允许分片传输(DF=0)。

在允许分片时,MF=1,表示该分片后面还有分片;MF=0,表示该分片是分组的最后一个分片。

(6) 生存时间:分组的生存时间,单位为秒(s)。

(7) 协议:表示数据部分传输的上层协议类型,其中,

1——ICMP;

6——TCP;

17——UDT;

8——EGP;

89——OSPF。

(8) 头部校验和:IP 报文头部传输校验。

(9) 源 IP 地址、目的 IP 地址:报文的源地址和目的地址。

(10) 选项和填充:选项一般不用,用户可以使用选项部分指定分组经过的路由,或要求记录分组经过的路由和时间。

5.1.3　IPv6 协议报文格式

IPv6 协议报文格式如图 5-2 所示。IPv6 协议报文格式比 IPv4 简单,而且固定长度为 40B,其中 32B 是 IP 地址。

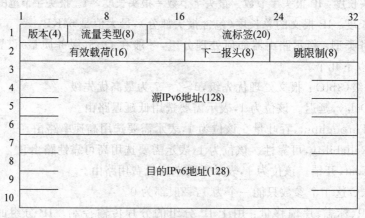

图 5-2　IPv6 协议报文格式

IPv6 协议报文字段含义如下。

(1) 版本:内容为 6,标识 IPv6。

(2) 流量类型:相当于 IPv4 中的服务类型,表示报文的优先级、如何处理。IPv6 可以定义 256 个级别的优先级。

(3) 流标签:标记数据报的一个流。用于简化路由查询,实现门票路由。在 IPv6 中,

一个业务流的数据报文有一个唯一的流标签,当路由器检测到相同的流标签时就采用相同的路径发出去,而不需要为每一个数据包重新选择路由,从而大大提高了数据包转发的效率,降低了端到端的延迟。

(4) 有效载荷:指定跟在报头后面数据报文的字节长度。最大 64KB。

(5) 下一报头:IPv6 采用固定 40 字节报头格式。如果需要扩展报头,则使用下一报头字段指定跟在报头之后扩展报头的长度。

(6) 跳限制:相当于 IPv4 的 TTL。

5.2 IP 层工作过程

5.2.1 IP 层接口参数

1. 入口参数

传输层将组织好的报文(一般称作协议数据单元(Protocol Data Unit,PDU),包括协议报头和为上层传送的数据两部分)提交给网络层进行传输时,还需要提交的接口参数包括:

(1) 传输层协议类型,一般为 TCP 或 UDP。

(2) 目的主机 IP 地址。

(3) 报文在传输中是否允许分片。TCP 协议一般不允许分片,UDP 协议一般允许分片。

2. 出口参数

网络层接收到传输层提交的报文和入口参数之后,对传输层报文进行分片和封装处理,形成网络层协议数据单元 PDU,一般称作分组;然后将分组提交给下层协议网络进行物理传输。在 TCP/IP 参考模型中,网络层的下层称作网络接口层,表示 IP 分组可以通过下层任何协议的网络进行物理传输。所以,网络层在给下层提交分组时,还需要提交下列接口参数。

(1) 协议种类。指该报文的网络层协议种类,指示下层网络将分组传递到目的地之后接收该分组的上层协议。

(2) 路由。网络层根据目的主机 IP 地址完成路由选择,但分组在选择路由上的传递需要下层网络去实现。所以网络层必须告诉下层网络分组传输的路由,即分组下一跳的主机地址。

在点对点网络中,从路由表中可以知道路由上通往下一跳的输出端口。但是在广播式网络中,网络层必须告诉下层网络路由上的下一跳是哪台主机。下层网络中只有数据链路层和物理层,即只能识别物理地址(MAC 地址)。所以在广播式网络中,网络层提供的路由参数是下一跳主机的 MAC 地址。

5.2.2 主机上的 IP 协议处理

主机网络层接收到传输层提交的数据报文和入口参数之后进行以下处理。

1. 网络寻径

网络层根据传输层提交的目的主机地址,首先确定是网络内部通信还是和其他网络通信。确定的方法是使用目的 IP 地址和本机网络连接的 TCP/IP 属性配置中的子网掩码(Mask)进行逻辑与运算,如果得到的网络地址和本机所在的网络地址相同,则是网络内部通信,否则就是和其他网络的通信。

如果是网络内部通信,报文下一跳的 IP 地址就是目的主机(也称作直接交付),网络层需要提供的路由参数就是目的主机的 MAC 地址。

如果是和其他网络的通信,需要在主机路由表中查找是否有到达目的网络的路由,一般是默认网关。如果在网络连接的 TCP/IP 属性中正确地配置了默认网关,该报文的下一跳就是默认网关;如果没有配置默认网关,该报文就被直接丢弃。

在主机的网络连接 TCP/IP 属性中正确地配置了默认网关之后,和其他网络的通信报文就都能找到路由,该报文的下一跳地址是默认网关,网络层提供的路由参数就是默认网关的 MAC 地址。

2. 报文封装

(1) 检查是否需要分片。网络层根据下层网络的 MTU 检查传输层提交的数据报文是否需要分片。如果传输层提交的报文长度加上 IP 报头(一般为 20 字节)后大于下层网络的 MTU 值,就需要进行分片封装。当需要分片传输时,如果传输层提交的入口参数中不允许分片,网络层就丢弃该报文,同时向传输层发送一个"不可到达、需要分片"的错误报告报文。

(2) 封装报头信息。在分组数据(或分片后的数据分片)前面添加 IP 协议报头,按照 IP 报头格式写入各个字段信息(包括源 IP 地址、目的 IP 地址、生存时间等)。如果是分片传送,还需要填写标识、标志和片偏移量等信息。

(3) 对于 IPv6 网络,需要按 IPv6 报文格式封装流标签等字段。

3. 提交分组及接口参数

将 IP 协议报头封装好的分组和下一跳主机的物理地址(MAC 地址)一同交给下层网络进行物理传输。

5.2.3   路由器上的 IP 协议处理

路由器是网络中的中间连接转发设备。路由器一般称作第三层网络设备,是因为路由器一般对数据报文只做网络层以下的处理。路由器接收到下层网络提交的 IP 协议报文后进行以下处理。

1. 网络寻径

路由器从 IP 协议报头中取出目的 IP 地址,在路由表内查找是否有到达目的网络的路由(包括默认路由)。如果没有,丢弃该报文,向原主机发送一个"主机不可到达"的错误报告报文;如果找到了路由,执行以下操作。

1) 判断是直接交付还是转发

如果目的主机所在网络是和路由器直联的,说明报文要到达的网络就是本路由器连接的网络,该分组下一跳应该直接交付给目的主机;否则,说明是需要转发的报文。

2) 准备路由参数

对于需要直接交付的分组,路由器需要为下层网络提供目的主机的 MAC 地址作为路由参数;对于需要转发的分组,路由器会从路由表中得到输出端口。

3) 对于 IPv6 网络,首先在转发路由表中检查有没有该分组的流标签,如果没有,则按照 1)、2)两个步骤进行网络寻径,并在路由转发信息表中记录流标签、转发端口、下一节点的 MAC 地址、计数器值等信息;如果找到了该分组的流标签,则直接进入转发报文,不再进行网络寻径。

2. 转发报文

1) 分片检查

由于路由器的不同端口连接的网络协议可能不同,报文经由路由器转发时也需要根据连接网络的 MTU 对分组进行是否需要分片的检查。需要分片时,路由器和主机上的处理是相同的。

2) 转发

对于需要转发的分组,路由器根据路由选择将分组发送到输出端口的发送队列。

对于直接交付的分组,路由器将该分组和出口参数(包括报文协议种类、目的主机的 MAC 地址)交给连接到端口的下层网络。

5.3 ARP 协议

网络层提交 IP 分组给下层网络时需要提供路由信息接口参数。对于点对点式网络,网络层在选择路由后就能够确定输出端口。IP 分组从该端口输出后,接收方就是下一跳主机(网关)。但如果下层网络是广播式网络(例如,目前底层广泛使用的 Ethernet 网络就是广播式网络),网络层在接口参数中必须告诉下层网络下一跳主机的物理地址(MAC 地址)。网络层为了取得下层广播式网络中的主机 MAC 地址,在 IPv4 协议簇中设计了地址解析协议(Address Resolution Protocol,ARP)。

5.3.1 ARP 工作原理

网络层经过路由选择之后,如果下一跳主机所在的网络是广播式网络(例如,网络内部直接交付),网络层为了取得下一跳主机的 MAC 地址,首先向下一跳主机所在的网络发送一个 ARP 广播报文,报文内容为"请 IP 地址是×.×.×.×的主机告诉源主机你的MAC 地址";目的主机收到 ARP 广播后,就会向源主机发送自己的 MAC 地址。

ARP 协议报文格式如图 5-3 所示,其中,

(1) 硬件类型:底层网络的协议类型,常见的有

1——Ethernet;

3——X. 25;

4——Token Ring。

(2) 协议类型:网络层协议类型。常用的 IP 协议使用 2048(十六进制 0800)表示。

(3) 物理地址长度:底层网络中使用的物理地址长度。以太网为 6 字节。

硬件类型(2字节)		协议类型(2字节)	
物理地址长度(1字节)	协议地址长度(1字节)	操作类型(2字节)	
源MAC地址(由物理地址长度确定)			
源IP地址(4字节)			
目的MAC地址(由物理地址长度确定)			
目的IP地址(4字节)			

图 5-3   ARP 协议报文格式

（4）协议地址长度：常用的是 IP 协议地址长度为 4 字节。

（5）操作类型：ARP 报文操作类型，其中，

1——ARP 请求；

2——ARP 应答；

3——RARP 请求（用于无盘工作站根据 MAC 地址请求 IP 地址）；

4——RARP 应答。

（6）源 MAC 地址：源主机的物理地址。网络层知道本机下层网络的 MAC 地址。

（7）源 IP 地址：源主机的 IP 地址。

（8）目的 MAC 地址：接收 ARP 报文主机的 MAC 地址。在 ARP 请求报文中，目的 MAC 地址是全"0"，表示未知。

（9）目的 IP 地址：接收 ARP 报文主机的 IP 地址。

例如，在 Ethernet 中，主机 192.168.1.23/24 要和默认网关 192.168.1.1/24 通信，IP 层不知道 192.168.1.1/24 的物理地址时，使用 ARP 协议获取 192.168.1.1 主机物理地址的过程如图 5-4 所示。

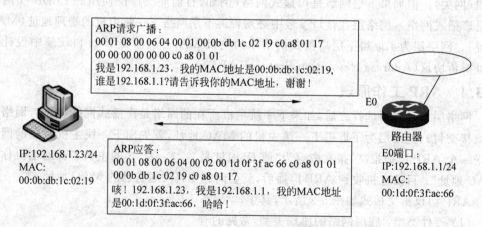

图 5-4   ARP 协议工作过程

5.3.2   ARP 地址映射表

为了提高工作效率，在主机和路由器中都会生成一个 IP 地址与 MAC 地址的高速缓存表（称作 ARP 地址映射表），保存最近使用过的 IP 地址与 MAC 地址映射关系。

IP 层在获取下一跳主机的 MAC 地址时，首先在 ARP 地址映射表中查找是否有下一跳主机的 MAC 地址。如果没有，才使用 ARP 广播。

主机每次通过 ARP 广播得到一个 IP 地址与 MAC 地址的对应关系后，将该对应关系保存在 ARP 地址映射表中。一台主机进行 ARP 广播时，网络内其他主机都能监听到该主机 IP 地址和 MAC 地址的对应关系，主机监听到的 IP 和 MAC 地址映射信息也会保存到 ARP 地址映射表中。一台主机在启动时也会主动广播自己的 IP 地址与 MAC 地址的对应关系，所有收到 ARP 广播报文的主机都会保存这个映射关系，以减少 ARP 广播数量，提高 IP 层的工作效率。

主机通过 ARP 请求或监听到的 IP 地址与 MAC 地址映射关系称作动态（dynamic）ARP 表项。一个动态 ARP 表项的生存时间为 2min。如果在 2min 内又收到了这个映射关系报文，则该 ARP 表项重新启动生存计时。生存计时达到 2min 后，该表项从 ARP 地址映射表中删除。

在 Windows 操作系统中的"命令提示符"窗口中使用命令"arp-a"可以显示主机上的 ARP 地址映射表的全部表项。例如，

```
C:\Documents and Settings\tgl>arp-a              ;显示全部 ARP 地址映射表
Interface：192.168.1.23 --- 0x2                   ;ARP 地址映射表有 2 个表项
    Internet Address      Physical Address     Type
    192.168.1.1           00-1d-0f-3f-ac-66    static    ;静态映射表项
    192.168.1.4           00-58-4c-5c-05-cf    dynamic   ;动态映射表项
```

类型为 static 的是静态映射表项。静态映射表项不会被系统自动删除，但可以通过 arp 命令添加。例如，上面显示的静态映射表项是通过以下命令添加的：

```
arp-s 192.168.1.1 00-1d-0f-3f-ac-66
```

命令格式为

```
arp-s IP 地址 MAC 地址
```

但添加静态 ARP 表项时如果出现错误，并将造成网络通信故障。

使用命令"arp-d ＊"可以删除所有 ARP 表项。

在 Cisco 路由器上显示 ARP 地址映射表的命令是

```
Router#show arp
```

5.3.3 IPv6 的邻居发现协议

IPv6 不使用 ARP 协议解析目的主机的 MAC 地址，在 IPv6 中使用邻居发现协议（Neighbor Discovery Protocol，NDP）实现这个功能。

NDP 工作过程和 ARP 协议有些类似，NDP 协议不是通过广播请求报文通知目的接口，而是通过接口本地链路组播地址将请求报文送达目的接口。

例如，主机 A 需要向单播地址为 2000::2:1 的主机 B 传送报文，但不知道主机 B 的 MAC 地址，而主机 A 知道本地链路组播地址是 FF02::1，所以发送一个 NDP 请求报文，内容和 ARP 请求报文类似，主机 B 收到请求报文后，回答一个 NDP 应答报文。

5.4　ICMP 协议

Internet 控制报文协议(Internet Control Message Protocol,ICMP)是用于报告网络层差错和传送网络控制报文的协议。ICMP 报文是使用不可靠的 IP 协议分组传送的,所以 ICMP 报文中只能传送差错信息,而不能完成差错控制功能。

5.4.1　常用的 ICMP 报文

1. 差错报告报文

当网络层发生传输差错、丢弃数据报文时,产生差错的主机和路由器在丢弃数据报文后会向源主机发送一个报告发生差错的 ICMP 报文。例如,在没有到达目的主机的路由、目的主机没有开机、路由器丢弃生存时间等于 0 的报文时,都会向源主机报告差错。

2. 拥塞控制报文

当路由器上发生拥塞后,路由器将丢弃一些到达的报文,同时向源主机发送一个"源站抑制"ICMP 报文,要求源主机降低发送流量,进行网络拥塞控制。TCP 层在收到"源站抑制"的 ICMP 报文后会将拥塞控制窗口尺寸减半。

3. 请求/应答报文

使用 ICMP 请求/应答报文进行网络可达性测试是 ICMP 最多的应用。在网络可达性测试中使用的 ping 命令就能产生 ICMP 请求/应答报文。目的主机收到 ICMP 请求/应答报文后立刻回送应答报文,若源主机能够收到 ICMP 应答报文,则说明到达该主机的网络正常。

ping 命令的简单格式为

ping　IP 地址/域名地址

例如,测试到达百度网站 www 主机的命令和应答结果为

C:\Documents and Settings\tgl>ping www.baidu.com

pinging www.baidu.com [209.62.21.221] with 32 bytes of data:

Reply from 209.62.21.221:bytes=32 time=312ms TTL=47
Reply from 209.62.21.221:bytes=32 time=287ms TTL=47
Reply from 209.62.21.221:bytes=32 time=284ms TTL=47
Reply from 209.62.21.221:bytes=32 time=282ms TTL=47

ping statistics for 209.62.21.221:
　　Packets:Sent = 4, Received = 4, Lost = 0 (0% loss),
Approximate round trip times in milli-seconds:
　　Minimum = 282ms, Maximum = 312ms, Average = 291ms

该结果表明可以到达百度网站 www 主机。

当发生网络通信故障时,使用命令"ping 127.0.0.1"可以测试 TCP/IP 软件是否工作正常;使用命令"ping 本机 IP 地址"可以测试本机网卡是否工作正常;使用命令"ping

默认网关地址"可以测试本机是否能够和网络连通。

5.4.2　ICMPv6

在 IPv6 中,ICMP 功能得到了进一步增强,增加的功能包括如下两种。

(1) PMTUD(Path MTU Discovery)报文。PMTUD 报文用于通报路由上的最小 MTU 值,用于指导源路由器的报文分片。

(2) NDP 报文。NDP 报文也是 ICMPv6 的一种报文,除了完成 MAC 地址解析之外,还要通告路由器地址前缀,让链路内接口完成无状态自动配置;地址重定向,通告链路上存在的、更好的路由,以及单播地址冲突检测等。

5.5　小结

在第 3 章内容的基础上,本章主要介绍 IP 协议的特点、IP 协议报头格式和 IP 协议工作原理。从传输层提交给网络层报文及入口参数开始,到网络层对报文进行路由选择、封装,最后将 IP 分组和路由信息参数提交给下层网络,本章完整地介绍了 IP 层的工作过程。

ARP 协议是 IPv4 网络层在广播式网络中获取 IP 地址与 MAC 地址对应关系的工具,ICMP 协议是用于传递网络层传输差错和一些控制信息的协议报文。IPv6 中使用 NDP 协议获取邻居的 MAC 地址,ICMPv6 功能也有较大变化。

5.6　习题

1. IP 协议有哪些特点?

2. 传输层提交给网络层哪些东西?

3. 网络层提交给下层网络的有哪些东西?

4. 某 PC 上网络连接的 TCP/IP 属性配置如下:

```
IP 地址：  192.168.1.38
Mask：    255.255.255.224
默认网关：192.168.1.33
```

网络层接收到一个目的 IP 地址是 192.168.1.28 的报文,试问该报文下一跳的 IP 地址是哪个?

5. 下列说法中(　　)是正确的(单项选择)。

　　A. 以太网中需要得到下一跳主机 MAC 地址时使用 ARP 协议

　　B. 网络层为了得到主机的 MAC 地址,向主机所在网络广播 ARP 请求报文

　　C. 网络层为了得到主机的 MAC 地址,向所有网络广播 ARP 请求报文

　　D. 网络层为了得到主机的 MAC 地址,每次都需要使用 ARP 广播

6. IPv6 中怎样获取下一跳 MAC 地址?请求报文如何送达目的主机?

7. IPv6 本地链路组播地址是(　　)。

A. FE80::   B. FEC0::   C. FF02::1   D. FF02::2

5.7 实训

IPv4 协议和 ARP 协议分析

实训学时:1学时;实训组学生人数:1人。

1. 实训目的

理解 IPv4 协议报文,了解 ARP 协议工作过程。

2. 实训环境

使用安装有 Ethereal(Wireshark)协议分析软件的 PC,PC 能够访问 Internet。

3. 实训任务

(1) ARP 协议工作过程分析。

(2) IP 协议分析。

4. 实训指导

(1) 启动 Ethereal(Wireshark)协议分析软件,开始抓包(不使用包过滤)。

(2) 在 Windows 操作系统"命令提示符"窗口中输入命令 arp -a。如果 arp 地址映射表内有表项时,使用 arp -d* 命令删除所有表项。

(3) 打开 IE 浏览器,在地址栏中输入一个网站地址,例如,输入 http://www.baidu.com。

(4) 在 Windows 操作系统"命令提示符"窗口中输入命令 arp -a,查看 arp 地址映射表。

(5) 在打开网站后,单击 Ethereal 窗口中的"停止"按钮,抓包结果如图 5-5 所示。

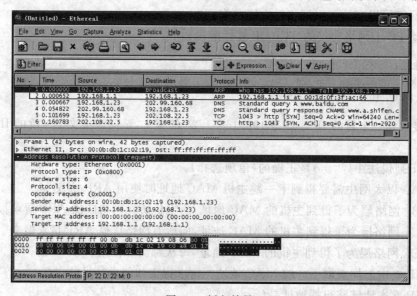

图 5-5 抓包结果

（6）ARP 地址解析过程分析。从图 5-5 中可以看到，序号为 1 和 2 的两个报文就是 ARP 广播和 ARP 应答报文。Source 列表项中是发送报文的源主机 IP 地址；Destination 列表项中是该报文的目的主机 IP 地址。

在 Ethereal 窗口报文列表区中选中一个 ARP 报文，在协议分析区单击 Address Resolution Protocol 前面的三角形图标展开 ARP 协议分析内容，报文数据区中反白显示的是 ARP 报文代码。

报文数据区中显示的代码是十六进制代码，分析时需要根据同步情况将十六进制数转换为二进制数或十进制数。

图 5-5 中的报文数据分析如下。

字节	内容	协议含义
1 和 2	00 01	硬件类型
3 和 4	08 00	协议类型（IP 协议）
5	06	物理地址长度
6	04	IP 协议地址长度
7 和 8	00 01	操作类型（1——arp 请求）
9～14		源主机 MAC 地址
15～18		源主机 IP 地址（十六进制）
19～24		目的主机 MAC 地址（请求报文中为全"0"）
25～28		目的主机 IP 地址（十六进制）

依次选择第 1 个和第 2 个 ARP 报文，分析 ARP 地址解析过程。

（7）IP 协议分析。在 Ethereal 窗口报文列表区中选中一个 TCP 报文，如图 5-6 所示在协议分析区展开 Internet Protocol，报文数据区中反白显示的是 IP 报头代码。

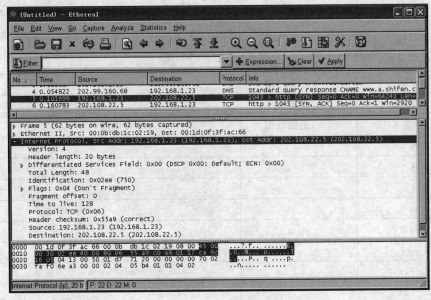

图 5-6   IP 协议报头

图 5-6 中的报文数据分析如下。

字节	内容	协议含义
1	45	版本与报头长度(IPv4,5×4＝20 字节)
2	00	服务类型
3 和 4		总长度
5～8		标识、标志、片偏移量
9	80	生存时间(8×16＝128s)
10	06	TCP 协议
11 和 12		头校验和
13～16		源 IP 地址(十六进制)
17～20		目的 IP 地址(十六进制)

5. 实训报告

IPv4 协议和 ARP 分析实训报告

班号：　　　　组号：　　　　学号：　　　　姓名：

网关 IP		PC 的 IP 地址		
ARP 请求	源 IP 地址		目的 IP 地址	
字节	十六进制数据	协议含义		
1 和 2				
3 和 4				
5				
6				
7 和 8				
9～14				
15～18				
19～24				
25～28				
ARP 应答	源 IP 地址		目的 IP 地址	
字节	十六进制数据	协议含义		
1 和 2				
3 和 4				
5				
6				
7 和 8				
9～14				
15～18				
19～24				
25～28				

IP 协议	源 IP 地址		目的 IP 地址	
字节	十六进制数据		协议含义	
1				
2				
3 和 4				
5～8				
9				
10				
13～16				
17～20				

第 6 章

局 域 网

在 TCP/IP 参考模型中,网络层下面是网络接口层。TCP/IP 参考模型中没有定义底层网络的协议,IP 分组可以通过各种协议底层网络传输。对于目前的网络通信技术,为 TCP/IP 网络传送 IP 分组的底层网络只有两类,一类是公用通信网络提供的广域网;另一类就是局域网。目前绝大多数计算机都是通过局域网连接到 TCP/IP 网络中的,可以说,为 TCP/IP 网络传输 IP 分组的底层网络主要是局域网。

6.1 局域网基本概念

6.1.1 局域网与局域网技术

根据网络分类可以知道,局域网是使用自备通信线路和通信设备、覆盖较小地理范围的计算机网络,一般为一个单位或部门所拥有。初学者一般会对局域网的概念产生困惑,认为局域网就是一个局部范围的网络,是计算机网络按地理覆盖范围划分的一种分类。这种地理覆盖范围的概念给理解局域网技术带来的负面影响是巨大的。其实,局域网是一种只包括 ISO/OSI 参考模型中的数据链路层和物理层的网络技术。在局域网技术中,物理层设备和通信线路都是用户自备的,局域网中的数据传输速率很高,但网络通信距离较短,所以局域网只能覆盖较小的地理范围。

局域网技术中只包括 ISO/OSI 参考模型中的数据链路层和物理层,所以局域网只能完成局域网内部的通信。如果需要和其他局域网通信,就必须依靠网络层以及上层协议软件和设备支持。即便是在局域网内部,没有上层协议软件的支持,网络应用也比较困难,所以局域网中的计算机都安装了 TCP/IP 软件。局域网技术在网络通信中只是完成网络层以下的物理通信任务,其他网络功能是依靠高层通信协议软件完成的。在局域网中的一台计算机上,高层协议是 TCP/IP 协议,网络接口层下面是局域网技术,即网络层以下协议是局域网中的传输协议。

局域网的概念一般是指地理覆盖范围较小的网络,这个网络具有全部的网络功能;而局域网技术是只包括 ISO/OSI 参考模型中的数据链路层和物理层的网络技术,采用局域网技术的网络只能完成网络内部通信。在不同的场合提到局域网时,一般不会区别是概念上的还是技术上的,读者应该明确是指局域网概念还是指局域网技术。

6.1.2　局域网标准

在 20 世纪 70 年代后期,随着小型计算机、微型计算机和个人计算机的出现与应用,小范围的多台计算机联网需求日益强烈,一些研究机构和公司研制了局域网络,比较有影响的产品有美国加州大学的 Newhall 环网、英国剑桥大学的剑桥环网以及美国 Xerox 公司的 Ethernet 总线网(以太网)等。

为了制定局域网标准,电子和电气工程师协会(IEEE)在 1980 年 2 月专门成立了一个 IEEE 802 委员会,致力于研究局域网和城域网的物理层与数据链路层介质访问规范。IEEE 802 委员会自成立以来制定的局域网标准如下。

- IEEE 802.1A：概述及网络体系结构；
- IEEE 802.1B：寻址、网络管理和网际互联；
- IEEE 802.2：逻辑链路控制协议；
- IEEE 802.3：以太网介质访问控制方法和物理层技术规范；
- IEEE 802.4：令牌总线介质访问控制方法和物理层技术规范；
- IEEE 802.5：令牌环介质访问控制方法和物理层技术规范；
- IEEE 802.6：分布式队列双总线城域网数据链路层通信协议；
- IEEE 802.7：宽带 LAN(时分剑桥环网)；
- IEEE 802.8：光纤局域网；
- IEEE 802.9：综合话音数据局域网；
- IEEE 802.10：可互操作的局域网的安全机制(虚拟局域网)；
- IEEE 802.11：无线局域网介质访问控制方法和物理层技术规范；
- IEEE 802.12：优先级请求访问局域网；
- IEEE 802.14：有线电视网上的数据传输；
- IEEE 802.15：无线个人局域网；
- IEEE 802.16：无线城域网；
- IEEE 802.17：坚固型分组环；
- IEEE 802.18：无线管制；
- IEEE 802.19：共存；
- IEEE 802.20：移动宽带无线接入；
- IEEE 802.21：媒质无关切换。

在 IEEE 802 标准中包含了市场上出现的各种局域网技术,例如,以太网、令牌环网、令牌总线等,并对这些技术作了改进,把数据链路层分成了介质访问控制(Media Access Control,MAC)子层和逻辑链路控制(Logical Link Control,LLC)子层,即 IEEE 802 标准中的局域网体系结构,包括三层：物理层、MAC 子层和 LLC 子层。MAC 子层针对不同的物理网络完成在传输介质上的数据传输控制(介质访问控制),LLC 子层是和上层协议网络的接口。无论在物理网络上采用什么样的控制方式完成数据报文的传输,LLC 子层得到的只是协议报文,上层协议只是和 LLC 层发生关系,通过 LLC 子层向上层协议屏蔽了物理网络的差异。

6.2 以太网

在局域网产品中,以太网(Ethernet)是最具生命力的。在目前的局域网市场上,以太网已经取得了垄断地位,许多网络连接设备(如 Cisco 路由器)的局域网接口就是以太网接口。所以本书不再讨论其他局域网产品。以太网在 1982 年修改发表了第 2 个版本——DIX Ethernet V2,IEEE 802.3 标准也是在此基础上制定的,以太网帧也写作 Ethernet Ⅱ 帧。

6.2.1 以太网帧结构

网络层将 IP 分组和路由接口信息交给以太网之后,以太网在 IP 分组外面封装以太网协议信息组成数据帧(在数据链路层,一般把传输的数据报文称作帧),通过物理线路传递到下一节点。以太网是广播式网络,在以太网上传输的数据帧中都包含源主机物理地址和目的主机物理地址。以太网帧结构如图 6-1 所示。

前同步码	帧起始符	目的地址	源地址	类型	数据	FCS

图 6-1 以太网帧结构

其中,

前同步码:7 字节的 10101010,用于实现时钟同步。

帧起始符:1 字节的 10101011,表示帧的开始。

目的地址:6 字节的目的主机物理地址。

源地址:6 字节的源主机物理地址。

类型:2 字节上层协议类型,即接收该帧的上层协议。常见的有

* 0800H,表示 IP 协议;
* 0806H,表示 ARP 协议。

数据:46～1500 字节数据。数据部分不足 46 字节时,需要补加填充字节。

FCS:4 字节 CRC 帧校验码。

以太网帧中的地址是物理地址(MAC 地址),一般使用 6 字节的十六进制数表示。以太网是广播式网络,以太网帧的目的地址有以下三种形式。

(1) 单点地址:目的地址是某台主机的物理地址,只有目的主机接收该数据帧。

(2) 广播地址:目的地址是 ff:ff:ff:ff:ff:ff(全"1"),网络内的所有主机都接收该数据帧。

(3) 多播(组播)地址:目的地址是 01:00:5e:00:00:00～01:00:5e:7f:ff:ff。参加了多播组的主机接收多播数据帧。

图 6-2 所示是使用 Ethereal 抓取的 ARP 广播报文外层的 Ethernet Ⅱ 帧结构内容。

从图 6-2 可以看到,在以太网帧结构中,目的地址字段是 ff:ff:ff:ff:ff:ff,表示一个广播地址。因为上层协议是 ARP 广播报文,所以以太网帧中的目的地址需要使用广播地址,向该局域网中的所有主机广播;以太网帧中的源地址字段是广播该帧的主机物理

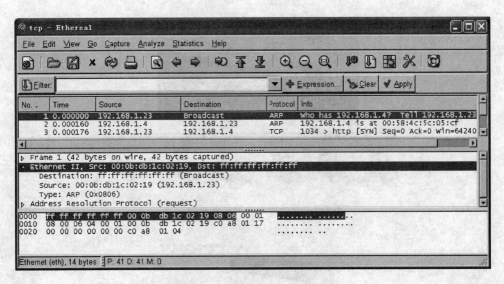

图 6-2　Ethernet Ⅱ帧结构

地址。在以太网帧中，类型字段内容是 0806H，表示上层协议是 ARP 协议。

IEEE 802.3 标准也称作以太网标准，但 IEEE 802 标准中将数据链路层划分成了 MAC 子层和 LLC 子层，所以 IEEE 802.3 标准的帧格式和以太网帧格式稍有不同。在 IEEE 802.3 标准的帧格式中，相对于以太网帧格式的"类型"字段是 2 字节的"长度"字段，表示数据字段的长度，上层协议的类型包含在数据字段的 LLC 头部中。由于以太网中的数据字段长度规定是 46～1500 字节，所以只要数据帧中的"类型"字段值小于 1500，就可以判断是 IEEE 802.3 协议帧。因此，IEEE 802.3 标准的局域网也称作以太网，或者说它们是兼容的。但在实际应用中，由于局域网产品几乎都是以太网，所以也就不存在物理网络的差异问题。实际上，在以太网中的 LLC 子层是被删除了的。

6.2.2　以太网介质访问控制方式

介质访问控制（MAC）是在传输介质上完成数据传输的控制方法。以太网是共享传输介质的广播式网络，在以太网中进行数据帧传输时采用的是一种争用型介质访问控制协议，称作载波监听多路访问/冲突检测（Carrier Sense Multiple Access/Collision Detect，CSMA/CD）方法。

1. 共享式以太网的网络结构

早期的以太网都是共享式网络，拓扑结构为总线型，所以也称作总线型网络。在这种结构中，多台计算机共享一条同轴电缆通信线路，每台计算机使用 T 型 BNC 接口连接到总线上。图 6-3 所示是总线型以太网的连接示意图。

早期的 10Base-2、10Base-5 标准以太网都是总线型网络。这种结构的网络虽然极大地节省了通信线路费用，但所有的计算机都串成一串，给组网和网络维护带来了不少困难。后来出现了 10Base-T 标准以太网，使用两对双绞线通信线路，每台计算机都连接到集线器（HUB）上，类似网络拓扑结构中的星型。10Base-T 以太网连接如图 6-4 所示。

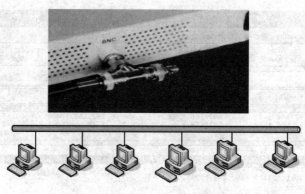

图 6-3　总线型以太网的连接示意图

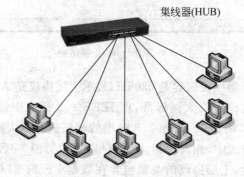

图 6-4　10Base-T 以太网连接

在 10Base-T 以太网连接中,双绞线两端使用 RJ-45 接口与计算机和集线器连接,方便了网络的组织和网络维护,易于实现结构化布线。而且从连接形式看,10Base-T 以太网的拓扑结构是星型的,所以有人把 10Base-T 以太网称作星型网络。其实,10Base-T 以太网不是真正的星型网络。星型网络中的各个节点都通过专用线路连接到中心节点(从这一点看,10Base-T 以太网是星型结构),中心节点和各个节点之间采用全双工通信方式。例如,在图 6-5 中,路由器作为中心节点,两台计算机通过专用线路和路由器连接。由于每台计算机连接到路由器不同的接口,每个接口中有单独的发送信道和接收信道,路由器和各台计算机之间都可以进行全双工的通信。星型网络结构连接和信道结构如图 6-5 所示。

在使用 HUB 连接的 10Base-T 以太网中,集线器(HUB)只是一种多端口中继器,只能起到对信号放大和连接的作用。使用 HUB 连接的信道结构如图 6-6 所示。

计算机使用两对双绞线连接到 HUB,虽然具有独立的发送信道和接收信道,但是在 HUB 内部,是将输入的信号放大之后输出到所有计算机的接收信道上。这样一来,从一台计算机发送线路上发出的信号会传送到每台与 HUB 连接的计算机的接收线路上,即仍然是广播式网络。显然,在使用 HUB 连接的 10Base-T 以太网中只能有一台计算机可以发送数据,其他计算机只能接收数据,并且一台计算机在发送数据的同时不能接收数据,即只能工作在半双工通信方式。所以人们把这种结构称作物理星型,即物理连接上像

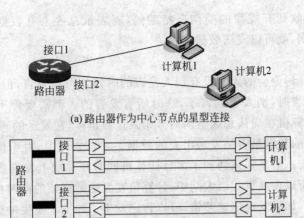

(a) 路由器作为中心节点的星型连接

(b) 路由器和计算机之间的信道结构

图 6-5 星型网络结构连接和信道结构

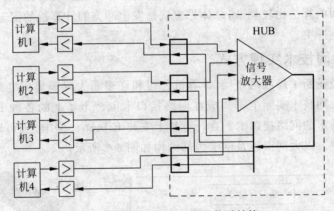

图 6-6 使用 HUB 连接的信道结构

星型网络,实际上介质访问控制方式仍然是共享总线型的。

由于使用同轴电缆的总线型网络早已经被淘汰,现在的共享式以太网就是指使用 HUB 连接的以太网。虽然每台计算机使用了专用的双绞线连接,由于连到了只能对信号起放大作用的 HUB,所以从介质访问控制方式来看,它仍然是共享总线型网络。

2. 以太网介质访问控制协议 CSMA/CD

在共享式以太网中,由于网络的所有计算机共享一条总线,网络在同一时刻只能有一台计算机可以发送数据,其他计算机只能接收数据,所以希望发送数据的计算机必须首先取得总线的控制权,即所谓的总线争用。在共享式以太网中,使用载波监听多路访问/冲突检测(CSMA/CD)协议控制总线争用。CSMA/CD 的简单工作原理如下所述。

1) 先听后说

在共享式以太网中,争用总线的计算机就如同若干人在一个谁也看不到谁的黑暗房间开讨论会一样,如果谁想发言,必须等到没有别人发言的时候。在共享式以太网中的计算机在准备发送数据帧之前,首先侦听总线是否空闲(以太网中的数据信号采用的是曼彻斯特编码,如果接收到有规律的曼彻斯特编码,就表示总线上有数据帧在传输,即总线忙),如果总线空闲,就可以发送数据帧。

2) 边说边听

在黑暗房间开讨论会的人在没有别人发言的时候才可以发言,但可能会遇到这样的情况,当你开口发言时,别人也发言了,这时所有发言的人都需要停下来,谦让一下。在 CSMA/CD 中,计算机在确认总线空闲后开始发送数据帧,在发送的同时还要接收发送的数据,检查接收到的数据是否是发送出去的数据。在以太网中,由于传输距离较短,一般不会发生传输差错。但是如果遇到了多台计算机同时在总线上发送数据的情况,肯定会发生传输差错。所以在共享式以太网中,计算机在发送数据帧的同时也接收数据帧,目的是进行冲突检测。如果发现传输差错,可以肯定发生了冲突。发生冲突之后,所有计算机都要停止发送数据,而且本次发送宣告失败。

3) 冲突回避

在计算机检测到发生冲突之后,首先停止发送数据,回避一段时间后再重新进行总线争用。回避时间的算法比较复杂,总体思想就是发生冲突的计算机的回避时间不能相同,以避免再次发生冲突。

6.2.3　以太网技术实现方式

以太网已经垄断了局域网市场,计算机公司和许多超大规模集成电路厂商都支持以太网产品。以太网技术实际上都集成在网络接口卡上。市场上的各种 Ethernet 网卡就是实现以太网技术的网络接口卡。在计算机上安装 Ethernet 网卡之后,该计算机就可以连接到以太网中。以太网卡以及网卡内部结构如图 6-7 所示。

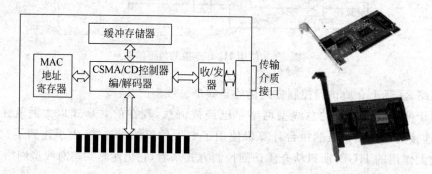

图 6-7　以太网卡以及网卡内部结构

在 Ethernet 网卡中,MAC 地址寄存器中固化着该网卡的物理地址(MAC 地址)。网卡的物理地址一般是固定不变的。CSMA/CD 控制器完成介质访问控制;编/解码器完成二进制数据与曼彻斯特编码的编/解码工作,收/发器完成物理线路上数据编码信号的发送与接收。网卡通过数据总线连接到计算机。

6.2.4　以太网标准

从 IEEE 802.3 以后,随着通信技术和以太网技术的发展,出现了多种适应不同要求的以太网标准,使用比较多的以太网有以下几种。

1. 10Mb/s 以太网

10Mb/s 以太网就是 IEEE 802.3 标准以太网,包括以下三类。

1) 10Base-2

10Base-2 是已经淘汰的以太网标准,其传输速率为 10Mb/s,使用细同轴电缆作为传输总线,最大网段长度为 200m,最大网络直径为 1000m。

2) 10Base-5

10Base-5 是已经淘汰的以太网标准,其传输速率为 10Mb/s,使用粗同轴电缆作为传输总线,最大网段长度为 500m,最大网络直径为 2500m。

3) 10Base-T

10Base-T 是即将淘汰的以太网标准,其传输速率为 10Mb/s,使用 3 类以上 UTP 双绞线作为传输介质,其单段双绞线的最大网段长度为 100m,最大网络直径为 500m。它虽然使用两对双绞线组成独立的发送信道和接收信道,但使用 HUB 组网时仍然属于共享总线型网络,只能采用半双工通信方式;利用交换机组网时,可以采用全双工通信方式。

2. 快速以太网

快速以太网是 IEEE 802.3u 标准的 100Mb/s 以太网,常用的有以下两类。

1) 100Base-TX

100Base-TX 是目前使用最多的快速以太网标准,其传输速率为 100Mb/s,采用五类以上 UTP 双绞线作为传输介质,其单段双绞线的最大网段长度为 100m。它采用 HUB 组网时仍然属于共享总线型网络,网络内的计算机之间最多允许经过两个集线器,最大网络直径为 206m。

100Base-TX 标准一般利用交换机组网,采用全双工通信方式。利用交换机组网时,网络直径不受限制。

2) 100Base-FX

100Base-FX 是采用光纤作为传输介质的快速以太网标准,其光纤长度可以达到 500m 以上,一般用于园区和楼宇之间的网络连接。

3. 吉比特以太网

吉比特以太网是 IEEE 802.3z 标准的 1000Mb/s 以太网,其中常用的有以下三类。

1) 1000Base-T

1000Base-T 是传输速率为 1000Mb/s 的快速以太网标准,采用超五类(5e)以上 UTP 双绞线作为传输介质,其单段双绞线的最大网段长度为 100m。

2) 1000Base-LX

1000Base-LX 是采用单模光纤作为传输介质的快速以太网标准,其光纤长度可以达到 3000m。

3) 1000Base-SX

1000Base-SX 是采用多模光纤作为传输介质的快速以太网标准,其光纤长度可以达到 550m。

4. 万兆以太网

万兆以太网是 IEEE 802.3ae 标准的 10Gb/s 以太网,采用光纤作为传输介质,只支持全双工通信方式,不再采用 CSMA/CD 介质访问控制方式,其最大通信距离为 40km。

6.3　共享式以太网

现在,以太网的传输介质已经不再使用同轴电缆,而是普遍使用双绞线作为传输介质。共享式以太网可以理解为使用 HUB 组织的以太网,无论是 10Mb/s 网络还是 100Mb/s 网络,只要使用 HUB 组织,就是共享式以太网。显然,组织共享式以太网需要具备的条件:计算机上安装以太网卡,使用双绞线把计算机连接到 HUB 上。为计算机配置网络连接的 TCP/IP 属性参数后,计算机之间就可以通过以太网进行通信了。但是,在组织共享式以太网时还需要具备一些网络技术知识和操作技能。

6.3.1　集线器

在共享式以太网的组建中,需要使用的设备只有网络接口卡和集线器(HUB),通过网线完成设备之间的连接。

HUB 有 10Mb/s、100Mb/s 和 10/100Mb/s 自适应速率三种类型,分别用于连接相同类型的网卡。不同速率的网卡和 HUB 接口之间不能相互连接。HUB 接口除了速率不同之外,还有普通端口和级联端口(UP Link)之分。普通端口用于连接计算机,级联端口用于 HUB 之间的连接。在实际使用中,普通端口也可以用于 HUB 级联。HUB 接口如图 6-8 所示。

UP Link端口　　普通端口

图 6-8　HUB 接口

6.3.2　双绞线网线制作

1. 直通网线与交叉网线

在 100Base-TX 标准以太网,必须使用五类以上 UTP 双绞线。现在市场上的 UTP 双绞线多是五类、超五类或六类的。

四对的 UTP 双绞线电缆中的双绞线分别用橙白—橙、绿白—绿、蓝白—蓝和棕白—棕表示,每对双绞线按照一定的密度绞合在一起,绞合在一起的双绞线只有成对使用才能达到规定的传输速率。在 UTP 双绞线的两端加装 RJ-45 水晶头后即成为常说的双绞线网线,也称作跳线。市场上有成品跳线,成品跳线一般由多股软线制作而成,所以又称作软跳线,常见的规格有 5m、10m、15m 等。在 UTP 双绞线电缆中虽然有四对双绞线,但在制作以太网网线时一般只需要使用其中的两对,一对作为发送信道、一对作为接收信道。

制作双绞线网线需要在电缆两端安装 RJ-45 水晶头,水晶头上还可以安装水晶头护套(一般常省略水晶头护套安装)。RJ-45 水晶头护套如图 6-9(a)所示,RJ-45 水晶头和水晶头上的线序如图 6-9(b)所示。

注意 RJ-45 水晶头上的线路引脚序号,引脚面朝上时,左侧为 1 号引脚。双绞线网线需

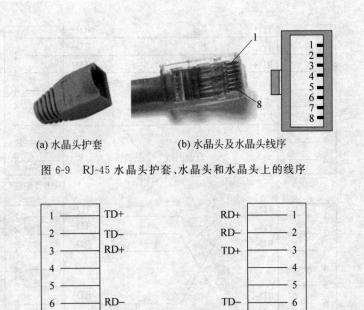

(a) 水晶头护套　　　　　　(b) 水晶头及水晶头线序

图 6-9　RJ-45 水晶头护套、水晶头和水晶头上的线序

(a) 网卡上的RJ-45插座引脚功能　　　(b) HUB上的RJ-45插座引脚功能

图 6-10　网卡上的 RJ-45 插座引脚功能和交换机上的 RJ-45 插座引脚功能排列

要连接到网卡和交换机上,所以在制作网线时必须知道线序如何排列和每条线路的功能。网卡上的 RJ-45 插座引脚功能和交换机 RJ-45 插座引脚功能排列及功能如图 6-10 所示。

从图 6-10 中可以看到,在网卡的插座上,1、2 引脚是发送数据线的 TD+、TD-,需要连接到交换机上的接收数据线 RD+、RD-(交换机插座的 1、2 引脚);在网卡插座上,3、6 引脚是接收数据线 RD+、RD-,需要连接到交换机上的 TD+、TD-(交换机插座上的 3、6 引脚)。由此可以看到,连接网卡和 HUB 的电缆连接规则:1 到 1,2 到 2,3 到 3,6 到 6,即 4 根直通线。但是这 4 根直通线不能随便使用,发送数据线(1、2 引脚)需要使用一对双绞线,接收数据线(3、6 引脚)需要使用一对双绞线。这种双绞线网线称作直通网线。

以太网中网卡和交换机的连接使用直通网线。但是路由器上的 RJ-45 接口插座引脚和网卡上的 RJ-45 接口插座引脚的功能排列是一样的,HUB 级联接口上的 RJ-45 接口插座引脚和网卡上的 RJ-45 接口插座引脚的功能排列也是一样的,显然,相同引脚功能排列的接口之间不能使用直通网线连接,需要将发送数据线连接到对方的接收数据线,即交叉连接。制作交叉连接的双绞线网线需要将双绞线网线一端的 1、2 引脚连接到另一端的 3、6 引脚,这种双绞线网线称作交叉网线。

直通网线和交叉网线的连接示意图如图 6-11 所示。

2. 网线布线标准

无论直通网线还是交叉网线,从原理上讲,只要发送信道使用一对双绞线,接收信道使用一对双绞线,一方的发送信道连接到对方的接收信道就没有问题。但是,从综合布线

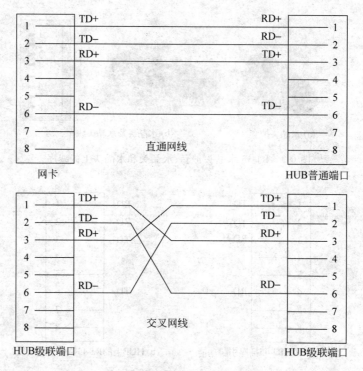

图 6-11   直通网线和交叉网线

来说,电缆制作需要遵守综合布线标准。在双绞线网线制作中,一般遵守美国电子工业协会 EIA 和美国通信工业协会 TIA 的美国布线标准 EIA/TIA-568A 和 EIA/TIA-568B。按照 RJ-45 水晶头上的引脚序号,EIA/TIA-568A 和 EIA/TIA-568B 标准如表 6-1 所示。

表 6-1   双绞线布线标准

标准 \ 引脚序号	1	2	3	4	5	6	7	8
EIA/TIA-568A	绿—白	绿	橙—白	蓝	蓝—白	橙	棕—白	棕
EIA/TIA-568B	橙—白	橙	绿—白	蓝	蓝—白	绿	棕—白	棕

制作直通网线两端可以都采用 568A 标准,也可以都采用 568B 标准。一般习惯使用 568B 标准制作直通网线;制作交叉网线时,一端采用 568A 标准,另一端采用 568B 标准。

3. 制作双绞线网线

制作双绞线网线时需要使用双绞线网线制作专用工具和电缆测试仪。双绞线网线制作专用工具称作压接工具或压接钳、压线钳,电缆测试仪用于检测电缆的质量是否合格。压接钳和电缆测试仪如图 6-12 所示。

压接钳的种类比较多,一般都具备切线刀、剥线口和压接口。切线刀用于截取电缆和将双绞线切齐整;剥线口用于剥离双绞线电缆外层护套;压接口用于把双绞线和 RJ-45 水晶头压接在一起。

双绞线网线的制作过程简述如下。

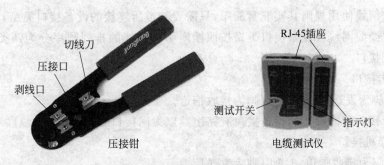

图 6-12 压接钳和电缆测试仪

(1) 截取所需长度的双绞线电缆,将水晶头护套穿入电缆。

(2) 使用压接钳的剥线口(也可以使用其他工具)剥除电缆外层护套。

(3) 分离 4 对电缆,并拆开绞合,剪掉电缆中的呢绒线。

(4) 按照需要的线序颜色排列好 8 根线,并将它们捋直摆平。

(5) 使用压接钳切线刀剪齐排列好的 8 根线,剩余不绞合电缆长度约 12mm。

(6) 将有次序的电缆插入 RJ-45 水晶头,把电缆推入得足够紧凑,要确保每根线都能和水晶头里面的金属片引脚紧密接触,确保电缆护套插到插头中。图 6-13 所示分别是电缆护套与水晶头错误与正确的位置。

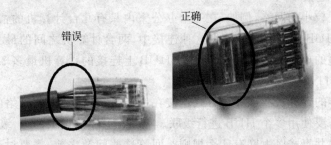

图 6-13 电缆护套与水晶头错误与正确的位置

如果电缆护套没有插到插头里,拉动电缆时会将双绞线拉出,造成双绞线与水晶头的金属片引脚接触不良。很多网络故障是由于这个原因造成的。

(7) 检查线序和护套的位置,确保它们都是正确的。

(8) 将插头紧紧插到压接钳压接口中,并用力对其进行彻底压接。

(9) 检查两端插头有无问题,查看水晶头上的金属片是否平整。

(10) 将网线两端插头插到电缆测试仪上的两个 RJ-45 插座内,打开测试开关。对于直通网线,测试仪上的 8 盏指示灯应该依次为绿色闪过,否则就是断路或接触不良。对于交叉网线,测试仪上的 8 盏指示灯应该按照交叉线序闪过。

(11) 网线检查没问题后,将水晶头护套安装到水晶头上。

4. 双绞线网线使用规则

双绞线网线有直通网线和交叉网线两种。在使用双绞线电缆进行网络连接时,必须选择正确的双绞线网线种类;否则会发生网络故障。

双绞线网线使用规则其实非常简单,只需要知道所连接的设备接口类型,就能够确定使用哪种双绞线网线。设备接口类型按照插座引脚功能的排列顺序分为两类,即网卡接口和交换机接口。

1)网卡接口

1、2 引脚为发送信道,3、6 引脚为接收信道。

和网卡接口相同种类的设备接口有路由器以太网接口和 HUB 上的级联端口。

2)交换机接口

1、2 引脚为接收信道,3、6 引脚为发送信道。

HUB 普通接口和交换机端口类型相同。

网线的使用规则是同种类型接口之间连接使用交叉网线;不同种类接口之间连接使用直通电缆。

随着技术进步,一些网络设备声称具备 Auto-MDI/MDIX 自动翻转功能,即可以根据双绞线网线的功能线序自动改变设备接口插座的引脚功能排列顺序,使用接收信道连接到对方的发送信道,使用发送信道连接到对方的接收信道。和支持 Auto-MDI/MDIX 自动翻转功能的设备进行网络连接时,采用直通网线和交叉网线都可以。

6.3.3 共享式以太网连接

1. 单 HUB 连接

对于一个比较小的网络,例如,在一个办公室内只有几台计算机的情况,所有计算机都连接到一个 HUB 上就可以了。在这种连接中,两台计算机之间的最大距离是 200m,因为双绞线电缆的单段最大长度是 100m;HUB 上连接的计算机最多 32 台,因为 HUB 一般是 8 口、16 口、24 口和 32 口的。

如果有更多的计算机要以共享方式连接在一起,或者该共享式网络的连接距离需要超过 200m,就需要使用多个 HUB 进行级联。但是在共享式以太网中,级联 HUB 有没有数量限制?组建共享式以太网有什么规则?回答这些问题之前,需要讨论共享总线型以太网的特点。

2. 网段与冲突域

在总线型以太网中,所有计算机都使用 T 型 BNC 接头连接到同轴电缆上,同轴电缆的两端使用终接器连接,两个终接器之间称作一个网段。在一个网段上,连接的计算机不能超过 30 台,最大网段长度为 200m(10Base-2)和 500m(10Base-5)。如果希望延长网络通信距离或增加网络内的计算机连接数量,需要增加新的网段,但网段之间需要使用中继器连接(中继器设备已经被淘汰)。

中继器是网络中的物理层连接设备,可以对线路中的电信号进行放大,现在使用的集线器属于多端口的中继器。

在总线型以太网中,使用中继器可以连接两个网段,但中继器两侧的网段上只能有一个可以连接计算机。所以,如果连接两个都有计算机的网段,实际需要两个中继器。使用中继器连接两个具有计算机节点的网段如图 6-14 所示。

从图 6-14 可以看到,为了连接两个具有计算机节点的网段,实际需要两个中继器。由于

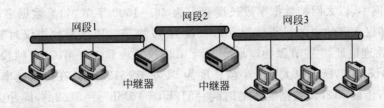

图 6-14　使用中继器连接两个具有计算机节点的网段

两个中继器之间也需要使用无计算机节点的电缆连接,所以就形成了 3 个网段。由此可以推论出,如果连接 3 个具有计算机节点的网段,需要的中继器为 4 个,实际连接的网段为 5 个。

使用中继器延长了总线的长度,扩充了网络内计算机的连接数量,但是这些计算机共享一条通信线路,在同一时刻所有的计算机中只允许一台发送数据。为了发送数据,这些计算机要争用总线。显然,网络内的计算机数量越多,争用总线时发生冲突的概率越大。在一个共享式网络中,所有争用一根总线的计算机称作一个冲突域,即这些计算机在争用总线时会发生冲突。

3. 冲突窗口

以太网采用 CSMA/CD 介质访问控制方式。在此方式中,一台计算机侦听到总线空闲后,开始发送一帧数据。在发送的同时还要侦听是否会发生冲突,进行冲突检测。在 CSMA/CD 介质访问控制方式中,冲突检测的时间并不是整个帧发送过程所需的时间,而是从数据发出到数据到达冲突域中最远的一台主机所用时间的两倍。这个原理可以由图 6-15 来解释。

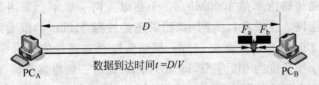

图 6-15　冲突检测时间

在图 6-15 中,假定 PC_A 和 PC_B 是网络中相距最远的两台计算机,它们之间的线路长度是 D,数据信号在线路中传输的速度 $V = 2/3$ 光速 $= 1.95 \times 10^8 \text{m/s}$。$PC_A$ 发送的数据到达 PC_B 的时间 $t = D/V$。当 PC_A 侦听到线路空闲后,发送数据。最坏的情况是数据到达 PC_B 时,PC_B 也发送了数据帧,两个数据帧在 PC_B 家门口发生了碰撞。PC_A 需要等到 PC_B 发送的数据到达 PC_A 之后才能检测到发生了冲突。PC_A 从开始发送数据到检测到冲突的最长时间为 $2t$。在以太网中,把这个检测到冲突的最大时间定义为冲突窗口。在以太网中,如果发生了冲突,肯定是在冲突窗口规定的时间内;在冲突窗口规定的时间内没有检测到冲突,则该帧的传输中就不会再发生冲突。

冲突窗口是一个时间,冲突窗口尺寸规定冲突窗口的大小,那么冲突窗口尺寸如何规定呢?在以太网协议中,站点从开始发送数据起就进行冲突检测,但是如果站点在小于冲突窗口规定的时间内已经把数据帧发送完毕了,就不再进行冲突检测,显然可能发生冲突错误。所以,数据帧的传输时间不能小于冲突窗口尺寸,最小数据帧的传输时间就是冲突窗口尺寸。

在以太网中,以太网帧数据字段长度要求为 46~1500 字节,如果数据字段小于 46,需要补足,即以太网帧中的最小数据字段长度为 46 字节。以太网帧协议封装内容包括 6 字节目的物理地址、6 字节源物理地址、2 字节协议字段和 4 字节 CRC 帧校验码,共计 18 字节帧协议信息,所以以太网最小帧长度为 64 字节(512bit)。在传输速率为 10Mb/s 的以太网中,传输 512bit 数据需要的时间=512bit÷10Mb/s=51.2μs,即冲突窗口尺寸是 51.2μs。

根据冲突窗口尺寸可以计算出共享式以太网的最大网络直径,但是以太网每个网段的最大距离是有规定的,网段互联时需要使用中继器设备,数据信号在经过中继器时将产生延迟,所以理论上的最大网络直径没有多大价值。

在 100Base-TX 标准以太网中,传输速率为 100Mb/s,传输 512bit 的最小以太网帧仅需要 5.12μs,即冲突窗口尺寸为 5.12μs,理论上的最大网络直径约 500m。所以,100Base-TX 标准以太网以共享方式组网时,只允许两级 HUB 级联,两个站点之间的最大距离为 206m。但 100Base-TX 标准以太网一般不使用 HUB 级联组网。100Base-TX 标准以太网 HUB 级联规则如图 6-16 所示。

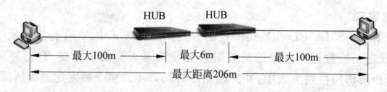

图 6-16　100Base-TX 标准以太网 HUB 级联规则

千兆以太网的传输速率是 1000Mb/s。千兆以太网一般不会采用共享方式组网,但允许以共享方式组网。在千兆以太网中,如果还是按照 512bit 的以太网最小帧计算,千兆以太网传输 512bit 数据只需要 0.512μs,网络传输距离理论值只有 50m。所以在千兆以太网中规定最小帧长度为 512 字节,即 4094bit。此时一般将多个帧合并传输。

在万兆以太网中不再使用 CSMA/CD 介质访问控制方式,所以不存在冲突的问题。

4. 共享式以太网组网规则

共享式以太网组网规则主要是针对总线型以太网的,虽然共享总线型以太网已经成为过去,但一些网络资格考试中还经常出现这类问题,所以这些规则还具有应试价值。

共享式以太网组网规则有的称为 5-4-3-2-1 规则,有的称为 5-4-3 规则,有的称为 4 中继器规则。无论怎么称呼,其实质都是一样的。

规则中的 5 是指一个网络中最多可以连接 5 个网段;4 是指一个网络中最多可以连接 4 个中继器,即 4 中继器规则;3 是指一个网络中的 5 个网段上只能有 3 个网段可以连接计算机(可以增加节点);2 是指一个网络中的 5 个网段上有两个网段不能连接计算机;1 是指由中继器连接的整个网络组成一个大的冲突域。这个规则可以通过图 6-14 来理解。

在 10Base-T 标准以太网中,虽然使用双绞线和 HUB 组成物理星型连接网络,但从介质访问控制方式来看,它仍然是共享式网络。HUB 是一种多端口中继器,所以在 10Base-T 标准以太网中使用 HUB 组网时,也需要遵守 4 中继器规则,即在一个网络中,任意两台计算机之间的 HUB 个数不能超过 4 个。

在 10Base-T 标准以太网中使用多个 HUB 级联组网时,HUB 之间的级联连接可以是级联端口到级联端口连接,可以是普通端口到级联端口连接,也可以是普通端口到普通端口连接。需要注意的是,同类端口级联需要使用交叉电缆连接;不同类端口级联需要使用直通电缆连接;网络中任意两台计算机之间的 HUB 个数不能超过 4 个,网缆不能超过 5 段。图 6-17 所示是 10Base-T 标准以太网 HUB 级联示意图。

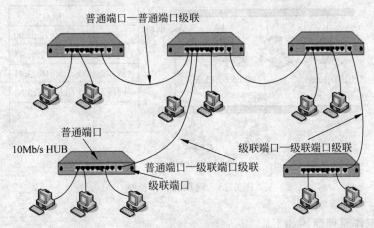

图 6-17   10Base-T 标准以太网 HUB 级联

6.4 交换式以太网

共享式以太网组网比较简单,费用较低,但是其所有的计算机处在一个冲突域中,计算机数量越多,发生冲突的概率越大,网络性能越差。虽然共享式以太网的标称传输速率为 10Mb/s 或 100Mb/s,如果局域网内有 n 台计算机,即 n 台计算机共享信道带宽,实际的平均传输速率只有标称传输速率的 $1/n$。改善以太网性能的方法就是尽量减少冲突域中计算机的数量,增加计算机的信道带宽平均占有量。

局域网内的计算机数量是由工作需求确定的,改善以太网性能不是从局域网中把计算机撤走,而是把一个大的冲突域划分成若干小的冲突域,各个冲突域之间仍然可以通信。这样既保持了原来的网络规模,又改善了以太网的性能。

6.4.1 网桥

改善以太网性能的方法是把一个大的冲突域划分成若干小的冲突域,冲突域之间用网络设备连接起来。在组建共享式以太网时,使用中继器(HUB)连接多个网段,形成了一个大的冲突域。中继器是物理层网络连接设备,只能完成电信号的放大。使用中继器连接多个网段,相当于延长了网段的长度,使更多的计算机连接到了网络中。使用中继器连接网段的同时也增加了冲突域范围,降低了网络性能。

为了延长网段而不扩大冲突域范围,连接网段的设备可以使用网桥。网桥是数据链路层(第 2 层)网络连接设备,网桥可以连接两个或多个网段,采用存储转发方式在不同网段之间转发数据帧。

网桥被称作第 2 层网络连接设备,是因为网桥根据数据链路层的 MAC 地址转发数据帧。网桥又称作学习桥、透明桥。使用网桥连接的网络中的用户不知道网桥的存在,所以称作透明桥;网桥工作时,接收不同网段上的数据帧,记录数据帧中的源 MAC 地址和网段的关系,形成一个转发地址映射表。由于网桥中的转发地址映射表是网桥自己通过地址学习得到的,所以又称之为学习桥。网桥的工作原理如图 6-18 所示。

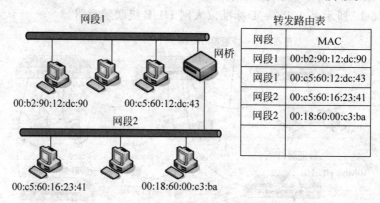

图 6-18　网桥的工作原理

网桥的工作原理简述如下。

(1) 网桥接收网段上的数据帧。

(2) 根据数据帧中的源 MAC 地址查看转发地址映射表内有没有该源 MAC 地址记录。如果没有,则将该 MAC 地址和网段的关系记录在转发地址映射表内。

(3) 根据目的 MAC 地址,在转发地址映射表内查找相应的表项。如果能够找到,根据目的 MAC 所在网段确定是否转发该数据帧。

例如,在图 6-18 中,如果从网段 1 上接收到目的 MAC 地址是 00:c5:60:12:dc:43 的数据帧,从转发地址映射表可以知道,该目的 MAC 地址的主机在网段 1,是网段内部通信,所以不需要转发;如果目的 MAC 地址是 00:18:60:00:c3:ba,从转发地址映射表内可以知道,该目的 MAC 地址的主机在网段 2,该数据帧需要转发到网段 2 的网络上。

(4) 如果在转发地址映射表内查找不到目的 MAC 地址对应的表项,要向除来源网段之外的所有其他网段转发该数据帧。

通过网桥连接,使多个网段形成了一个大的网络,但并不是一个冲突域。使用网桥连接的各个网段自己是一个冲突域,数据冲突只发生在各自网段的内部。

虽然网桥比中继器有了很大进步,但在使用网桥连接的网络中,每个网段还是一个冲突域,网段内的计算机共享该网段的信道带宽;而且网桥不能连接大型网络。如果在 Internet 中都使用网桥连接,由于用户上网时可能需要和任意计算机通信,对于网桥来说,多数目的 MAC 地址是未知的。对于目的 MAC 地址未知的数据帧,网桥将向所有其他网段广播,这会影响其他网段的通信。

6.4.2　以太网交换机

使用网桥连接的网络中的每个网段为一个冲突域,每个冲突域中的计算机共享信道带宽。如果每个网段中只有一台计算机,那么信道带宽将被该计算机独占。以太网交换机(一般也称作局域网交换机)就是一个多端口的网桥,一般每个端口只连接一台计算机,每台计算机独占信道带宽,两台计算机之间的通信使用专用的信道,使网络性能大为提高。

1. 以太网交换机的工作原理

以太网交换机是一个多端口的网桥,其工作原理和网桥类似。以太网交换机的每个端口一般只连接一台计算机,形成交换式以太网。作为网桥,它的每个端口可以连接一个网段,所以以太网交换机的端口提供的带宽可以被一台计算机独占,也可以被若干台计算机共享。

以太网交换机的工作原理如图 6-19 所示。

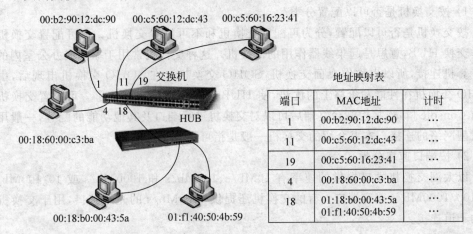

图 6-19　以太网交换机的工作原理

在图 6-19 中,以太网交换机的 1、4、11、19 号端口连接了一台计算机,这些计算机独占交换机端口提供的信道带宽; 18 号端口通过一个 HUB 连接两台计算机,这两台计算机共享交换机端口提供的信道带宽。

以太网交换机也具有地址学习功能。通过地址学习动态地建立和维护一个端口/MAC 地址映射表。以太网交换机接收数据帧后,根据源 MAC 地址在地址映射表内建立源 MAC 地址和交换机端口的对应关系,并启动一个计时。如果该映射关系已经存在于地址映射表内,则刷新计时。如果计时溢出,则删除该映射关系。这样,在交换机内建立和维护着一个动态的端口/MAC 地址映射表,当一台计算机从一个端口转移到其他端口时,交换机也不会错误地转发数据帧。

以太网交换机通过端口/MAC 地址映射表维护正确的转发关系。以太网交换机接收到数据帧后,根据目的 MAC 地址在地址映射表内查找对应的端口,然后从该端口将数据帧转发出去。如果在地址映射表内查找不到目的 MAC 地址对应的端口,会将数据帧转发到其他所有端口。

对于共享带宽的端口,交换机具有数据帧过滤功能。交换机检查目的 MAC 地址对应的端口,如果是数据帧来源端口,交换机不执行转发。例如,在图 6-19 中,如果 18 号端口上的两台计算机之间通信,交换机虽然能够接收到该端口上的数据帧,但不会转发。

以太网交换机的工作原理和网桥基本相同,但交换机主要考虑交换速率,数据转发工作由硬件完成。交换机可以采用全双工通信方式,传输速率达到信道带宽的两倍。交换机接口之间的数据交换使用背板电路完成,背板电路带宽是端口带宽的数十倍,可以达到几吉比特每秒到几十吉比特每秒的传输速率;而网桥中的数据转发一般由软件完成,所以交换机的转发速度比网桥快得多。

2. 以太网交换机种类

市场上的交换机品牌、种类很多,性能和价格也有较大差别。一个不可配置的 4 口以太网交换机的价格在 50 元人民币左右,而一台高档交换机的价格可能上万元。交换机的分类方法很多,种类也很多,这里只进行基本的分类。

1) 按交换机是否可以配置分类

按交换机是否可以配置,分为可配置交换机和不可配置交换机。不可配置交换机也称作交换 HUB,意思是起集线器作用的交换机。这种交换机常用于家庭或办公室内的几台计算机连接,所以也称作桌面交换机,SOHO 交换机。在 SOHO 交换机出现后,由于SOHO 交换机在性能和价格上的优势,使 HUB 设备逐渐销声匿迹了。可配置交换机上都有 Console 口,连接控制台终端后可以对交换机进行端口及其他功能的配置,一般用于较大型网络的连接。本书介绍的交换机一般是指可配置交换机。

2) 按端口速率分类

以太网交换机端口提供的速率有 10Mb/s、100Mb/s 和 1000Mb/s 或 10/100Mb/s、10/100/1000Mb/s 兼容端口。有的交换机还提供 1000Mb/s 的光纤接口,用于交换机之间的干道连接。

3) 按转发方式分类

按以太网交换机的转发方式,分为存储转发方式交换机和贯穿式交换机两种。

存储转发方式交换机需要在接收完一个数据帧之后再进行转发。这种方式可以检测数据帧中的错误,过滤掉有错误的数据帧。但是存储转发方式会产生较大的延迟,而且数据帧越长,产生的延迟越大。

贯穿式交换机在接收完数据帧的目的 MAC 地址后(接收到数据帧的 14 字节后),就可以确定转发到哪个端口,所以它从接收完目的 MAC 之后就开始转发。这种转发方式的延迟很小,但是对于有错误的数据帧也会转发。由于以太网中的错误数据帧多数是由于共享式网络中的冲突引起的,在发生冲突时双方都会停止发送,所以发生错误的数据帧长度一般小于 64 字节(称作碎片)。在贯穿式交换中,为了避免转发“碎片”,对转发方式进行了改进,即在接收完 64 字节数据后再进行转发,对于由于冲突产生的碎片,在交换机中就可以被过滤掉。经过改进的贯穿式交换方式也称作无碎片交换方式。

4) 按工作协议层分类

按交换机工作协议层,分为 2 层交换机和 3 层交换机。

一般的以太网交换机都是指 2 层交换机,即按照数据链路层 MAC 地址转发数据帧;3 层交换机是在 2 层交换机中增加了路由器功能,交换机不仅可以按照 MAC 地址转发数据帧,还能够提供网络层的路由。3 层交换机一般用于交换机之间的交换连接。

5) 按交换机之间的连接方式分类

按交换机之间的连接方式,分为级联型交换机和堆叠型交换机。一般交换机都是级联型的,即交换机之间可以采用交换机的端口进行连接。由于交换机之间的连接电缆是两台交换机之间通信的干道,所以一般使用高速率端口进行交换机之间的级联。

堆叠型交换机主要考虑的是提高交换机端口数量。在较早时期,交换机的端口较少,一般为 16 口或 24 口,使用堆叠型交换机可以把若干台交换机组成一台多端口的交换机。堆叠型交换机使用专用的连接线路和接口完成交换机之间的连接,这种连接可以提供几吉比特每秒到几十吉比特每秒的传输带宽,相当于背板电路的扩展。使用堆叠方式连接在一起的交换机可以看作是一台交换机,在配置和管理上只作为一台交换机使用。

堆叠型交换机的堆叠连接电缆一般为并行传输电缆,长度在 15cm 以内,所以堆叠型交换机只能把几台交换机堆叠在一起作为一台交换机使用。如果需要把交换机放置在不同的地理位置,只能使用级联型交换机。现在市场上有很多种 48 口交换机,除了特殊场合外,一般不需要使用堆叠型交换机。

3. 组建交换式以太网

1) 交换式以太网连接

以太网交换机的端口设计和 HUB 端口是一样的,从外表上看,交换机和 HUB 没有什么区别。从共享式以太网改造到交换式以太网不需要多大工程,无论哪种交换机,只要端口速率能够兼容,把 HUB 上的双绞线电缆插到以太网交换机上就可以完成改造。一个典型的交换式以太网连接如图 6-20 所示。

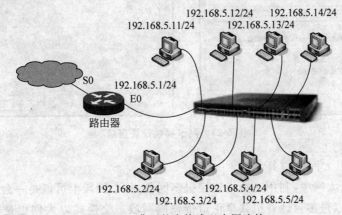

图 6-20 典型的交换式以太网连接

对于不可配置简单交换机(交换式 HUB),连接交换机和连接 HUB 没有任何区别;对于可配置交换机,如果没有进行任何配置(如新购置的、没有经过配置的,或者删除了配置文件的),也可以和不可配置交换机一样使用,即不经过任何配置就可以作为交换式HUB 使用。

2) 星型拓扑结构

对于使用交换机连接的以太网,如果交换机的每个端口只有一台计算机,其网络是真正的星型拓扑结构。

以太网交换机本身就是一台高性能的计算机。在交换式以太网中,交换机采用存储转发方式和各个端口上的计算机通信,交换机是网络的中心节点。虽然在交换式以太网中介质访问控制方式还是 CSMA/CD,但是在交换机的一个端口上只连接着一台计算机,通信的双方是交换机和计算机,所以不存在网段内的数据冲突问题,每台计算机独占信道带宽。

在使用 HUB 连接的共享式以太网中,虽然信道使用的是两对双绞线,但由于是共享数据总线,所以计算机之间只能是半双工通信方式。在交换式以太网中,网络拓扑结构是星型的,计算机和交换机之间是点对点通信,可以实现全双工通信。

在计算机的网卡配置中可以配置网卡的通信方式。在网络连接属性窗口单击"配置"按钮打开网卡配置窗口,在"高级"选项卡中的"属性"列表框中选择 Speed & Duplex 选项,从属性值下拉列表框中可以选择网卡的速率和通信方式。一般选择 Auto 方式,网卡可以自动检测线路并选择合适的通信方式;如果选择了 10Mb Half 或 100Mb Half,即便是在交换式网络中,计算机和交换机之间也只能采用半双工通信方式。网卡属性设置窗口如图 6-21 所示。

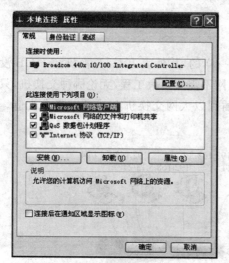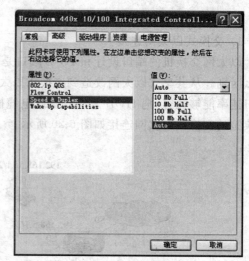

图 6-21　网卡属性设置窗口

3) 交换式以太网中的 IP 地址

在交换式以太网中,利用交换机连接很多网段,每个网段上可以是一台独占信道带宽的计算机,也可以是多台计算机共享信道带宽的网段。交换式以太网也是一种形式的局域网,从局域网技术的角度看,一个局域网就是一个具有唯一网络地址的网络(或称作子网、网段)。所以,在一个局域网内,所有的主机都应该使用同一个网络地址,有相同的子网掩码,或者说,连接到交换机上的所有计算机和路由器端口都必须属于一个 IP 网络。在图 6-20 中给出了连接在交换机上的计算机和路由器 E0 端口的 IP 地址和掩码。

4) 交换机级联

在交换式以太网中,交换机也可以级联。交换机级联和 HUB 级联有本质的差别。HUB 级联时需要考虑两台计算机之间不能超过四个 HUB,而且级联的 HUB 越多,局域网内的计算机数量越多,冲突域越大,网络性能越差;交换机级联时,因为属于交换机到交换机之间的点对点通信,除了受到双绞线电缆长度的限制之外,不需要考虑交换机的级联级数,也不用考虑局域网的网络通信距离。

在有交换机级联的交换式以太网中,计算机和交换机之间都是独占信道带宽的全双工通信方式。虽然交换机之间干道（中继线路）上的数据流量较大，但由于局域网的数据传输速率较高，一般不会影响网络性能。交换机级联的交换式以太网如图 6-22 所示。

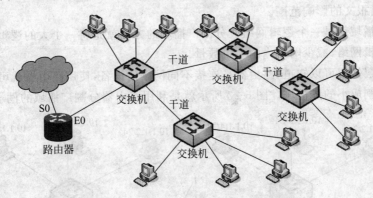

图 6-22 交换机级联的交换式以太网

5) 共享式以太网和交换式以太网的比较

共享式以太网和交换式以太网都使用两对双绞线作为通信线路，但它们的工作方式和网络性能有很大的差别，具体如下。

(1) 共享式以太网使用 HUB 连接；交换式以太网使用交换机连接。

(2) 共享式以太网内的计算机共享冲突域内的信道带宽；交换式以太网独占网段信道带宽。

(3) 共享式以太网的拓扑结构是物理星型，通信方式为半双工方式；交换式以太网为星型网络拓扑结构，通信方式为全双工方式。

(4) HUB 级联有一定的限制；交换机级联不受限制。

6.5 虚拟局域网

6.5.1 广播域

在交换式以太网中，利用交换机分割了共享式以太网中的冲突域，实现了网段内信道带宽独占和全双工通信方式，改善了以太网的性能。

但是，交换式以太网是一个逻辑网络。在网络层中有很多广播报文，例如，APP 广播、RIP 广播。网络层的广播报文都是针对一个逻辑网络（组播除外）的，网络层的广播报文会发送到逻辑网络内的每台主机上。一个广播报文能够传送到的主机范围称作一个广播域，一个逻辑网络就是一个广播域。

在以太网内，以太网帧封装一个广播报文时，目的 MAC 地址字段使用 ff:ff:ff:ff:ff:ff（图 6-2 所示 ARP 广播报文的以太网帧封装），即目的 MAC 地址是广播地址，网络内的所有主机都要接收该数据帧。在交换式以太网中，交换机会将广播帧转发到所有的端口。如果有交换机的级联，广播帧会转发到其他交换机上，IP 网络内的所有主机都会收到广播帧。

6.5.2 广播域的分割

一个广播报文需要传送到广播域内的所有主机。一个广播域内的主机数量越多，网络内的广播报文越多。网络内的大量广播报文会严重影响网络带宽,降低网络的效率,甚至造成不能进行正常的网络通信。改善这种情况的办法就是分割广播域,将广播范围缩小,减小广播报文的影响范围。

一个广播域就是一个逻辑网络。分割广播域的方法就是将一个大的逻辑网络分割成若干小的逻辑网络,减少网络内的主机数量。

由网络层知识可以知道,路由器是连接不同网络的设备,使用路由器就可以将一个大的广播域分割成小的广播域。图 6-23 所示就是利用路由器分割广播域的例子。

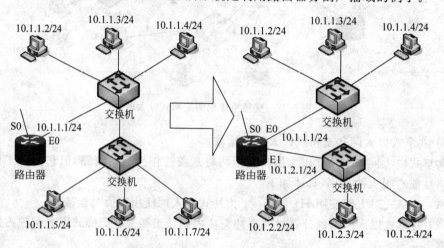

图 6-23　利用路由器分割广播域

在图 6-23 中,左边两台交换机上的计算机属于同一个 IP 网络,网络地址都是10.1.1.0/24,所以是一个广播域;右边将两台交换机分别连接在路由器的 E0 口和 E1 口上,各自为一个 IP 网络,网络地址分别是 10.1.1.0/24 和 10.1.2.0/24,所以各自为一个广播域。

6.5.3　虚拟局域网连接

分割广播域的方法就是将一个大的逻辑网络分割成小的逻辑网络,减少网络内的主机数量,减少网络内部广播影响的范围。

从网络原理上讲,连接不同网络必须使用路由器,分割广播域显然必须使用路由器。以太网交换机属于数据链路层连接设备,使用以太网交换机连接的网络属于一个逻辑网络,无论这些计算机是连接在一台交换机上,还是多台交换机上。

虚拟局域网(Virtual LAN,VLAN)是使用"虚拟"技术实现多个逻辑网络划分的技术,是使用交换机划分逻辑网络的技术。虚拟局域网是使用软件"虚拟"的方法,通过对交换机端口的配置,将部分主机划分在一个逻辑网络上,这些主机可以连接在不同的交换机上。

例如,某公司有财务部和市场部两个部门,为了避免相互干扰,两个部门各自连接在一台交换机上,各自组成一个网络,财务部的网络地址是 5.1.1.0/24,市场部的网络地址是 5.1.2.0/24,两个网络各自连接到路由器上。该公司网络连接如图 6-24 所示。

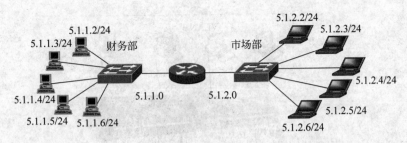

图 6-24　某公司网络连接

假如该公司的办公场所占用两层楼房,在每一层都有财务部和市场部的办公室,如果在每一层设置了一台交换机,每台交换机上既连接了财务部的计算机,又连接了市场部的计算机,这时就可以使用 VLAN 实现将两个部门划分在两个不同的网络中。计算机连接和 VLAN 划分如图 6-25 所示。

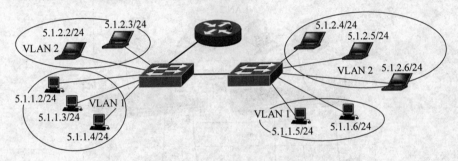

图 6-25　计算机连接和 VLAN 划分

通过 VLAN 技术,连接在一台交换机上的计算机可以属于不同的逻辑网络,连接在不同交换机上的计算机可以属于同一个逻辑网络。所以有人把 VLAN 定义为一组不被物理网络分段或不受传统的 LAN 限制的逻辑上的设备或用户。

VLAN 和传统的局域网没有什么区别,一个 VLAN 属于一个逻辑网络,每个 VLAN 是一个广播域。对于一个 VLAN 的广播帧,它不会转发到不属于该 VLAN 的交换机端口上,VLAN 之间没有路由设置时也不能进行通信。

6.5.4　VLAN 的种类

1. 静态 VLAN

静态 VLAN 是使用交换机端口定义的 VLAN,即将交换机上的若干端口划分成一个 VLAN。静态 VLAN 是最简单也是最常用的 VLAN 划分方法。使用交换机端口划分 VLAN 时,一台交换机上可以划分多个 VLAN,一个 VLAN 也可以分布在多台交换机上。例如,图 6-26 所示是一台交换机上划分了三个 VLAN 的例子,图 6-27 所示是两个 VLAN 分布在两台级联连接的交换机上的例子。

在图 6-26 中,交换机上的 4、10、16 号端口定义为 VLAN 1,34、40、48 号端口定义为 VLAN 2,3、21、35、45 号端口定义为 VLAN 3。在图 6-27 中,交换机 1 上的 14、38 号端口和交换机 2 上的 21、41 号端口定义为 VLAN 2,交换机 1 上的 8、30、42 号端口和交换

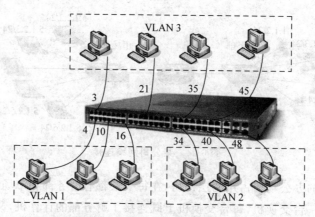

图 6-26   一台交换机上划分了 3 个 VLAN

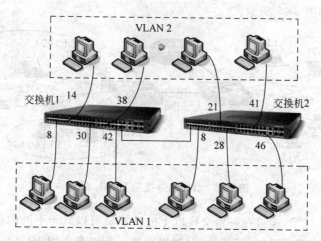

图 6-27   两个 VLAN 分布在两个级联连接的交换机上

机 2 上的 8、28、46 号端口定义为 VLAN 1,两台交换机之间进行了级联。

静态 VLAN 配置简单,是常用的 VLAN 方式。但是在静态 VLAN 方式中,如果计算机从一个端口转移到了另外一个端口,VLAN 需要重新配置,加大了网络管理员的工作量。静态 VLAN 适用于小型网络。

2. 动态 VLAN

动态 VLAN 是根据计算机 MAC 地址或 IP 地址定义的 VLAN。在动态 VLAN 中,无论用户转移到什么位置,例如,从公司的办公室到会议室,只要连接到公司的局域网交换机上,就能够和自己 VLAN 中的计算机进行通信。动态 VLAN 适合用户流动性较强的环境。

根据 IP 地址定义动态 VLAN 时,如果系统中使用动态地址分配协议 DHCP,就会造成动态 VLAN 定义错误,所以一般不采用这种定义方式。

使用 MAC 地址定义 VLAN 时需要 VLAN 管理策略服务器(VLAN Management Policy Server,VMPS)的支持。一些交换机可能不支持 VMPS。动态 VLAN 一般适用于大型网络。

　　VMPS 是一种基于源 MAC 地址，动态地在交换机端口上划分 VLAN 的方法。当某个端口的主机移动到另一个端口后，VMPS 动态地为其指定 VLAN。划分动态 VLAN 时需要在 VMPS 中配置一个 VLAN-MAC 映射表，当计算机连接的端口被激活后，交换机便向 VMPS 服务器发出请求，查询该 MAC 对应的 VLAN。如果在列表中找到 MAC 地址，交换机就将端口分配给列表中的 VLAN；如果列表中没有 MAC 地址，交换机就将端口分配给默认的 VLAN。如果交换机中没有定义默认 VLAN，则该端口上的计算机不能工作。

6.5.5　VLAN 的特点

1. 隔离广播

　　VLAN 的主要优点是隔离了物理网络中的广播。由于 VLAN 技术将连接在交换机上的物理网络划分成了多个 VLAN，IP 网络中的广播报文只能在某个 VLAN 中转发，因而不会影响其他 VLAN 成员的带宽，减少了网络内广播帧的影响范围，改善了网络性能，提高了服务质量。

2. 方便网络管理

　　使用 VLAN 比 LAN 更具网络管理上的方便性。在一个公司内部，使用 VLAN，人员或办公地点发生变动后不需要重新进行网络布线，只需要改变 VLAN 的定义，这样既节省网络管理费用开销，又方便网络用户管理。

3. 解决局域网内的网络应用安全问题

　　如果网络应用仅局限于局域网内部，使用 VLAN 可以经济、方便地解决网络应用的安全问题。例如，在图 6-28 所示的公司内部网络中，为了安全起见，只允许财务部人员访问财务系统服务器，只允许人事部门访问人力资源服务器，其他人员只允许访问办公系统服务器，将公司人员和相应服务器划分在不同 VLAN 中，就可以达到上述安全管理的目的。

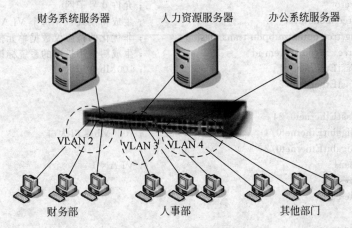

图 6-28　公司内部网络

　　但是,如果公司内部网络和外部网络连接,而且 VLAN 之间存在路由,系统的安全问题就需要依靠其他手段解决,仅靠 VLAN 划分是不够的。

6.6　配置 VLAN

　　在支持 VLAN 的交换机上都可以配置 VLAN。以太网交换机的生产厂家很多,各自的配置命令不同,但基本原理是相同的。在交换机产品中,Cisco 公司的交换机最具代表性,不少厂家的交换机配置命令和 Cisco 交换机的配置命令基本相同。下面以 Cisco 交换机为例介绍 VLAN 的基本配置。

6.6.1　Cisco 交换机概述

1. Cisco 交换机结构

　　Cisco 交换机的基本结构和控制台连接方法与 Cisco 路由器基本相同(参看 3.5 节)。和路由器硬件不同的是交换机有很大带宽的背板和较多的 RJ-45 以太网接口(也称端口)。例如,在 Cisco Catalyst 2950 交换机上有 24 个 10/100Mb/s 的 RJ-45 以太网接口 FastEthernet0/1~0/24,有两个 1000Mb/s 的 RJ-45 以太网接口 GigabitEthernet0/1~0/2。

2. Cisco 交换机启动

　　使用控制台终端连接交换机,在 NVRAM 中没有配置文件时,加电后将出现类似 "Would you like to enter the initial configuration dialog?〔yes/no〕:"的提示,一般回答 "N"后将出现"Press RETURN to get started!"的提示。输入回车后,系统从 Flash 加载一个类似下面的配置(这是 Catalyst 2950 系统的初始配置)。

```
version 12.1                                   ;版本 12.1
no service pad
service timestamps debug uptime
service timestamps log uptime
no service password-encryption                 ;没有密码
hostname Switch                                ;主机名为 Switch
ip subnet-zero                                 ;允许 0 号子网
spanning-tree mode pvst                        ;生成树模式——每个 VLAN 一个生成树
no spanning-tree optimize bpdu transmission    ;非优化的桥协议数据单元传输
spanning-tree extend system-id                 ;生成树使用扩展的系统标识
interface FastEthernet0/1                       ;100Mb/s 以太口
interface FastEthernet0/2
    ⋮
interface FastEthernet0/24
interface GigabitEthernet0/1                    ;1000Mb/s 以太口
interface GigabitEthernet0/2
interface vlan1                                ;VLAN 1
  no ip address
  no ip route-cache
  shutdown
ip http server
line con 0
```

```
line vty 5 15
end
```

在这个初始配置中,虽然只有交换机名称和 VLAN 1,即便不进行任何配置,交换机也可以工作。

VLAN 1 是系统默认的 VLAN,所有端口都默认属于 VLAN 1。Catalyst 2950 系统初始的 VLAN 配置如下。

```
VLAN Name                    Status      Ports
----------------------------------------------------------------------
1    default                 active      Fa0/1,Fa0/2,Fa0/3,Fa0/4
                                         Fa0/5,Fa0/6,Fa0/7,Fa0/8
                                         Fa0/9,Fa0/10,Fa0/11,Fa0/12
                                         Fa0/13,Fa0/14,Fa0/15,Fa0/16
                                         Fa0/17,Fa0/18,Fa0/19,Fa0/20
                                         Fa0/21,Fa0/22,Fa0/23,Fa0/24
                                         Gi0/1,Gi0/2
     1002 fddi-default              act/unsup
     1003 token-ring-default        act/unsup
     1004 fddinet-default           act/unsup
     1005 trnet-default             act/unsup
```

在 Cisco 交换机中,VLAN 1 是系统默认的设置。在初始状态,所有的端口都属于 VLAN 1,所以各个端口之间都可以通信。当一个端口被定义到其他 VLAN 后,该端口就不再属于 VLAN 1,也就不能再和 VLAN 1 中的端口通信。当一个端口从其他 VLAN 中被删除后,该端口自动加入 VLAN 1;当一个 VLAN 定义被删除后,该 VLAN 中的所有端口都自动加入 VLAN 1。VLAN 1002、VLAN 1003、VLAN 1004 和 VLAN 1005 是用于连接其他网络协议的 VLAN,虽然它们一般不被使用,但也不能从系统中删除。

3. Cisco 交换机的命令行界面

Cisco 公司的交换机产品和路由器产品的命令行界面(工作模式)和帮助功能都是一样的,其配置命令大多数也是相同的。关于交换机的主机名、密码等全局配置,请参考 3.5 节的内容。Cisco 交换机的部分模式和模式之间的转换命令以及不同模式的命令提示符、各种模式下可以进行的主要操作如表 6-2 所示。

表 6-2　Cisco 交换机工作模式

模 式 名 称	进入模式命令	模 式 提 示	可以进行的操作
用户模式	开机进入	Switch＞	查看交换机器状态
特权模式	Switch＞Enable(口令)	Switch#	查看交换机配置
全局配置模式	Switch#Config terminal	Switch(config)#	配置主机名、密码,创建 VLAN 等
接口配置模式	Switch(config)#Interface 接口	Switch(config-if)#	网络接口参数配置
数据库配置模式	Switch#Vlan database	Switch(vlan)#	创建 VLAN
VLAN 配置模式	Switch(config)#Vlan n	Switch(vlan)#	VLAN 配置
退回上一级	Switch(config-if)#exit	Switch(config)#	退出当前模式
结束配置	Switch(config-if)#Ctrl-Z	Switch#	返回特权模式

4. Cisco 交换机常用显示命令

Switch # show running-config	;显示当前运行配置文件
Switch # show startup-config/config	;显示 NVRAM 中的配置文件
Switch # show interfaces 接口	;显示接口状态
Switch # show mac-address-table	;显示 MAC 地址表
Switch # show vlan	;显示 VLAN 配置

6.6.2　单台交换机上的静态 VLAN 配置

单台交换机上的静态 VLAN 配置是最基本的 VLAN 配置技术,在许多小公司都是使用单台交换机连接公司内的所有计算机。

1. VLAN 配置步骤

在单台 Cisco 交换机上配置静态 VLAN 的步骤如下所述。

1) 进入特权模式

Switch > enable

如果配置文件中没有 Enable secret 密码设置,按 Enter 键后就进入特权模式;如果配置文件中有 Enable secret 密码设置,系统会提示输入密码。进入特权模式后显示:

Switch #

2) 创建一个 VLAN

Switch # config terminal	;进入配置模式
Switch (config) # vlan n	;创建一个 VLAN,进入 VLAN 配置模式
Switch(config-vlan) #	

VLAN 编号 n 的取值可以是 2～1001。如果该 VLAN 已经存在了,就不再创建,而是进入 VLAN 配置模式。

3) 配置 VLAN 名称

Switch(config-vlan) # name xxxx
Switch(config-vlan) #

VLAN 名称主要用于 VLAN 管理,例如,VLAN 的名称是 accounting。看到 VLAN 名称,就知道它是哪个部门的。VLAN 名称可以不配置,此时,自动使用 VLAN+4 位数字序号的默认名称。例如,创建 VLAN 3 后,如果没有配置 VLAN 名称,自动使用 VLAN 0003。VLAN 名称不能使用汉字。

4) 退出 VLAN 配置模式

Switch(config-vlan) # exit
Switch (config) #

5) 为 VLAN 指定接入端口

Switch(config) # interface 端口号	;指定端口

```
Switch(config-if) ♯ switchport access vlan n        ;配置 VLAN 接入端口
Switch(config-if) ♯ Ctrl-Z                          ;返回特权模式
Switch ♯
```

2. VLAN 配置举例

下面举例配置两个 VLAN：VLAN 2 和 VLAN 3。VLAN 名称使用系统默认名称，VLAN 2 中包括 Fa0/1、Fa0/2 和 Fa0/3 端口，VLAN 3 中包括 Fa0/4 和 Fa0/5 端口。配置过程如下。

```
Switch > enable                                     ;进入特权模式
Switch ♯ config terminal                            ;进入配置模式
;创建 VLAN
Switch (config) ♯ vlan 2                            ;创建 VLAN 2
Switch(config-vlan) ♯ exit
Switch (config) ♯ vlan 3                            ;创建 VLAN 3
Switch(config-vlan) ♯ exit
;为 VLAN 2 指定接入端口
Switch(config) ♯ interface Fa0/1
Switch(config-if) ♯ switchport access vlan 2        ;Fa0/1 配置为 VLAN 2 接入端口
Switch(config-if) ♯ exit
Switch(config) ♯ interface Fa0/2
Switch(config-if) ♯ switchport access vlan 2        ;Fa0/2 配置为 VLAN 2 接入端口
Switch(config-if) ♯ exit
Switch(config) ♯ interface Fa0/3
Switch(config-if) ♯ switchport access vlan 2        ;Fa0/3 配置为 VLAN 2 接入端口
Switch(config-if) ♯ exit
;为 VLAN 3 指定接入端口
Switch(config) ♯ interface Fa0/4
Switch(config-if) ♯ switchport access vlan 3        ;Fa0/4 配置为 VLAN 3 接入端口
Switch(config-if) ♯ exit
Switch(config) ♯ interface Fa0/5
Switch(config-if) ♯ switchport access vlan 3        ;Fa0/5 配置为 VLAN 3 接入端口
Switch(config-if) ♯ Ctrl-Z                          ;返回特权模式
```

配置完成后，显示 VLAN 配置如下。

```
Switch♯ show vlan
```

VLAN	Name	Status	Ports
1	default	active	Fa0/6, Fa0/7, Fa0/8, Fa0/9
			Fa0/10, Fa0/11, Fa0/12, Fa0/13
			Fa0/14, Fa0/15, Fa0/16, Fa0/17
			Fa0/18, Fa0/19, Fa0/20, Fa0/22
			Fa0/23, Fa0/24, Gi0/1, Gi0/2
2	VLAN0002	active	Fa0/1, Fa0/2, Fa0/3
3	VLAN0003	active	Fa0/4, Fa0/5
1002	fddi-default	act/unsup	
1003	token-ring-default	act/unsup	

```
1004 fddinet-default                    act/unsup
1005 trnet-default                      act/unsup
```

从 VLAN 显示中可以看到,系统中创建了 VLAN 2 和 VLAN 3,名称分别是 VLAN 0002
和 VLAN 0003。这两个 VLAN 的状态都是激活的。VLAN 2 中有 3 个接入端口 Fa0/1、
Fa0/2 和 Fa0/3,VLAN 3 中有 2 个接入端口 Fa0/4 和 Fa0/5。加入其他 VLAN 的端口
已经从 VLAN 1 中被删除。

3. 保存配置文件

和路由器一样,交换机配置完成后需要保存到 NVRAM 中作为启动配置文件
startup-config。如果不保存到 NVRAM 中,交换机关机后,所做的配置将丢失。将配置
保存到 NVRAM 中的命令是

```
Switch#write memory
```

完成上述配置后,交换机配置文件的内容如下。

```
Switch#show running-config
Building configuration...
version 12.1
no service pad
service timestamps debug uptime
service timestamps log uptime
no service password-encryption
hostname switch
ip subnet-zero
spanning-tree mode pvst
no spanning-tree optimize bpdu transmission
spanning-tree extend system-id
!
interface FastEthernet0/1
 switchport access vlan 2
!
interface FastEthernet0/2
 switchport access vlan 2
!
interface FastEthernet0/3
 switchport access vlan 2
!
interface FastEthernet0/4
 switchport access vlan 3
!
interface FastEthernet0/5
 switchport access vlan 3
!
interface FastEthernet0/6
!
interface FastEthernet0/7
!
  ⋮
```

```
interface FastEthernet0/24
!
interface GigabitEthernet0/1
!
interface GigabitEthernet0/2
!
interface vlan1
 no ip address
 no ip route-cache
 shutdown
ip http server
!
line con 0
line vty 5 15
!
end

Switch#
```

6.6.3 VLAN 相关配置命令

1. 使用数据库配置模式创建 VLAN

使用数据库配置模式创建 VLAN 比使用全局配置模式更简洁,但不能配置 VLAN 的名称。使用数据库配置模式创建 VLAN 的命令为

```
Switch > enable                ;进入特权模式
Switch#vlan database           ;VLAN 数据库配置
Switch(vlan)#vlan n            ;创建一个 VLAN
```

例如,使用数据库配置模式创建 VLAN 2、VLAN 3 和 VLAN 4 的过程为

```
Switch > enable
Switch#vlan database
Switch(vlan)#vlan 2            ;创建 VLAN 2
Switch(vlan)#vlan 3            ;创建 VLAN 3
Switch(vlan)#vlan 4            ;创建 VLAN 4
Switch(vlan)#
```

在数据库配置模式下,可以删除 VLAN 配置,命令为

```
Switch(vlan)#no vlan 2         ;删除 VLAN 2
Switch(vlan)#no vlan 3,4       ;删除 VLAN 3 和 VLAN 4
```

2. 删除 VLAN 命令

在全局配置模式下也可以删除 VLAN 配置,命令为

```
Switch(config)#no vlan 2       ;删除 VLAN 2
Switch(config)#no vlan 3,4     ;删除 VLAN 3 和 VLAN 4
Switch(config)#no vlan 2-4     ;删除 VLAN 2、VLAN 3 和 VLAN 4
```

注意:"no vlan 2-4"中,"-"前、后不带空格。

3．为 VLAN 一次指定多个接入端口

```
Switch(config)#interface range FastEthernet 0/n-m      ;指定端口范围
Switch(config-if-range)#switchport access vlan n       ;配置 VLAN 接入端口
Switch(config-if-range)#exit
```

例如，将 Fa0/1、Fa0/2、Fa0/3、Fa0/4 和 Fa0/5 指定为 VLAN 2 的接入端口，其配置如下。

```
Switch#config terminal
Switch(config)#interface range FastEthernet 0/1 - 5    ;"-"前、后带空格
Switch(config-if-range)#switchport access vlan 2
Switch(config-if-range)#Ctrl-Z
Switch#
```

4．从 VLAN 中删除接入端口

1）从 VLAN 中删除一个接入端口的命令

```
Switch(config)#interface Fa0/n                ;指定端口
Switch(config-if)#no switchport access vlan n ;从 VLAN 中删除接入端口
```

例如，从 VLAN 2 中删除 Fa0/3 接入端口的命令为

```
Switch(config)#interface Fa0/3
Switch(config-if)#no switchport access vlan 2
Switch(config-if)#Ctrl-Z
Switch#
```

2）从 VLAN 中删除多个接入端口的命令

```
Switch(config)#interface range FastEthernet 0/n - m    ;指定端口范围
Switch(config-if-range)#no switchport access vlan n    ;从 VLAN 中删除接入端口
```

例如，将 Fa0/1、Fa0/2、Fa0/3、Fa0/4 和 Fa0/5 从 VLAN 2 中删除的配置如下。

```
Switch(config)#interface range FastEthernet 0/1 - 5    ;"-"前、后带空格
Switch(config-if-range)#no switchport access vlan 2
Switch(config-if-range)#Ctrl-Z
Switch#
```

6.7   VLAN 间路由

在大多数情况下，划分 VLAN 的主要目的是隔离广播，改善网络性能。为了使不同 VLAN 内的用户能够相互通信，必须提供 VLAN 间路由，其方法是把交换机连接到路由器，或者把交换机连接到具有路由功能的第 3 层交换机上。

6.7.1   路由器实现的 VLAN 间路由

1．交换机与路由器的连接方式

如果交换机上定义了两个 VLAN，为了实现 VLAN 间路由，交换机和路由器之间最直接的连接是使用交换机的两个接口各自连接到路由器的局域网接口，其连接方式如图 6-29

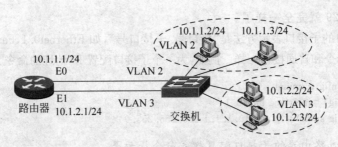

图 6-29   交换机和路由器之间使用两个接口连接

所示。

在图 6-29 所示的连接中,将路由器 E0 接口连接的交换机端口指定到 VLAN 2,将路由器 E1 接口连接的交换机端口指定到 VLAN 3,在完成了路由器上 E0 口和 E1 口的 IP 地址配置之后,路由器 E0 口就直联到了 10.1.1.1/24 网络,E1 口就直联到了 10.1.2.1/24 网络。路由器的路由表内可以自动生成两条直联路由。

在 VLAN 2 内主机网络连接的 TCP/IP 属性设置中,默认网关应该是 10.1.1.1;在 VLAN 3 内主机网络连接的 TCP/IP 属性设置中,默认网关应该是 10.1.2.1。当 VLAN 2 内的主机与 VLAN 3 内的主机通信时,IP 分组被送到默认网关——路由器,在路由器上已经存在到达 VLAN 3 的路由,所以两个 VLAN 之间就可以通信了。

2. 单臂路由

图 6-29 所示的连接方式虽然简单,但是并不实用。因为一般路由器上的局域网接口较少,而且接口费用较高。如果在交换机上只需要为两个 VLAN 提供路由,使用图 6-29 所示的方式能够完成,如果需要为交换机上的 10 个 VLAN 提供路由怎么办呢?

实际使用的路由器为 VLAN 提供路由的连接方式如图 6-30 所示。由于无论为多少个 VLAN 之间提供路由,都是在路由器与交换机之间使用一条干道(Trunk)连接,所以称之为单臂路由(router-a-stick,也称为拐杖路由)。

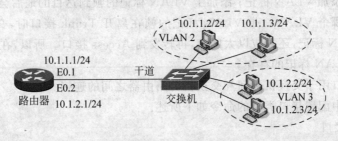

图 6-30   单臂路由

3. 路由器接口的子接口

路由器的接口数量虽然较少,但接口通过链路复用方式可以实现和多个通信对象的连接。路由器的链路复用方式一般为统计时分复用(STDM)方式。

在图 6-30 所示的单臂路由连接中,路由器需要和两个 VLAN 通信,所以需要使用两个子接口。如果把每个子接口看作是一个独立接口,把干道看成是两条复用的线路,那么

图 6-30 和图 6-29 就完全一样了。

路由器接口的子接口表示方法是"接口号. 子接口号",如 Ethernet0. 1,FastEthernet0/0. 1。配置子接口的命令和普通接口一样。例如,为一个子接口配置 IP 地址的命令为

```
Router# config terminal
Router(config)#interface Fa0/0.1
Router(config-subif)#ip add 10.1.1.1 255.255.255.0
```

注意:Cisco 路由器的子接口配置模式命令提示是

```
Router(config-subif)#
```

4. 交换机的接口类型

交换机上的接口可以配置成两种类型,即接入接口和中继接口

1) 接入接口

接入接口(Access)类型表示为 Access。在 Access 接口中,只能传输以太网帧。一个 Access 接口只能属于一个 VLAN。Access 接口只能连接主机或 HUB 设备。

2) 中继接口

中继接口(Trunk)一般也称作干道接口,接口类型表示为 Trunk。Trunk 接口用于传输多个 VLAN 的报文。从图 6-30 中可以看到,VLAN 2 和 VLAN 3 的数据帧到路由器都需要经过一条线路,在这条线路上传输的数据帧怎样区别是 VLAN 2 的还是 VLAN 3 的呢?

为了解决这个问题,在干道线路传输的数据帧上应该添加一个标记,用于标识属于哪个 VLAN。在以太网中,添加 VLAN 标记的方案有以下两种。

(1) 交换机间链路(Inter-Switch Link,ISL),是 Cisco 交换机的专用协议。

(2) IEEE 802.1Q 标准,用于在以太网帧中插入 VLAN 成员信息。

常用的添加帧 VLAN 标记的方法是 802.1Q。数据帧在进入 Trunk 接口时,交换机会给该数据帧添加 VLAN 标记;添加了 VLAN 标记的帧到达目的地后会根据 VLAN 标记区分转发到哪个 VLAN。带 VLAN 标记的帧在离开 Trunk 接口时,交换机会去除数据帧中的 VLAN 标记,还原成以太网帧,再转发到 Access 接口。所以,在 Access 接口中并不知道帧 VLAN 标记的存在。

Trunk 接口用于交换机之间和交换机与路由器之间的连接。

在交换机中配置接口类型的命令如下所述。

(1) 接入接口。

```
Switch(config)#interface 接口号          ;指定接口
Switch(config-if)# switchport access vlan n    ;Access 类型
```

(2) 中继接口。

```
Switch (config)#interface Fa0/n            ;指定接口
Switch(config-if)#switchport mode trunk        ;指定 Trunk 模式
Switch(config-if)#switchport trunk encapsulation dot1q
                            ;封装格式 802.1Q(2 层交换机默认封装格式)
```

5. 路由器实现的 VLAN 间路由配置

按照图 6-30 所示的连接,假设 VLAN 2 的接入端口为 Fa0/1 和 Fa0/2,VLAN 3 的接入端口为 Fa0/3 和 Fa0/4,中继端口为 Fa0/24。路由器上连接的以太网接口为 Fa0/0,使用的子接口为 Fa0/0.1(VLAN 2)和 Fa0/0.2(VLAN 3),交换机和路由器的配置如下。

1) 交换机配置

(1) 创建 VLAN。

```
Switch # vlan database
Switch(vlan) # vlan 2                ;创建 VLAN 2
Switch(vlan) # vlan 3                ;创建 VLAN 3
Switch(vlan) # exit
Switch #
```

(2) 为 VLAN 指定接入端口。

```
Switch # config terminal
Switch(config) # interface range FastEthernet 0/1 - 2
Switch(config-if-range) # switchport access vlan 2
Switch(config-if-range) # exit
Switch(config) # interface range FastEthernet 0/3 - 4
Switch(config-if-range) # switchport access vlan 3
Switch(config-if-range) # exit
Switch(config) #
```

(3) 配置 Trunk 接口。

```
Switch(config) # interface Fa0/24
Switch(config-if) # switchport mode trunk
Switch(config-if) # exit                ;Cisco 2 层交换机上默认封装为 802.1Q
Switch #
```

(4) 显示交换机配置文件。

```
Switch # show running-config
Building configuration...
version 12.1
no service pad
service timestamps debug uptime
service timestamps log uptime
no service password-encryption
hostname Switch
ip subnet-zero
spanning-tree mode pvst
no spanning-tree optimize bpdu transmission
spanning-tree extend system-id
!
interface FastEthernet0/1
```

```
    switchport access vlan 2
    !
    interface FastEthernet0/2
      switchport access vlan 2
    !
    interface FastEthernet0/3
      switchport access vlan 2
    !
    interface FastEthernet0/4
      switchport access vlan 3
    !
    interface FastEthernet0/5
    !
    interface FastEthernet0/6
    !
    ⋮
    interface FastEthernet0/24
    switchport mode trunk
    !
    interface GigabitEthernet0/1
    !
    interface GigabitEthernet0/2
    !
    interface vlan1
      no ip address
      no ip route-cache
      shutdown
    ip http server
    !
    line con 0
    line vty 5 15
    !
    end
```

Switch#

2) 路由器配置

配置路由器时,需要为子接口配置封装格式。因为交换机 Trunk 封装使用 802.1Q,所以在路由器的子接口也需要指定封装格式为 802.1Q,而且需要声明该子接口属于哪个 VLAN。子接口封装格式配置命令为

Router(config-subif)#encapsulation dot1Q VLAN 号

注意:配置路由器子接口时,配置命令顺序为

```
指定子接口
封装格式
IP 地址
```

路由器上的配置过程如下。

（1）启动 FastEthernet0/0 接口。

```
Router # configure terminal
Router(config) # interface FastEthernet 0/0
Router(config-if) # no shutdown
Router(config-if) # exit
Router(config) #
```

（2）配置子接口。

```
Router(config) # interface Fa0/0. 1
Router(config-subif) # encapsulation dot1Q 2        ;该子接口对应 VLAN 2
Router(config-subif) # ip address 10. 1. 1. 1 255. 255. 255. 0
Router(config-subif) # exit
Router(config) # interface Fa0/0. 2
Router(config-subif) # encapsulation dot1Q 3        ;该子接口对应 VLAN 3
Router(config-subif) # ip address 10. 1. 2. 1 255. 255. 255. 0
Router(config-subif) # ctrl-z
Router #
```

（3）显示路由器配置文件。

```
Router # show running-config
Building configuration. . .
!
version 12. 2
service timestamps debug datetime msec
service timestamps log datetime msec
no service password-encryption
!
hostname Router
!
ip subnet-zero
!
interface FastEthernet0/0
 no ip address
 duplex auto
 speed auto
!
interface FastEthernet0/0. 1
 encapsulation dot1Q 2
 ip address 10. 1. 1. 1 255. 255. 255. 0
!
interface FastEthernet0/0. 2
 encapsulation dot1Q 3
 ip address 10. 1. 2. 1 255. 255. 255. 0
!
interface Serial0/0
 no ip address
 shutdown
!
```

```
interface FastEthernet0/1
  no ip address
  shutdown
  duplex auto
  speed auto
!
interface Serial0/1
  no ip address
  shutdown
!
ip classless
no ip http server
!
line con 0
line aux 0
line vty 0 4
!
end
```

Router＃

(4) 查看路由表。

使用 show ip route 命名查看路由器中的路由表有如下路由显示:

```
C   10.1.1.0/24 is directly connected,FastEthernet0/0.1
C   10.1.2.0/24 is directly connected,FastEthernet0/0.2
```

6.7.2　使用第 3 层交换机实现 VLAN 间路由

1. 第 3 层交换

"第 3 层"的意思是 OSI 参考模型的网络层,或者 TCP/IP 参考模型的互联网络层。网络层互联一般采用路由器设备。路由器用于连接不同的网络和提供网络间的路由,但路由器在处理分组数据时花费的时间比较长。路由器的分组转发速率大约是同档次交换机的 1/10,所以路由器也是网络中的瓶颈。

一般交换机工作在数据链路层,称作 2 层交换机。虽然交换机分组转发率高,但对于不同网络的报文,交换机不能转发,必须依靠路由器进行路由。

路由器之所以成为网络中的瓶颈,主要是路由器对数据报文的处理过程比较复杂。图 6-31 所示是以太网帧经过路由器的一个简化处理过程。

图 6-31 所示是一个非常简单的网络连接。当 PC$_1$ 给 PC$_2$ 发送一个数据报文时,数据报文经过路由器的简化处理过程如下。

(1) 数据链路层根据目的 MAC 地址接收数据帧。正确接收后,去除以太网帧的帧头部(目的 MAC、源 MAC 等)和帧校验字段 FCS1,将 IP 分组交给网络层。

(2) 网络层根据目的 IP 地址到路由表中查找路由。如果查找到了到达目的地址的路由,根据下一跳的 IP 地址从 ARP 地址映射表中找到下一跳的 MAC 地址,将下一跳的 MAC 地址和 IP 分组交给数据链路层。

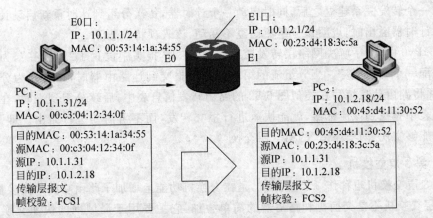

图 6-31 以太网帧经过路由器

（3）数据链路层根据网络层提供的接口参数重新封装以太网帧。由于以太网帧中的目的 MAC 和源 MAC 发生了变化，所以需要重新计算帧校验，生成 FCS2。而帧校验信息是由端口硬件生成的。

从图 6-31 中可以看到，以太网帧经过路由器之后，发生变化的部分有三个字段。

（1）目的 MAC：由 E0 口的 MAC00:53:14:1a:34:55 变成了 PC_2 的 MAC00:45:d4:11:30:52。

（2）源 MAC：由 PC_1 的 MAC00:c3:04:12:34:0f 变成了 E1 口的 MAC00:23:d4:18:3c:5a。

（3）帧校验码：由 FCS1 变成了 FCS2。

从以上讨论可以总结出，以太网帧经过路由器主要的处理有两点：一是为 IP 分组寻找路由；二是改写以太网帧的封装信息。所以就产生了第 3 层交换的思想。第 3 层交换的主要原理是使用一个路由转发信息表存储以太网帧改写信息。路由转发信息表简化格式如图 6-32 所示。

源 IP	目的 IP	源 MAC	下一跳 MAC	帧校验	计时器
10.1.1.31	10.1.2.18	00:23:d4:18:3c:5a	c3:04:12:34:0f	…	125

图 6-32 路由转发信息表简化格式

当一个以太网帧到达 3 层交换机后，首先从路由转发信息表中查找有没有对应的表项。如果存在，直接改写帧封装信息，然后从源 MAC 端口转发出去；如果没有，根据目的 IP 地址到路由表中查找路由，并将查找结果填写到路由转发信息表中。这就是所谓的"一次路由，随后转发"，也称作"门票路由"。

两台主机之间的通信不可能只有一个 IP 分组，两台主机之间的通信组成一个分组流，当第一个分组到达时，3 层交换机为其进行路由，记录转发关系；随后的分组到达时，就不再进行路由，而直接改写帧封装信息后转发，节省了处理时间。

在一个转发关系建立之后,同时启动一个计时器,每次分组到达时重新启动计时器计时。当计时器溢出时,说明该分组流已经不活动,该表项将被删除。

在 IPv6 中,为了解决网络层转发瓶颈问题,在 IP 报头中设置了"流标签",为每个分组流分配一个"流标签"。当分组流的第一个分组报文到达路由器时,路由器为分组进行路由,并将路由信息填写在类似图 6-32 的路由转发信息表中,后续分组到来时,在路由转发信息表中查找到该流标签,就能快速进行报文转发,而不再需要进行路由。即 IPv6 在网络层能够实现"门票路由"的第 3 层交换。

2. 第 3 层交换机

第 3 层交换机也称作 3 层交换机,是在交换机功能上增加了路由功能的交换机。

3 层交换机不是交换机和路由器的简单叠加,它主要用于局域网的快速交换和网络间的路由。3 层交换机都是按照"一次路由,随后交换"原理工作的,而且以太网帧的封装、改写都是由硬件完成的,它比一般路由器具有高得多的分组转发速率。

3 层交换机主要用于局域网的快速交换,而路由器主要用于广域网和局域网连接。路由器比 3 层交换机具有更多的网络功能,二者应用场合有所不同。

3 层交换机也有不少生产厂家,各厂家的产品在功能略有不同,但基本功能相同。

Cisco 公司的 Catalyst 3550 是一款低档的 3 层交换机。Catalyst 3550 交换机在不做任何配置时可以作为 2 层交换机使用,并且和 2 层交换机的配置命令基本相同,只是增加了路由功能。

Catalyst 3550 交换机除了具有 3 层路由功能外,它的所有端口都可以配置成以太网端口,即可以作为多端口路由器使用。图 6-33 所示是 Catalyst 3550 交换机作为多端口路由器的例子。

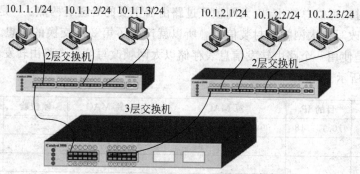

图 6-33   第 3 层交换机作为多端口路由器的例子

在图 6-33 中,两个 2 层交换机各自连接了网络 10.1.1.0 和 10.1.2.0。两台交换机分别使用一根交叉电缆连接到 3 层交换机的 1 号端口和 13 号端口。在这个连接中,2 层交换机不需要做任何配置,在 3 层交换机上需要进行的配置如下。

1) 指定端口

Switch（config）# interface Fa0/1

2) 禁止端口交换功能

3 层交换机默认为交换端口,必须禁止端口的交换功能之后才能配置 IP 地址。配置命令为

```
Switch(config-if)# no switchport
```

3) 为端口指定 IP 地址

```
Switch(config-if)# ip address 10.1.1.254 255.255.255.0          ;使用局域网的网关地址
```

4) 启动端口

```
Switch(config-if)# no shutdown
Switch(config-if)# exit
Switch(config)#
```

3 层交换机 13 号端口配置如下:

```
Switch(config)# interface Fa0/13
Switch(config-if)# no switchport
Switch(config-if)# ip address 10.1.2.254 255.255.255.0
Switch(config-if)# no shutdown
Switch(config-if)# exit
Switch(config)#
```

5) 启动路由功能

在默认情况下,Cisco Catalyst 3550 交换机的路由功能是关闭的,必须启动其路由功能才能完成路由操作。启动路由功能的命令为

```
Switch (config)# ip routing
Switch (config)# exit
Switch #
```

完成上述配置后,从 Catalyst 3550 交换机上的路由表显示可以看到:

```
Switch# sh ip route

C   10.1.1.0/24 is directly connected, FastEthernet0/1
C   10.1.2.0/24 is directly connected, FastEthernet0/13
```

只要 2 层交换机上连接的 PC 能够正确地配置网络连接 TCP/IP 属性中的默认网关地址,两台交换机上的 PC 之间就能够通信。

3. 在 3 层交换机上实现 VLAN 间路由

3 层交换机虽然可以作为多端口路由器使用,但实现 VLAN 间路由还有一些差别。3 层交换机的端口默认是交换端口,和 2 层交换机一样,可以将 3 层交换机的端口划分成多个 VLAN。图 6-34 所示就是在 3 层交换机上将 1 号、3 号端口定义为 VLAN 2,13 号、15 号端口定义为 VLAN 3 的例子。

在 3 层交换机上定义 VLAN 和在 2 层交换机上相同,下面给出全部定义命令。

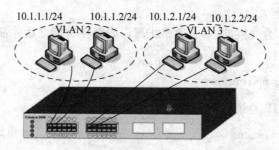

图 6-34　在 3 层交换机上划分 VLAN

1) 创建 VLAN

```
Switch (config) # vlan 2
Switch(config-vlan) # exit
Switch (config) # vlan 3
Switch(config-vlan) # exit
```

2) 为 VLAN 2 指定接入端口

```
Switch(config) # interface Fa0/1
Switch(config-if) # switchport access vlan 2
Switch(config-if) # exit
Switch(config) # interface Fa0/3
Switch(config-if) # switchport access vlan 2
Switch(config-if) # exit
```

3) 为 VLAN 3 指定接入端口

```
Switch(config) # interface Fa0/13
Switch(config-if) # switchport access vlan 3
Switch(config-if) # exit
Switch(config) # interface Fa0/15
Switch(config-if) # switchport access vlan 3
Switch(config-if) # exit
Switch(config) #
```

4) 配置 VLAN 间路由

完成上述配置后,每个 VLAN 内部可以通信,但两个 VLAN 之间不能通信。两个 VLAN 之间的通信需要路由的支持。

在 3 层交换机上配置 VLAN 间路由需要使用 VLAN 虚接口,即不能为某个交换端口配置 IP 地址,需要为每个 VLAN 配置 IP 地址。VLAN 的 IP 地址就是 VLAN 网络的默认网关地址。VLAN 的 IP 地址配置如下。

```
Switch(config) # interface vlan 2
Switch(config-if) # ip address 10.1.1.254 255.255.255.0
Switch(config-if) # no shutdown
Switch(config-if) # exit
Switch (config) #
Switch(config) # interface vlan 3
```

```
Switch(config-if)# ip address 10.1.2.254 255.255.255.0
Switch(config-if)# no shutdown
Switch(config-if)# exit
Switch (config)#
```

5）启动路由功能

```
Switch (config)# ip routing
Switch (config)# exit
Switch #
```

6）显示路由

```
Switch# sh ip route
```

```
C   10.1.1.0/24 is directly connected, vlan2
C   10.1.2.0/24 is directly connected, vlan3
```

当 VLAN 中的 PC 默认网关配置正确时，两个 VLAN 之间就可以通信了。按照上述配置，VLAN 2 中的 PC 默认网关地址应该配置为 10.1.1.254，VLAN 3 中的 PC 默认网关地址应该配置为 10.1.2.254。

当 VLAN 中的主机和 VLAN 3 中的主机通信时，数据报文应该送到默认网关，即 10.1.1.254。由于 10.1.1.0 和 10.1.2.0 都是 3 层交换机的直联路由，即两个 VLAN 之间存在路由，报文被转发到 VLAN 3。

4. 3 层交换机为 2 层交换机实现 VLAN 间路由

3 层交换机为 2 层交换机实现 VLAN 间路由，可以采用两种方法。一种方法是 2 层交换机上的每个 VLAN 使用一个端口连接到 3 层交换机，图 6-35 所示就是每个 VLAN 使用一个端口连接到 3 层交换机的方法。

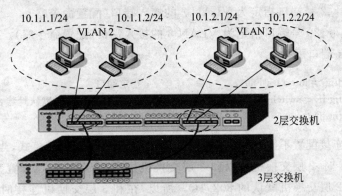

图 6-35　每个 VLAN 使用一个端口连接到 3 层交换机

在图 6-35 中，2 层交换机上的 1 号、2 号、3 号端口划分为 VLAN 2，其中 3 号端口和 3 层交换机的 11 号端口连接；2 层交换机上的 19 号、20 号、21 号端口划分为 VLAN 3，其中 21 号端口和 3 层交换机的 13 号端口连接。

在这样的连接中，相当于两个局域网连接到了 3 层交换机，3 层交换机的配置与图 6-33

所示的相同,只要禁止 3 层交换机 11、13 号端口的交换功能,分配 IP 地址,启动路由功能就可以了。或者在 3 层交换机上也创建 VLAN 2 和 VLAN 3,把 11 号端口指定给 VLAN 2,把 13 号端口指定给 VLAN 3,然后为 VLAN 2 和 VLAN 3 分配 IP 地址,功能也是一样的。

但在实际工程中,一般不采用图 6-35 所示的方法,因为这种方法浪费交换机接口和线路,而是采用如图 6-36 所示的方法。

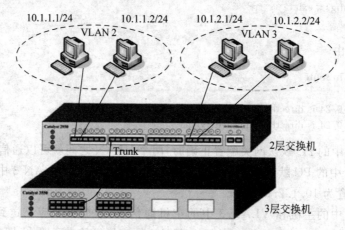

图 6-36   3 层交换机为 2 层交换机上 VLAN 实现路由

图 6-36 很像路由器的"单臂路由",但配置上稍有不同。在图 6-36 中,2 层交换机的 1 号、2 号端口划分为 VLAN 2,19 号、20 号端口划分为 VLAN 3,2 层交换机的 7 号端口连接到 3 层交换机的 11 号端口作为"中继"线。VLAN 及 VLAN 间路由配置如下。

(1) 在 2 层交换机上创建 VLAN 2 和 VLAN 3(配置命令略)。

(2) 将 1 号、2 号端口指定为 VLAN 2 的接入端口(配置命令略)。

(3) 将 19 号、20 号端口指定为 VLAN 3 的接入端口(配置命令略)。

(4) Trunk 端口配置。

```
Switch (config)#interface Fa0/7              ;指定端口
Switch(config-if)#switchport mode trunk      ;指定 Trunk 模式,默认封装 802.1Q
Switch(config-if)#exit
```

和路由器连接配置不同,由于 3 层交换机端口默认为 Trunk 模式,当 2 层交换机和 3 层交换机连接时,2 层交换机可以和 3 层交换机协商,自动将端口设置为 Trunk 模式,封装格式采用 2 层交换机默认的 802.1Q。所以,在和 3 层交换机连接时,2 层交换机上的 Trunk 端口可以不配置。

(5) 在 3 层交换机上创建 VLAN 2、VLAN 3。

```
Switch (config)# vlan 2
Switch(config-vlan)#exit
Switch (config)# vlan 3
Switch(config-vlan)#exit
```

注意：如果 2 层交换机的 VLAN 使用了非默认的 VLAN 名称，3 层交换机中的 VLAN 名称需要和 2 层交换机的 VLAN 名称一致（参阅 6.8.1 小节中的 VTP 协议）。

（6）配置 3 层交换机上的 Trunk 端口。

```
Switch（config）# interface Fa0/n                   ;指定端口
Switch(config-if)# switchport trunk encapsulation dot1q    ;封装格式 802.1Q,不能缺少封装格式配置
Switch(config-if)# exit
```

注意：Cisco 3 层交换机的端口默认是 Trunk 模式，所以 3 层交换机上的 Trunk 端口配置可以省略。

（7）配置 VLAN 虚端口地址。

```
Switch(config)# interface vlan 2
Switch(config-if)# ip address 10.1.1.254 255.255.255.0
Switch(config-if)# no shutdown
Switch(config-if)# exit
Switch（config）#
Switch（config）# interface vlan 3
Switch(config-if)# ip address 10.1.2.254 255.255.255.0
Switch(config-if)# no shutdown
Switch(config-if)# exit
Switch（config）#
```

（8）启动路由功能。

```
Switch（config）# ip routing
Switch（config）# exit
Switch #
```

将 VLAN 2 中的 PC 默认网关地址配置为 10.1.1.254，将 VLAN 3 中的 PC 默认网关地址配置为 10.1.2.254，两个 VLAN 之间就可以通信了。

6.8　跨交换机的 VLAN

VLAN 可以在多台交换机上配置，只要 VLAN 号和 VLAN 名称一致，就是一个 VLAN。在多台交换机上配置 VLAN 和在单台交换机上没有多大区别，只是交换机之间的连接需要配置 Trunk。但是由于网络中存在连接在一起的多台交换机，就产生了其他的技术问题需要解决。

6.8.1　VLAN 中继（干道）协议

在多台交换机上配置 VLAN 时，最容易发生的问题就是各台交换机上创建的 VLAN 编号（VLAN ID）和 VLAN 名称不一致。网络管理员在管理多台交换机时，在多台交换机上创建 VLAN 也比较麻烦。VTP(VLAN Trunk Protocol，VLAN 中继（干道）协议)用于实现在一台交换机上创建了 VLAN 之后，其他和该交换机使用 Trunk 连接的交换机上都能够共享 VLAN 信息，使网络管理员可以在一台交换机上管理 VLAN。Cisco 交换机的 VTP 配置命令如下所述。

1. VTP 域名

要使用 VTP,不仅需要各台交换机使用中继(Trunk)连接,而且必须为每台交换机指定一个域名(VTP 域名区分大小写)。只有 VTP 域名相同的交换机才能共享 VLAN 信息。配置 VTP 域名的命令为

Switch (config)♯vtp domain 域名

2. VTP 模式

VTP 有三种工作模式,每台交换机可以工作在任意一种模式下。

1) VTP 服务器模式

工作在 VTP 服务器模式(Server)的交换机可以创建、修改和删除 VLAN,还可以确定其他的 VTP 参数。工作在 VTP 服务器模式的交换机会把自己的 VLAN 配置通告给 VTP 域中的所有交换机。

为了集中管理 VLAN,一般在一个 VTP 域中只配置一台交换机为 VTP 服务器模式。

2) VTP 客户模式

工作在 VTP 客户模式(Client)的交换机不能创建、修改和删除 VLAN,只能从 VTP 服务通告中获取 VLAN 信息。

3) VTP 透明模式

工作在 VTP 透明模式(Transparent)的交换机不通告自己的 VLAN 信息,也不根据 VTP 通告服务获取 VLAN 信息。在 VTP 透明模式的交换机上配置 VLAN 只对该交换机有效。

VTP 模式配置命令为

Switch (config)♯vtp mode server|client|transparent

3. VTP 版本模式

目前在 Cisco 交换机中有两个 VTP 版本模式,即 VTP 版本 1 模式和 VTP 版本 2 模式,两者在同一 VTP 域中不能共存。VTP 版本 2 模式和 VTP 版本 1 模式的差别是增加了对令牌环 VLAN 的支持。

VTP 版本模式配置命令为

Switch (config)♯vtp version 1|2

4. 查看 VTP 状态

使用 show VTP status 命令可以查看 VTP 的版本模式、工作模式和 VTP 域名等信息。例如:

Switch♯show vtp status

VTP Version   : 2
Configuration Revision   : 0

```
Maximum VLANs supported locally ：250
Number of existing VLANs         ：5
VTP Operating Mode               ：Server
VTP Domain Name                  ：cisco
VTP Pruning Mode                 ：Enabled
VTP V2 Mode                      ：Disabled
VTP Traps Generation             ：Disabled
MD5 digest                       ：0x57 0x30 0x6D 0x7A 0x76 0x12 0x7B 0x40
Configuration last modified by 0.0.0.0 at 3-1-93 00：11：45
```

注意：VTP 状态显示中的"VTP Version：2"与 VTP 版本模式无关。"VTP V2 Mode：Disabled"表示目前配置为 VTP 版本 1 模式，VTP 版本 2 模式是禁止的。

5. 设置 VTP 配置修订号

VTP 状态显示中的 Configuration Revision 称作 VTP 配置修订号。每次修改 VLAN 配置、改变 VTP 版本模式后，VTP 配置修订号自动加 1。在交换机接收 VTP 协议广播报文后，先比较广播报文的 VTP 配置修订号和交换机中保存的 VTP 配置修订号。如果 VTP 广播报文的 VTP 配置修订号比交换机中保存的 VTP 配置修订号大，则使用 VTP 广播报文的信息修改 VLAN 数据库，否则丢弃 VTP 广播报文。

为了使其他交换机共享某台交换机上的 VLAN 配置，这台交换机必须有一个较大的 VTP 配置修订号。修改 VTP 配置修订号不能使用配置命令完成，可以将其他交换机上的 VTP 配置修订号清零。只要修改交换机的 VTP 域名，该交换机上的 VTP 配置修订号就会归零。但是为了共享 VLAN 信息，必须还要将交换机的 VTP 域名和其他交换机的 VTP 域名修改为一致。

6.8.2　备份线路与生成树协议

1. 备份路由与广播风暴

当网络中存在多台交换机时，网络规模一般比较大。为了确保不会因为某台交换机故障或关闭而影响网络通信，网络中会增加备份路由。例如，一台交换机同时连接到两台上游交换机上，如果其中一台故障或线路故障，还可以通过另一台交换机通信。

采用备份路由增加了网络的可靠性，但在第 2 层中的环路会造成广播风暴，致使网络不能工作。

图 6-37 所示是一个存在环路的网络连接，主机 A 和主机 B 之间通过两台交换机形成备份路由，即便是其中一台交换机发生故障也不会影响这两台主机之间的通信。但是由于交换机工作在数据链路层，网络中的广播报文要向除来源方向的其他端口广播。在图 6-37 中，如果主机 A 向网段 A 发送了一个广播报文，两台交换机的 1 号端口都会收到，都要向 2 号端口转发，两台交换机都把广播报文转发到了网段 B。当两台交换机都向网段 2 转发广播报文时，两台交换机的 2 号口又收到了另一台交换机转发来的广播报文，需要向 1 号端口广播，这样在网络中的广播报文越来越多，形成了所谓的广播风暴。

网络中形成广播风暴的条件有两个。

(1) 网络中存在环路；

(2) 网络环路上的连接设备是 2 层设备（网桥或交换机）。

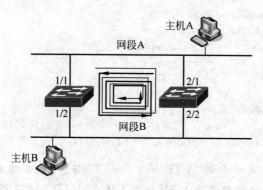

图 6-37　备份路由中的广播风暴

解决广播风暴最简单的方法就是断开网络中的环路或使用路由器替换交换机,因为路由器根据路由表转发报文,不会形成广播环路。但这两种方法不能有效地解决实际中的问题。断开网络中的环路,就不能解决备份路由问题;使用路由器替换交换机虽然有效地隔离了广播,但交换式局域网是 2 层网络连接,追求的是高交换率,不希望使用 3 层路由器设备,以免造成网络瓶颈。

在交换式局域网中,解决广播风暴问题普遍采用生成树协议(Spanning Tree Protocol,STP)。STP 协议是采用一种特殊算法来发现网络中的物理环路并产生一个逻辑上的无环拓扑,以解决 2 层网络连接中的备份路由和广播风暴问题。

生成树协议最基本的原理就是在设备启动时所有端口暂时不能工作,以免形成环路,然后接收来自其他网络设备的 STP 协议数据广播报文,了解网络的物理拓扑结构和网络链路的信息。如果发现存在物理环路,则按照链路信息选取性能最好的链路进行网络连接,另一条链路则置为备用链路。在正常情况下,备用链路只监听网络信息,不能转发报文。备用链路一旦发现转发链路不能正常工作,立即替代转发链路工作。

2. Cisco 交换机 STP 模式配置

STP 的算法和配置都很复杂,一般不需要配置。在 Cisco 交换机中可以配置生成树模式,配置命令为

Switch(config)# spanning-tree mode mst|pvst| rapid-pvst

其中,

- mst:全局模式,全局一个生成树;
- pvst:每个 VLAN 一个生成树(Cisco 默认);
- rapid-pvst:快速生成树。

3. 交换机启动过程

交换机启动时需要执行 STP 协议。Cisco 交换机的启动过程如下。

(1)交换机启动时,所有交换机接口处于"阻塞"状态(20s,指示灯为橘红色),防止产生环路。

(2)进入"监听"状态(15s),接收其他交换机的协议数据,了解网络中的链路结构和

链路开销,发现物理环路。

(3) 进入 MAC"学习"状态(15s),开始建立 MAC 地址映射表,根据生成树算法确定转发端口和阻塞端口。如果本交换机上存在环路连接,则环路上的一个端口被置为阻塞状态,因此该端口不能接收数据和发送数据,达到断开环路的目的。但如果转发端口出现故障,该端口由"阻塞"状态转变为"转发"状态。

(4) 转发端口进入"转发"状态(指示灯变绿)

执行一般的 STP 协议的端口启动时间需要 50s。如果希望缩短端口启动时间,可以设置生成树模式为快速生成树模式。

6.8.3 跨交换机 VLAN 及 VLAN 间路由配置

1. 跨交换机划分 VLAN

在跨交换机上划分 VLAN 和在单台交换机上划分 VLAN 没有什么区别,只需使用中继线路连接各台交换机。但是在跨交换机配置 VLAN 时,最好遵循以下步骤。

(1) 配置 Trunk 连接。因为 VTP 只能在 Trunk 线路上传递协议报文,为了使用 VTP 协议,各台交换机之间首先要完成 Trunk 连接。

(2) 配置 VTP 协议。为了共享 VLAN 信息和方便多交换机上的 VLAN 管理,使用 VTP 协议是必要的。在配置 VLAN 之前,需要完成 VTP 协议配置,步骤如下。

① 使用 show vtp status 命令检查各台交换机的 VTP 域名是否一致,以及 VTP 版本是否一致。如果存在不一致的情况,必须进行必要的配置。配置命令见 6.8.1 小节。

② 配置交换机的 VTP 工作模式。各台交换机默认都是 VTP 服务器模式。可以保留默认的模式,也可以保留一台为服务器模式,其他配置为 VTP 客户模式。

(3) 在一台交换机上创建 VLAN。无论有多少台交换机保留 VTP 服务器模式,最好在一台交换机上创建 VLAN,避免 VLAN 名称的混乱。

(4) 为各个 VLAN 分配接入端口。

2. 跨交换机配置 VLAN 举例

图 6-38 所示是一个在两台交换机上划分了 3 个 VLAN 的例子。在图 6-38 中,VLAN 2 包含交换机 A 上的 1 号、2 号端口和交换机 B 上的 7 号、8 号端口;VLAN 3 包含交换机 A 上的 7 号、8 号端口和交换机 B 上的 19 号、20 号端口;VLAN 4 包含交换机 A 上的 19 号和交换机 B 上的 3 号、4 号端口;交换机 A 上的 24 号端口和交换机 B 上的 1 号端口为 Trunk 端口。

在 Cisco 交换机上的配置过程如下所述。

1) 配置 Trunk

(1) 交换机 A 上的配置。

```
Switch # config terminal
Switch(config) # interface Fa0/24
Switch(config-if) # switchport mode trunk
Switch(config-if) # exit
```

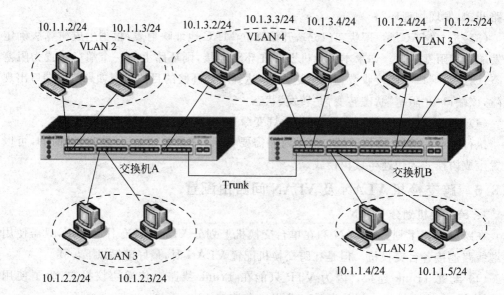

图 6-38   跨交换机配置 VLAN 举例

（2）交换机 B 上的配置。

```
Switch # config terminal
Switch(config) # interface Fa0/1
Switch(config-if) # switchport mode trunk
Switch(config-if) # exit
```

2）配置 VTP 协议

（1）交换机 A 上的配置。

```
Switch (config) # vtp domain cisco          ;VTP 域名
Switch (config) # vtp mode server           ;默认为 server 模式,该配置可以省略
Switch (config) # vtp version 1             ;VTP 版本
```

（2）交换机 B 上的配置。

```
Switch (config) # vtp domain cisco          ;必须和交换机 A 上的域名一致
Switch (config) # vtp mode client           ;也可以保留 server 模式,该配置可以省略
Switch (config) # vtp version 1             ;必须和交换机 A 上的 VTP 版本一致
```

3）创建 VLAN（在交换机 A 上创建）

```
Switch (config) # vlan 2                     ;创建一个 VLAN 2
Switch(config-vlan) # exit
Switch (config) # vlan 3                     ;创建一个 VLAN 3
Switch(config-vlan) # exit
Switch (config) # vlan 4                     ;创建一个 VLAN 4
Switch(config-vlan) # exit
```

VLAN 都使用了默认名称,在交换机 B 上显示 VLAN 应该有 VLAN 2、VLAN 3 和

VLAN 4。如果没有,需要将交换机 B 的 VTP 配置修订号清零。

4）为 VLAN 指定接入端口

（1）交换机 A 上的配置。

```
Switch # config terminal
Switch(config) # interface range FastEthernet 0/1 - 2
Switch(config-if-range) # switchport access vlan 2
Switch(config-if-range) # exit
Switch(config) # interface range FastEthernet 0/7 - 8
Switch(config-if-range) # switchport access vlan 3
Switch(config-if-range) # exit
Switch(config) # interface Fa0/19
Switch(config-if) # switchport access vlan 4
```

（2）交换机 B 上的配置。

```
Switch # config terminal
Switch(config) # interface range FastEthernet 0/3 - 4
Switch(config-if-range) # switchport access vlan 4
Switch(config-if-range) # exit
Switch(config) # interface range FastEthernet 0/7 - 8
Switch(config-if-range) # switchport access vlan 2
Switch(config-if-range) # exit
Switch(config) # interface range FastEthernet 0/19 - 20
Switch(config-if-range) # switchport access vlan 3
Switch(config-if-range) # end
Switch #
```

完成以上配置后,相同 VLAN 内的计算机应该能够通信,不同 VLAN 内的计算机之间不能通信。

3. 跨交换机 VLAN 间路由

在跨交换机 VLAN 间路由和在单台交换机上 VLAN 间路由没有任何区别,可以使用路由器实现,也可以使用 3 层交换机实现。下面是使用路由器实现的跨交换机 VLAN 间路由的例子,该例子是在上面"跨交换机配置 VLAN 举例"的基础上实现的。有关交换机间 Trunk 配置、VTP 配置和 VLAN 配置等可以参考上例的配置。本例中只涉及与 VLAN 间路由有关的配置。

图 6-39 所示是使用路由器实现的跨交换机 VLAN 间路由的连接图,是在图 6-38 所示的基础上增加了一台路由器连接,交换机 B 的 6 号端口以 Trunk 模式连接到路由器 E0 口。需要配置的内容包括交换机 B 与路由器之间的 Trunk 连接、路由器中的"单臂路由"配置。配置过程和 6.7.1 小节中的基本相同。

下面给出 VLAN 间路由部分的配置命令。

1）配置交换机 B 的 Trunk 端口

```
Switch # config terminal
Switch(config) # interface Fa0/6
Switch(config-if) # switchport mode trunk
```

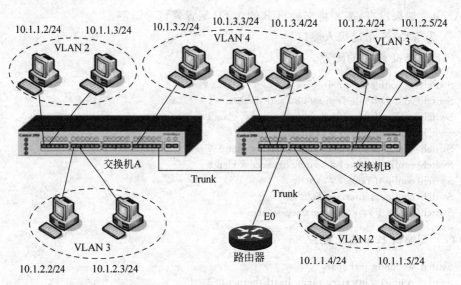

图 6-39   跨交换机 VLAN 间路由举例

Switch(config-if)♯exit

2) 路由器配置

(1) 启动 FastEthernet0/0 接口。

```
Router♯configure terminal
Router(config)♯interface FastEthernet 0/0
Router(config-if)♯no shutdown
Router(config-if)♯exit
Router(config)♯
```

(2) 配置子接口。

```
Router(config)♯interface Fa0/0.1
Router(config-subif)♯encapsulation dot1Q 2                ;该子接口对应 VLAN 2
Router(config-subif)♯ip address 10.1.1.1 255.255.255.0
Router(config-subif)♯exit
Router(config)♯interface Fa0/0.2
Router(config-subif)♯encapsulation dot1Q 3                ;该子接口对应 VLAN 3
Router(config-subif)♯ip address 10.1.2.1 255.255.255.0
Router(config-subif)♯exit
Router(config)♯interface Fa0/0.3
Router(config-subif)♯encapsulation dot1Q 4                ;该子接口对应 VLAN 4
Router(config-subif)♯ip address 10.1.3.1 255.255.255.0
Router(config-subif)♯ctrl-z
Router♯
```

各个 VLAN 中的 PC 配置网络连接 TCP/IP 属性的默认网关时,需要使用路由器中各自接口的 IP 地址。在路由器的路由表中应该能够看到 3 条直联路由:

```
Router♯show ip route
```

```
C   10.1.1.0/24 is directly connected，FastEthernet0/0.1
C   10.1.2.0/24 is directly connected，FastEthernet0/0.2
C   10.1.3.0/24 is directly connected，FastEthernet0/0.3
```

6.9　无线局域网

和固定电话与手机一样，无线通信给人们带来了更大的便利。无线局域网(Wireless LAN，WLAN)就像移动通信系统一样，不仅方便用户地理位置的移动，而且适合不方便布线的场合，使组网更加方便、灵活。随着手机 Wi-Fi(Wireless-Fidelity)上网的需求成为生活必选项目，家庭、办公室、高铁、飞机等很多场合都出现了 Wi-Fi 连接。

无线局域网根据覆盖范围不同需要掌握的组网技术有很大差别。对于覆盖范围较大的楼宇覆盖、园区覆盖等无线网络，需要使用无线控制器设备、无线接入点(Access Point，AP)设备以及增益较高的全向、定向天线；而对于覆盖范围较小的室内无线网络，如家庭、办公室无线网络，一般只使用称作 SOHO(Small Office Home Office，家居办公)无线路由器的设备，这种无线路由器集成了路由器、交换机、无线网络控制设备、AP 设备和全向天线，也称为胖 AP。

本书作为网络基础教材，本节不涉及无线网络覆盖设计、无线网络控制器配置、AP 设备及定向天线等内容(可参考高级路由交换技术等参考书)。本节重点介绍无线局域网的一些基本概念和 SOHO 无线局域网的组织。

6.9.1　无线局域网标准

无线局域网使用对公众开放的无线微波频段进行通信，其频段是 2.4～2.4835GHz 和 5.15～5.825GHz。IEEE 制定的无线局域网标准有以下几个。

(1) IEEE 802.11：工作在 2.4GHz 频段，采用直序列扩频和跳频扩频技术，最大传输速率为 2Mb/s。由于传输速率太低，市场上没有支持该标准的产品。

(2) IEEE 802.11a：工作在 5GHz 频段，采用正交频分复用(多载波调制)技术，最大传输速率为 54Mb/s。由于工作频段不同，和其他标准不兼容。

(3) IEEE 802.11b：工作在 2.4GHz 频段，采用直序列扩频技术，最大传输速率为 11Mb/s。

(4) IEEE 802.11g：工作在 2.4GHz 频段，采用正交频分复用技术，最大传输速率为 54Mb/s，能完全兼容 IEEE 802.11b。

(5) IEEE 802.11n：工作在 2.4GHz 和 5GHz 两个频段，从而可以向后兼容 802.11a、802.11b 和 802.11g，采用多入多出＋正交频分复用技术，最大传输速率为 300Mb/s。

由于不同的设备可能支持的标准不同，购置无线网络设备时需要注意产品支持的标准。

6.9.2　无线局域网介质访问控制协议 CSMA/CA

无线局域网和以太网有很多相同之处。无线局域网使用的 MAC 地址和以太网是相同的,这样,无线终端可以很方便地接入以太网中。无线局域网使用的信道为无线信道。无线信道是一个共享信道,只能采用半双工通信方式。无线局域网和总线型以太网相似,但无线终端在发送数据时不能同时接收数据。在无线局域网中,介质访问控制协议和以太网的介质访问控制协议(CSMA/CD)有一些不同,无线局域网介质访问控制协议采用载波侦听多路访问/冲突避免(Carrier Sense Multiple Access/Collision Avoidance,CSMA/CA)方式。

由于无线终端在发送数据时不能接收数据,所以不能像总线型以太网那样进行冲突检测。在无线局域网中,介质访问控制协议 CSMA/CA 的工作过程如下:无线终端在发送一个数据帧之前先侦听信道是否空闲,如果空闲,则发送一个数据帧。在发送完数据帧后,无线终端等待接收方发回的应答帧。如果接收到应答帧,说明发送成功;如果在规定的时间内不能接收到应答帧,说明发生了冲突或无线干扰,表示该次发送失败。在发送失败后,按照一个算法退避一段时间后再进行重发。

由于无线局域网是共享信道,一个网络中的无线终端越多,网络性能越差。

6.9.3　无线局域网设备

1. 无线接入点

无线 AP 类似于以太网中的 HUB,负责将无线客户端接入无线网络中,它向下为无线客户端提供无线网络覆盖,向上一般通过接入层交换机连接到有线网络中。AP 实现了有线网络和无线网络之间的桥接,进行有线和无线数据帧的转换。图 6-40 是几款无线 AP 产品。

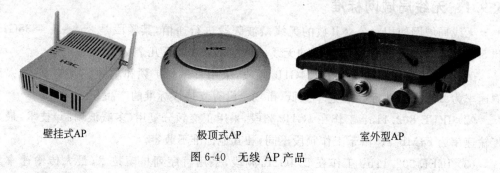

壁挂式AP　　　　　　极顶式AP　　　　　　室外型AP

图 6-40　无线 AP 产品

2. 天线

AP 与无线客户端之间的无线通信有赖于天线进行,天线能够将有线链路中的高频电磁能转换为电磁波向自由空间辐射出去,同样也可以将自由空间中的电磁波转换为有线链路中的高频电磁能,从而实现无线网络与有线网络之间的信息传递。可以说,没有天线就没有无线通信。

天线按照其辐射电磁波的方向性可以分为全向天线和定向天线两种。作为无源设备,天线不会增加输入能量的总量,即在不考虑损耗的理想情况下,天线发出的电磁波的总能量与天线输入端的总能量相等。但是不同的天线可能会以不同的形状和方向将电磁波发送出去。

3. SOHO 无线路由器（胖 AP）

SOHO 无线路由器中集成了路由器、以太网交换机、无线网络控制器、AP 和全向天线，所以也称之为胖 AP。SOHO 无线路由器可以完成无线接入和以太网双绞线接入、简单路由设置、网络连接、NAT 转换、DHCP 服务等功能，交换机 RJ-45 接口支持 Auto-MDI/MDIX 自动翻转功能。几种品牌的 SOHO 无线路由器产品如图 6-41 所示。

WAN口×1   LAN口×4

图 6-41   几种品牌的 SOHO 无线路由器产品

SOHO 无线路由器虽然集成的功能较多，但一般都比较简单，传输距离在 300m 以内（可视环境下，在有墙壁阻隔时，传输距离在 30m 左右），一般报价在 200 元以内，适合家庭和办公室组网。

4. 无线网卡

无线网卡是无线终端的无线网络连接适配器，完成无线信号的发送、接收和介质访问控制。市场上的无线网卡产品有很多种。除了品牌之外，一般有 PCI 总线接口无线网卡、笔记本接口无线网卡和 USB 接口无线网卡。图 6-42 所示是三种类型的无线网卡。

图 6-42   三种类型的无线网卡

6.9.4   SOHO 无线局域网

在家庭或办公室中，使用一台 SOHO 无线路由器，让计算机和手机实现 Wi-Fi 上网是非常流行的选择。特别是在家庭环境中，在租用一条 ADSL 线路的情况下，实现家庭中多台计算机和手机 Wi-Fi 上网，既经济实惠，对室内装修也没有影响，又不用像办公环境中那样考虑网络安全问题。常见的 SOHO 无线局域网连接形式有以下几种。

1. 连接到以太网

使用无线局域网连接到以太网的方式如图 6-43 所示。

在这种连接方式中，SOHO 无线路由器的广域网接口连接到以太网交换机，SOHO 无线路由器完成无线终端与无线网络的连接，相当于多台计算机通过 HUB 连接到一个

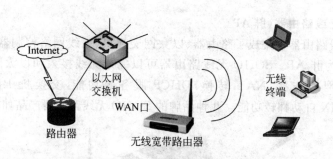

图 6-43   无线局域网连接到以太网

交换机端口。SOHO 无线路由器在这里还可以完成 NAT 地址转换、DHCP 服务等功能。

2. 共享 ADSL 线路

在家庭组网中,大多数是共享 ADSL 线路的连接方式,利用无线局域网实现多台计算机共享 ADSL 线路上网。无线局域网共享 ADSL 线路的连接方式如图 6-44 所示。

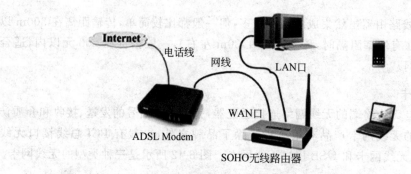

图 6-44   无线局域网共享 ADSL 线路

在这种连接方式中,SOHO 无线路由器的 WAN 接口通过双绞线电缆连接到 ADSL Modem。由于 SOHO 无线路由器上有以太网交换机功能,计算机也可以使用双绞线电缆连接到 SOHO 无线路由器的 LAN 接口。

在这种方式的连接中,SOHO 无线路由器可以完成无线接入、拨号连接、NAT 转换和 DHCP 服务等功能。

6.9.5   家庭无线局域网

家庭无线局域网连接如图 6-44 所示。家庭网络大多是共享 ADSL 线路的连接方式,家庭无线局域网的组网技术主要是 SOHO 无线路由器的配置。

市场上有多种 SOHO 无线路由器产品。配置无线路由器一般需要阅读其产品说明书,重点了解其配置方式、LAN 出厂地址、系统复位方法。SOHO 无线路由器的配置方法一般是 Web 方式,LAN 出厂地址一般会使用 192.168.1.1 等类似地址。系统复位一般都会提供一个复位按钮(Reset)。

SOHO 无线路由器内部实际上是把一台路由器和以太网交换机集成在了一起,内部结构如图 6-45 所示。

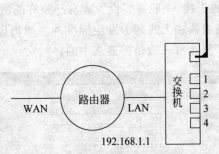

图 6-45 SOHO 无线路由器内部结构

SOHO 无线路由器外接端口 WAN 和 LAN 是内部路由器的两个网络连接端口，WAN 连接外部网络(公网)，LAN 连接内部网络。从图 6-45 可以看出，LAN 连接到一台交换机上，交换机连接了路由器的 LAN 端口、无线接入端口(AP)以及若干 RJ-45 端口。显然内部网络的默认网关是路由器上的 LAN 端口。

如果购置的 SOHO 无线路由器出厂 LAN 地址是 192.168.1.1，使用 Web 配置方式，那么配置无线路由器的方法如下。

(1) 使用一根网线将计算机连接到路由器的 LAN 某个端口，计算机的 IP 地址必须配置在路由器 LAN 网段中，且保证配置无误。例如，192.168.1.2 默认网关配置为192.168.1.1，即路由器 LAN 地址。路由器加电后，在计算机浏览器地址栏输入 http://192.168.1.1。

(2) 浏览器上会出现登录窗口，需要输入路由器管理员的用户名和密码。这个用户名和密码可以从产品说明书中查到，一般产品默认的都是 admin。

(3) WAN 口配置。从路由器 Web 管理窗口菜单中选择"网络参数，WAN 口设置"。图 6-46 是某款 SOHO 无线路由器的 WAN 口配置窗口的部分界面，在 WAN 口配置中主要配置如下。

① WAN 口连接类型：在连接外网租用 ADSL 线路时，WAN 口连接类型需要选择PPPoE。

② 上网账号和上网口令：需要把 ADSL 上网的账号和口令在这里配置。配置完成后单击窗口下方的"保存"按钮，以后只要有上网的需求，路由器就能够自动连接。

图 6-46 WAN 口配置

(4) 无线参数配置。图 6-47 是某款 SOHO 无线路由器无线配置的基本配置窗口。这里需要配置的内容有"SSID 号"和"模式"。"SSID 号"用来标识并区分不同的无线网络,为了避免和邻居网络的干扰,一般需要设置成自己独有的网络标识。"模式"用于选择不同的 WLAN 标准,当路由器和无线网卡发生标准冲突时可以考虑设置。当然"开启无线功能""开启 SSID 广播"复选框一般是需要选中的。

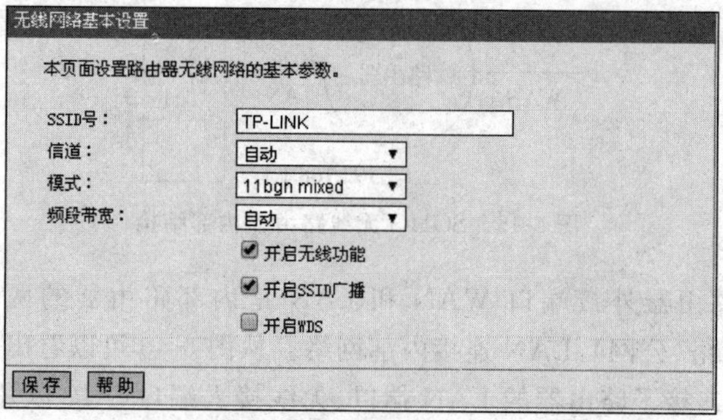

图 6-47　无线网络基本配置窗口

图 6-48 是"无线网络安全设置"窗口的部分内容,主要是选择认证方式和设置无线网络密码。现在认证方式都是在 WPA-PSK/WPA2-PSK 和 WPA/WPA2 中选择,然后设置密码即可,其他不用考虑。

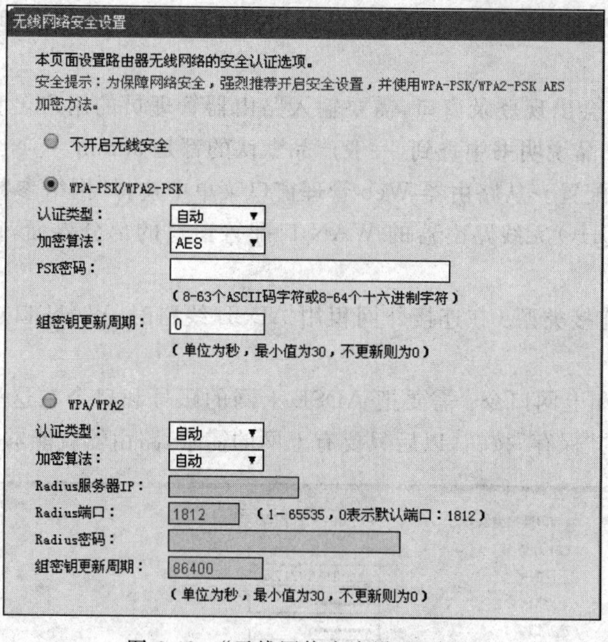

图 6-48　"无线网络安全设置"窗口

6.9.6　办公室 Wi-Fi 配置

办公室中一般使用局域网连接网络。如果希望在办公室内可以通过 Wi-Fi 手机上网或者使用无线连接计算机,也可以 SOHO 无线路由器完成。和家庭无线网络配置的区别如下。

1. 网络连接

办公室是局域网连接,只需要使用网线从无线路由器的 WAN 端口连接到墙上的信息插座或室内交换机(或 HUB)上即可。

2. 无线路由器配置

1) WAN 口配置

无线路由器的 WAN 端口工作时需要有一个 IP 地址,在 ADSL 线路上连接成功后会自动获取 IP 地址、子网掩码、默认网关、DNS 服务器地址。在办公室网络中如果有可用的 IP 地址可以分配给无线路由器 WAN 口使用,则在"WAN 口连接类型"配置时需要选择"静态 IP"选项,如图 6-49 所示,并配置好 IP 地址、子网掩码、默认网关及 DNS 服务器地址参数。

<figure>

WAN口设置

WAN口连接类型:	静态IP ▼ 自动检测
IP 地址:	0.0.0.0
子网掩码:	0.0.0.0
网关:	0.0.0.0
数据包MTU(字节):	1500 (默认是1500,如非必要,请勿修改)
首选DNS服务器:	0.0.0.0
备用DNS服务器:	0.0.0.0 (可选)

保存 帮助

</figure>

图 6-49　静态 IP 配置窗口

如果办公室局域网有 DHCP 服务器,则计算机的 IP 地址是自动获取的,那么在"WAN 口连接类型"配置中选取"动态 IP"选项即可。

2) LAN 端口配置

在企业内部网络中经常会使用私有 IP 地址,而 SOHO 无线路由器的 LAN 网络也都是使用私有 IP 地址。如果购置的无线路由器 LAN 使用的 IP 地址是 192.168.1.0/24 网络,而办公室局域网也是使用 192.168.1.0/24 网络,那么就发生了地址冲突。解决的办法只能是修改无线路由器的 LAN 地址。至于使用什么地址,只要不和 WAN 端口的地址在一个网段,使用任何地址都可以。因为无线路由器是通过 NAT 地址转换和外网通信的(Easy IP),但是最好使用私有 IP 地址。例如,假设无线路由器 WAN 端口分配的 IP 地址是 192.168.1.123/24,那么可以把 LAN 地址配置成 192.168.2.1/24。如果有其他的办公室在使用 192.168.2.0/24 网络,因为 NAT 的原因,不会造成任何影响。

配置了 LAN 端口后需要保存配置,重启无线路由器。重启后再配置无线路由器需要使用 http://192.168.2.1 登录路由器的管理窗口。

6.10　小结

TCP/IP 协议网络的底层网络主要是局域网。在局域网技术中,主要是以太网,目前的主流产品是 100Mb/s 以太网。共享式以太网已经很难见到。在交换式以太网中,

VLAN 技术有效地完成了广播域分割,并且易于网络管理。无线局域网是近些年发展起来的新的局域网组网技术,其应用越来越多。

6.11　习题

1. IEEE 802 标准中的局域网体系结构是怎样的?

2. 局域网概念和局域网技术有什么不同?

3. 在以太网帧中,在上层数据报文外面添加的协议封装内容有多少字节? 以太网帧有没有不携带上层数据的帧? 为什么?

4. 简述 CSMA/CD 的工作原理。

5. 制作一条双绞线交叉电缆,写出两端 1~8 引脚的线序排列。

6. 什么是 Auto-MDI/MDIX 自动翻转功能?

7. 什么是冲突域?

8. 什么是以太帧冲突窗口?

9. 网桥和中继器有什么区别?

10. 使用 HUB 连接的以太网和使用交换机连接的以太网有什么区别?

11. 在图 6-20 中,PC 的网络连接 TCP/IP 属性设置中的"默认网关"应该如何设置?

12. 什么是广播域? 一个冲突域是否属于一个广播域? 为什么?

13. 什么是虚拟局域网?

14. 图 6-33 中,PC 的默认网关地址应该如何配置?

15. VTP 协议完成什么功能?

16. 有 3 台 Cisco 以太网交换机 Switch A、Switch B 和 Switch C。

(1) 如果希望让这 3 台交换机共享 VLAN 信息,VTP 配置中必须满足哪些条件?

(2) 如果只允许在 Switch A 上管理 VLAN,应该如何配置这 3 台交换机的 VTP?

(3) 如果(1)、(2)两项都没有问题,但 Switch B 和 Switch C 不能学习 Switch A 上的 VLAN 配置,可能是什么问题? 如何解决?

17. 网络中形成广播风暴的条件是什么?

18. 在图 6-37 中,如果将一台交换机换成路由器,网络中是否还有广播风暴?

19. 什么是生成树协议?

20. 生成树协议可以解决什么网络问题?

21. 简述无线局域网的介质访问控制协议 CSMA/CA 的工作过程。

6.12　实训

6.12.1　局域网连接实训

实训学时：2 学时;实训组学生人数：1 人。

1. 实训目的

掌握 UTP 双绞线网线制作技能,掌握交叉网线和直通网线的使用。

2. 实训器材

(1) PC 1 台。

(2) 以太网交换机、路由器各 1 台。

(3) 网线 2 根。

(4) 五类(或五类以上)UTP 电缆线 2m×2 条。

(5) RJ-45 水晶头(带水晶头护套)4 个。

(6) 压接钳 1 个。

(7) 电缆测试仪 1 个。

3. 实训准备(教师)

(1) 按图 6-50 完成设备网络连接。

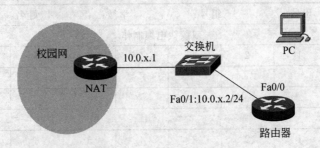

图 6-50　实训网络连接图

(2) 配置连接校园网路由器上的 NAT、端口和路由。

(3) 配置内部路由器的端口和路由,Fa0/0 端口使用 10.x.1.1/24 的 IP 地址(x 为分组编号)。

(4) 公布可用的 DNS 服务器地址。

4. 实训任务

1) 双绞线网线制作

(1) 按照 568B 标准制作直通网线。

(2) 按照 568A 标准和 568B 标准制作交叉网线。

2) 网络连接

(1) 将 PC 连接到交换机,完成 PC 的网络连接及 TCP/IP 属性配置。

(2) 将 PC 连接到路由器的 Fa0/0 端口,完成 PC 的网络连接及 TCP/IP 属性配置。

5. 实训指导

1) 双绞线网线制作

(1) 领取 2 根 2m 长的 UTP 电缆和 4 个 RJ-45 水晶头(带水晶头护套)。

(2) 领取压接钳、电缆测试仪。

(3) 按照双绞线网线制作规程制作直通网线和交叉网线,制作方法参考第 6.3.2 小节。

(4) 制作完成后使用电缆测试仪进行质量测试,如果不通,先使用压接钳再用力压接一次水晶头,如果再次压接无效或线序错误,需要剪除水晶头重新制作。

（5）制作直通网线按照 568B 标准;制作交叉网线一端按照 568A 标准另一端按照 568B 标准。

2）网络连接

（1）注意直通网线与交叉网线的使用区别。

（2）注意连接到交换机和连接到路由器时 PC 的 TCP/IP 属性配置不同,需要配置的 IP 地址、默认网关是不同的。

（3）通过网络连通性测试判断网线使用及 TCP/IP 属性配置是否正确。

6. 实训报告

局域网连接实训报告

班号：		组号：		学号：		姓名：	
双绞线电缆制作							
直通电缆	1	2	3	4	5	6	7	8
左端线序								
右端线序								
测试结果								
交叉电缆	1	2	3	4	5	6	7	8
左端线序								
右端线序								
测试结果								
使用直通网线联网								
网线连接设备								
IP 地址				默认网关				
Mask				DNS				
连通性测试	http://www.baidu.com			结果				
使用交叉网线联网								
网线连接设备								
IP 地址				默认网关				
Mask				DNS				
连通性测试	http://www.baidu.com			结果				
网线交换使用实验								
使用直通网线连接 PC 与路由器	网络连通性测试结果：							
使用交叉网线连接 PC 与交换机	网络连通性测试结果：							

续表

路由器支持 Auto-MDI/MDIX 自动翻转吗	
交换机支持 Auto-MDI/MDIX 自动翻转吗	
实验结论	

6.12.2　虚拟局域网配置实训

实训学时：4 学时；实训组学生人数：5 人。

1. 实训目的

(1) 掌握交换机的配置方法，掌握 VLAN 及 Trunk 端口配置技术。

(2) 掌握利用路由器为 VLAN 提供路由的方法，掌握路由器子接口配置技术和单臂路由的配置技术。

2. 实训器材

(1) PC 5 台。

(2) Cisco Catalyst 2950 交换机 2 台。

(3) Cisco2621 路由器 1 台。

(4) 网线 7 根。

(5) Console 线 2 根。

3. 实训准备（教师）

(1) 按照图 6-51 的网络连接配置与校园网连接路由器（或 3 层交换机）NAT 上的端口、NAT 及到达各个实训分组的路由：

Ip route 10. x. 1. 0　255. 255. 255. 0　10. 0. x. 2　　　　（其中 x 为分组编号）

(2) 确认路由器、交换机中没有启动配置文件。

(3) 公布 DNS 服务器地址。

4. 实训任务

图 6-51 是某公司内部网络连接结构，该公司内部网络中要求总经理和财务部为一个逻辑网络；办公室、开发部、市场部分别为一个逻辑网络。公司的经理办公室、市场部、开发部在一个楼层，财务部和办公室在一个楼层。各个楼层的计算机连接到一台交换机。

(1) 使用 VLAN 完成公司网络划分要求。

(2) 完成交换机设备的配置。

(3) 完成路由器的端口配置、路由配置以及为 VLAN 提供的单臂路由配置。

(4) 完成网络设备与信息终端的配置及网络连通性测试。

5. 实训指导

(1) 按照上游路由器配置的路由，确定本组可以使用的 IP 地址范围。

(2) 按照网络划分要求规划 VLAN，进行交换机端口的分配。

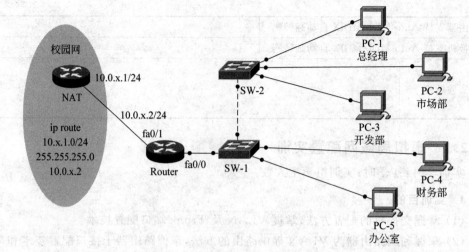

图 6-51   某公司内部网络连接结构

（3）根据 VLAN 规划和可用的 IP 地址，完成网络地址划分及 IP 地址分配。

（4）根据 VLAN 规划和交换机端口的分配完成网络物理连接。

（5）交换机配置。

① 根据 VLAN 划分及端口分配，在各台交换机上创建 VLAN，指定接入端口。

② 根据端口分配和 Trunk 线的连接端口配置 Trunk 端口。

（6）路由器配置。

① 配置上连端口及默认路由。

② 在连接交换机的端口上配置子接口及单臂路由。

（7）配置 PC 的 TCP/IP 属性。

按照 IP 地址规划，给各台 PC 配置 IP 地址、子网掩码、默认网关、DNS。

（8）配置检查与测试。

在各台 PC 上测试 VLAN 之间是否连通，能否访问 Internet。

6. 实训报告

虚拟局域网配置实训报告

班号：　　　　组号：　　　　学号：　　　　姓名：

	部门	VLAN ID	设备名称	占用端口
VLAN 规划	总经理			
	财务部			
	办公室			
	开发部			
	市场部			

	部门	VLAN ID	网络地址	网关地址	PC 地址
IP 地址规划	总经理				
	财务部				
	办公室				
	开发部				
	市场部				
交换机 SW-1 配置	VLAN ID	VLAN ___	VLAN ___	VLAN ___	VLAN ___
	占用端口				
	Trunk 端口				
交换机 SW-2 配置	VLAN ID	VLAN ___	VLAN ___	VLAN ___	VLAN ___
	占用端口				
	Trunk 端口				
路由器配置	子接口				
	子接口				
	子接口				
	子接口				
	路由配置				
网络测试	内部网络测试				
	外部网络测试				

6.12.3　3 层交换机配置实训

实训学时：4 学时；实训组学生人数：5 人。

1. 实训目的

掌握 3 层交换机的配置和跨交换机的 VLAN 配置。掌握 3 层交换机配置 VLAN 间路由的方法。

2. 实训器材

(1) PC 5 台。

(2) Cisco 2 层交换机 2 台。

(3) Cisco 3 层交换机 1 台。

(4) 网线 8 根。

(5) Console 线 2 根。

3. 实训准备(教师)

(1) 按照图 6-52 的网络连接配置与校园网连接路由器(或 3 层交换机)ISPNAT 上的端口、NAT 及到达各个实训分组的路由：

Ip route 10.x.1.0 255.255.255.0 10.0.x.2 　　　(其中 x 为分组编号)

（2）确认路由器、交换机中没有启动配置文件。

（3）公布 DNS 服务器地址。

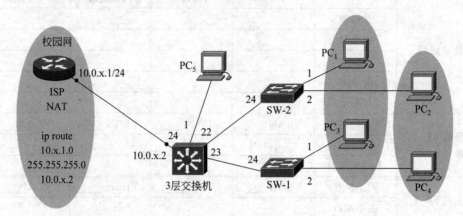

图 6-52　实训网络连接图

4．实训任务

在图 6-52 所示的网络连接中，设备之间的连接端口分配如图所示。要求 PC_1、PC_3 和 PC_5 在一个逻辑网络中，PC_2 和 PC_4 在一个逻辑网络中，各台 PC 之间能够通信，各台 PC 能够与外部网络通信。

（1）按图示要求完成网络连接。

（2）完成 VLAN 规划，包括 VLAN ID 和 VLAN 名称。

（3）IP 地址规划及分配。

（4）2 层交换机与 3 层交换机的配置。

（5）信息终端的配置。

5．实训指导

（1）根据网络连接图及端口号分配完成网络物理连接。

（2）按照上游路由器配置的路由，确定本组可以使用的 IP 地址，完成 IP 地址规划。

（3）根据实训要求完成 VLAN 规划，注意 VLAN ID 和 VLAN 名称的关系。

（4）在 2 层交换机上配置 VLAN，为 VLAN 配置接入端口，配置 Trunk 端口。

（5）3 层交换机配置。

① 配置 VLAN，配置接入端口（Trunk 端口可以省略配置）。

② 为 VLAN 配置虚接口、IP 地址。

③ 开启 3 层交换机的路由功能。

④ 配置外连路由端口。

⑤ 配置到外部网络的默认路由。

（6）配置 PC 的 TCP/IP 属性。

配置各 PC 的 IP 地址、子网掩码、默认网关、DNS。

（7）配置检查与测试。

在各台 PC 上测试 VLAN 之间是否连通，能否访问 Internet。

6. 实训报告

3 层交换机配置实训报告

班号：	组号：	学号：	姓名：	
	PC	VLAN ID	连接设备	占用端口
VLAN 规划	PC$_1$			
	PC$_2$			
	PC$_3$			
	PC$_4$			
	PC$_5$			
	PC	VLAN ID	网络地址	网关地址	PC 地址
IP 地址规划	PC$_1$				
	PC$_2$				
	PC$_3$				
	PC$_4$				
	PC$_5$				

交换机 SW-1 配置	VLAN 配置	VLAN ID		VLAN ID	
		VLAN 名称		VLAN 名称	
	端口	端口类型		所属 VLAN	
	1				
	2				
	24				

交换机 SW-2 配置	VLAN 配置	VLAN ID		VLAN ID	
		VLAN 名称		VLAN 名称	
	端口	端口类型		所属 VLAN	
	1				
	2				
	24				

3 层交换机配置	VLAN 配置	VLAN ID		VLAN ID	
		VLAN 名称		VLAN 名称	
	端口	端口类型		所属 VLAN	
	1				
	22				
	23				
	24				
	虚接口配置	VLAN ID		IP 地址	
	静态路由				

网络测试	内部网络测试	
	外部网络测试	

6.12.4　手机 Wi-Fi 上网

实训学时：1 学时；实训组学生人数：5 人。

1. 实训目的

认识无线局域网设备，掌握无线网络的配置技术。

2. 实训器材

(1) PC 1 台。

(2) SOHO 无线路由器 1 台。

(3) 网线 2 根。

(4) SOHO 无线路由器使用说明书。

3. 实训准备(教师)

(1) 按图 6-53 的网络连接为每组学生提供一条连接到 Internet 的外连线路。配置好连接到 Internet 路由器(或 3 层交换机)端口、NAT 及路由。

(2) 公布外连线路的 IP 地址为 10.0. x. 2/24，默认网关为 10.0. x. 1 并公布 DNS 地址。

图 6-53　Wi-Fi 网络连接图

(3) 保持 SOHO 无线路由器为出厂默认设置。

4. 实训任务

完成 SOHO 无线路由器配置，使自己的手机连接到本组的 Wi-Fi 上网。

5. 实训指导

(1) 按图 6-53 结构完成网络连接。SOHO 无线路由器的 WAN 端口连接到 Internet 网络，一台 PC 使用 UTP 双绞线电缆连接到 SOHO 无线路由器的 LAN 端口。

(2) 查看 SOHO 无线路由器的局域网网关地址和设置 Mask，根据 SOHO 无线路由器的局域网网关地址设置 Mask，设置 PC 的网络连接 TCP/IP 属性。注意该网络连接的 TCP/IP 属性中，IP 地址需要和 SOHO 无线路由器的局域网网关地址在相同网络内，Mask 必须和 SOHO 无线路由器上的局域网中使用的 Mask 一致，默认网关需要使用 SOHO 无线路由器的局域网网关地址。

(3) 在 PC 上的浏览器地址栏内输入：

http:// SOHO 无线路由器的局域网网关地址

根据 SOHO 无线路由器用户手册提供的用户名、密码登录 SOHO 无线路由器配置网页,使用 Web 方式配置 SOHO 无线路由器。

(4) 网络参数设置如下。

① LAN 口设置。一般不需要更改 LAN 口的设置,因为在局域网内使用的是私有 IP 地址,使用哪些地址没有关系。

② WAN 口设置。本实训是将无线局域网通过双绞线电缆连接到一个以太网中,属于静态 IP 连接。在 WAN 口设置窗口的"WAN 口连接类型"下拉列表框中选择"静态 IP"选项。根据本组外连线路 IP 地址、Mask、默认网关,配置 WAN 口的 IP 地址、Mask、默认网关和 DNS。

(5) 无线参数设置。

在"无线网络基本设置"窗口中,完成以下设置(注意每项设置后要单击"保存"按钮)。

① SSID 号:设置本 SOHO 无线路由器的 SSID 号,以便和其他 SOHO 无线路由器区别,方便手机接入时选择 Wi-Fi。

② 频段:可以选择 1、6 或 11。在有多个 SOHO 无线路由器存在时,注意选择不同的频段,以避免相互干扰。

③ 模式:注意选择较高的模式,如 802.11g 或 802.11n。

④ 无线安全设置:选择 WPA-PSK/WPA2-PSK 安全认证方式,并按要求设置密码。

⑤ DHCP 服务器:确认 DHCP 服务器在启用状态,以便手机自动联网。

⑥ 在系统工具菜单中选择"重启路由器"选项,使所做的配置生效。

(6) 手机 Wi-Fi 接入。如果所有配置正确,在手机"设置"中打开"无线局域网",选择本组的 SSID 号,输入设置的密码,手机即能上网工作了。

6. 实训报告

SOHO 无线局域网实训报告

	班号:	组号:	学号:	姓名:	
PC 配置	IP 地址				
	Mask				
	默认网关				
登录无线路由器	链接地址			http://	
	用户名				
	密码				
无线路由器配置	WAN 口				
	IP 地址				
	Mask				
	默认网关				
	DNS				
	备用 DNS				

续表

无线路由器配置	LAN 口	
	IP 地址	
	Mask	
	无线参数	
	SSID 号	
	频段	
	模式	
	安全认证方式	
	密码	
	DHCP 服务器	不启用　/　启用
手机上网测试	打开"淘宝"	能　/　不能

第 7 章

网络地址转换

在第 3 章中我们已经知道私有 IP 地址,私有 IP 地址就是不能在 Internet 公共网络上使用的 IP 地址,因为在 Internet 上不会传送目的 IP 地址是私有 IP 地址的报文。但私有 IP 地址可以在自己企业内部网络中任意使用,而且不用考虑和其他地方有 IP 地址冲突的问题。但如果想把内部网络连接到 Internet 时,就必须借助网络地址转换(Network Address Translation,NAT)服务,将私有 IP 地址转换成合法的公网 IP 地址才能进入 Internet。

网络地址转换能有效地解决 IPv4 地址短缺的问题,可以节省企业的 IP 地址租用费用,使企业内部网络 IP 地址规划相当简单。另外,由于网络地址转换屏蔽了内部网络的真实地址,所以也提高了内部网络的安全性,对从外部网络发起的黑客攻击有一定的屏蔽作用。例如,2017 年 5 月 12 日的 Wannacry(永恒之蓝)计算机勒索病毒对使用宽带路由器联网的家庭用户几乎没有造成攻击,因为使用宽带路由器(或无线路由器)联网的用户一般都使用的 192.168.x.0 网络的 IP 地址,病毒不能主动发起目的地址是私有 IP 的攻击报文,除非用户主动连接,并打开病毒程序。

IPv6 有足够多的地址空间,不存在地址紧缺问题,所以 NAT 只在 IPv4 中存在,本章的内容也只涉及 IPv4。本章介绍在路由器上配置 NAT 服务的基本方法。

7.1 网络地址转换基本概念

在企业内部网络中一般使用私有地址,而需要连接外部网络时,会在网络的出口路由器上进行网络地址的转换,将私有 IP 地址转换为可以在公共网络上使用的合法 IP 地址(以下称合法 IP 地址为全局地址)。一个典型的网络地址转换过程如图 7-1 所示。

在 PC_1 访问外部网络主机时,其产生的数据报文的源 IP 地址是 PC_1 在内部网络的私有 IP 地址(内部本地地址)192.168.1.10,当数据报文到达出口路由器的出接口时,路由器将数据报文的源 IP 地址转换为内部全局地址 202.207.120.10,使数据报文可以在公共网络上路由;在返回的数据报文中,目的 IP 地址为内部全局地址 202.207.120.10,在路由器接收到该报文后,将目的 IP 地址转换为内部本地地址 192.168.1.10,并路由给内部网络的目的主机 PC_1。内部全局地址是指申请得到的可用合法 IP 地址。

网络地址转换按照转换的原理和方法可以分成 5 种,如表 7-1 所示。

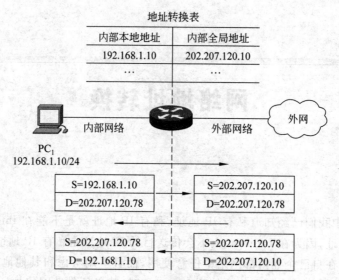

图 7-1   网络地址转换过程

表 7-1   网络地址转换类型

网络地址转换类型	说 明
静态网络地址转换	手动配置本地地址到全局地址的一对一映射,适用于需要固定全局 IP 地址的内网服务器
动态网络地址转换	本地地址到全局地址为一对一映射,但映射关系不固定,本地地址共享地址池中的全局地址
网络地址端口转换	本地地址到全局地址使用端口号实现动态的多对一映射,可显著提高全局地址的利用率,又称为地址的过载
基于接口的地址转换	网络地址端口转换的特殊形式,又称为 Easy IP。与网络地址端口转换的区别是本地地址均映射到出口路由器的外连接口地址上
端口地址重定向	又称为 NAT Server,手动配置"本地地址+端口"到"全局地址+端口"的一对一映射。适用于多台内网服务器映射到一个全局地址的情况

7.2   静态网络地址转换

　　静态网络地址转换是最简单的一种网络地址转换形式,在静态网络地址转换中,需要手动配置从内部本地地址到内部全局地址的一对一映射关系,配置完成后这些映射关系将一直存在,直到被手动删除。静态网络地址转换一般为需要对外部网络提供服务的内网服务器提供地址转换。

　　Cisco 设备静态网络地址转换涉及的配置命令如下。

```
Router(config)#ip nat inside source static local-ip global-ip
Router(config)#interface interface-type interface-number
Router(config-if)#ip nat inside
Router(config-if)#exit
```

Router(config) # interface *interface-type interface-number*
Router(config-if) # ip nat outside

在 Cisco 路由器上配置 NAT,首先需要指定内部本地地址(*local-ip*)和内部全局地址(*global-ip*)之间的映射关系,指定 NAT 转换的内部端口和外部端口,在连接内部网络的接口上配置 ip nat inside,在连接外部网络的接口上配置 ip nat outside。内部端口就是连接内网的路由器端口(连接本地地址网络),外部端口就是连接外部网络的路由器端口(连接全局地址网络)。

假设存在如图 7-2 所示的网络,要求将内网服务器的 IP 地址静态转换到 202.207.120.100,使其可以为外部网络提供 HTTP 服务。

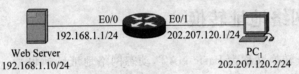

E0/0　　　　　E0/1
192.168.1.1/24　　202.207.120.1/24

Web Server　　　　　　　　　　　　　　　PC₁
192.168.1.10/24　　　　　　　　　　202.207.120.2/24

图 7-2　静态网络地址转换

使用 Cisco 设备配置静态 NAT 的命令如下。

Router(config) # ip nat inside source static 192.168.1.10 202.207.120.100
Router(config) # interface FastEthernet 0/0
Router(config-if) # ip nat inside
Router(config-if) # exit
Router(config) # interface FastEthernet 0/1
Router(config-if) # ip nat outside

配置完成后,在路由器上执行 show ip nat translations 命令,显示结果如下。

Router # show ip nat translations
Pro   Inside global   Inside local   Outside local   Outside global
---   202.207.120.100   192.168.1.10   ---   ---

从显示的结果可以看出,在路由器上存在一条内部本地地址 192.168.1.10 到内部全局地址 202.207.120.100 的静态网络地址转换。

此时,在 PC₁ 上使用内部全局地址 202.207.120.100 可以访问到内网服务器的 Web 服务。进行 Web 访问的同时,在路由器的用户视图下可以使用 debug ip nat 命令查看网络地址转换的过程,显示结果如下。

Router # debug ip nat
IP NAT debugging is on
Router #
 * Mar 1 01:48:40.963: NAT: s = 202.207.120.2, d = 202.207.120.100->192.168.1.10
[6358]
 * Mar 1 01:48:40.967: NAT: s = 192.168.1.10->202.207.120.100, d = 202.207.120.2
[6609]

在路由器上执行 show ip nat statistics 命令查看 NAT 的统计信息,显示结果如下。

Router # show ip nat statistics

```
Total active translations：1 (1 static, 0 dynamic; 0 extended)
Outside interfaces：
    FastEthernet0/1
Inside interfaces：
    FastEthernet0/0
Hits：18 Misses：0
Expired translations：0
Dynamic mappings：
```

注意：静态网络地址转换由于需要静态地指定从内部本地地址到内部全局地址的一对一映射，因此无法实现 IP 地址的节约，而且内部网络也没有安全可言。

7.3 动态网络地址转换

动态网络地址转换又称为 Basic NAT，动态网络地址转换也是一种一对一的映射关系，但是与静态网络地址转换不同的是，动态网络地址转换的映射关系不是一直存在的，而是只有在出口路由器的出站接口上出现符合地址转换条件的内网流量时才会触发路由器进行网络地址的转换，而且映射关系不会一直存在，到达老化时间以后就会被删除，以便将回收的内部全局地址映射给其他需要的内部本地地址。

在 Cisco 设备上配置动态 NAT 步骤如下。

(1) 创建一个 access-list 用于限定能够进行动态网络地址转换的内部本地地址。命令格式为

```
Router(config)♯access-list acl 表号 {permit|deny} source [wildcard]
```

其中，

acl 表号：使用 1~99 的数字。所有 acl 表号相同的 access-list 表示是同一个 access-list。

permit|deny：指定允许 permit 或者拒绝 deny。

source：内部本地地址。其中，表示单一 IP 地址使用 host x.x.x.x；表示某些 IP 地址使用 x.x.x.x wildcard。

wildcard：称作反掩码，"0"位需要匹配，"1"位为任意。例如，

192.168.1.0 0.0.0.255 表示 192.168.1.0 网络中的任意 IP 地址；

192.168.1.0 0.0.0.254 表示 192.168.1.0 网络中的所有偶数 IP 地址；

192.168.1.1 0.0.0.254 表示 192.168.1.0 网络中的所有奇数 IP 地址。

限定进行动态网络地址转换的内部本地地址可以使用多个命令行完成，例如，

```
Router(config)♯access-list 1 deny host 192.168.1.99          ;禁止 192.168.1.99 进行地址转换
Router(config)♯access-list 1 permit 192.168.1.0 0.0.0.255    ;允许 192.168.1.0 网络中的所有 IP
                                                               地址进行地址转换
```

上面两条规则看上去是矛盾的，但是规则是自上向下执行的，当遇到一条符合的规则后，下面的规则将不再执行。例如，192.168.1.99 地址遇到 deny host 192.168.1.99 规则后，虽然下面的规则包括地址 192.168.1.99，但是 192.168.1.99 地址根本不可能验证

是否符合该规则。上面两条规则的最终效果：允许 192.168.1.0 网络中除 192.168.1.99 地址之外的 IP 地址进行地址转换。

（2）创建一个存放有内部全局地址的地址池。

Router(config)#ip nat pool 地址池名 起始地址 结束地址 netmask 子网掩码

例如，

Router(config)#ip nat pool tgl 200.10.120.1 200.10.120.100 netmask 255.255.255.0

表示地址池内的全局 IP 地址是 200.10.120.0 网络中的 1～100 地址，地址池名称是 tgl。

（3）绑定 access-list 表和全局地址池。

Router(config)#ip nat inside source list acl 表号 pool 地址池名

例如，

Router(config)#ip nat inside source list 1 pool tgl

（4）指定 NAT 转换的内部端口与外部端口。

Router(config)#interface 内部连接端口号
Router(config-if)#ip nat inside
Router(config-if)#exit
Router(config)#interface 外部连接端口号
Router(config-if)#ip nat outside

假设存在如图 7-3 所示的网络，要求将内部网络 IP 地址段 192.168.1.0/24 动态转换到 202.207.120.10-202.207.120.50。

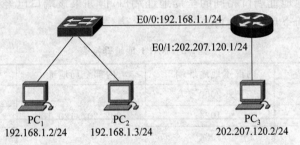

图 7-3 动态网络地址转换

使用 Cisco 设备动态 NAT 的配置如下。

Router(config)#access-list 1 permit 192.168.1.0 0.0.0.255
Router(config)#ip nat pool dyn-nat 202.207.120.10 202.207.120.50 netmask 255.255.255.0
Router(config)#ip nat inside source list 1 pool dyn-nat
Router(config)#interface FastEthernet 0/0
Router(config-if)#ip nat inside
Router(config-if)#exit
Router(config)#interface FastEthernet 0/1
Router(config-if)#ip nat outside

配置完成后,从 PC$_1$ 去 ping PC$_3$,同时在路由器上执行 debugging nat packet 命令,显示结果如下。

```
Router#debug ip nat
IP NAT debugging is on
Router#
*Mar  1 00:08:43.359:NAT:s=192.168.1.2->202.207.120.10,d=202.207.120.2 [7745]
*Mar  1 00:08:43.359:NAT*:s=202.207.120.2,d=202.207.120.10->192.168.1.2
[7037]
```

在路由器上执行 show ip nat translations 命令,显示结果如下。

```
Router#show ip nat translations
Pro    Inside global      Inside local      Outside local     Outside global
---    202.207.120.10     192.168.1.2       ---               ---
```

7.4 网络地址端口转换

网络地址端口转换(Network Address Port Translation,NAPT)又称为端口地址转换(Port Address Translation,PAT)或者地址过载。动态网络地址转换是一对一的映射关系,它只是解决了内外网通信的问题,并没有真正意义上解决公有 IP 地址不足的问题。而 NAPT 技术通过使用同一个内部全局地址的不同端口号来标识不同的内部本地地址,实现多对一的地址转换,从而实现公有 IP 地址的节约。

在 NAPT 的转换过程中,路由器维护着如表 7-2 所示的动态地址转换表,通过端口的映射关系使多个内部本地地址转换到一个内部全局地址上。在进行地址转换时,一般会尽量使用与本地地址端口相同的全局地址端口,但如果该端口已经被使用,则会选择最小的可用端口作为全局地址端口。

表 7-2 **NAPT 地址转换表**

内部本地地址	内部本地地址端口	内部全局地址	内部全局地址端口
192.168.1.2	2000		2000
192.168.1.3	1024	202.207.120.10	1024
192.168.1.20	1024		1025

在 Cisco 设备上 NAPT 的配置方法和动态 NAT 基本相同,唯一的区别是在配置 NAPT 时,绑定 access-list 表和全局地址池的命令中需要增加一个 overload 参数,用来表明是基于端口的多对一的地址转换。

在此依然使用图 7-3 所示的网络,要求将内部网络 192.168.1.0/24 使用 NAPT 技术过载到唯一的内部全局地址 202.207.120.10 上。具体的配置命令如下。

```
Router(config)#access-list 1 permit 192.168.1.0 0.0.0.255
Router(config)#ip nat pool napt 202.207.120.10 202.207.120.10 netmask 255.255.255.0
Router(config)#ip nat inside source list 1 pool napt overload
Router(config)#interface FastEthernet 0/0
```

```
Router(config-if)♯ ip nat inside
Router(config-if)♯ exit
Router(config)♯ interface FastEthernet 0/1
Router(config-if)♯ ip nat outside
```

配置完成后,在 PC₁ 和 PC₂ 上分别去 ping PC₃,然后在路由器上执行 display nat session 命令,显示结果如下。

```
Router♯ show ip nat translations
Pro      Inside global           Inside local          Outside local         Outside global
icmp     202.207.120.10:512      192.168.1.2:512       202.207.120.2:512     202.207.120.2:512
icmp     202.207.120.10:513      192.168.1.3:512       202.207.120.2:512     202.207.120.2:513
```

从显示的结果可以看出,内部本地地址 192.168.1.2 和 192.168.1.3 均转换到了内部全局地址 202.207.120.10 上,分别用端口号 512 和 513 来区分。

7.5 基于接口的地址转换

基于接口的地址转换又称为 Easy IP,是 NAPT 的一种特殊形式。在 NAPT 技术中,由于需要配置存放有内部全局地址的地址池,因此需要预先确定可以使用的公有 IP 地址范围,但是在目前应用非常广泛的 ADSL 接入中,公有 IP 地址是由服务提供商动态分配的,无法提前预知,而且服务提供商只会为用户分配一个公有 IP。在这种情况下,就需要使用 Easy IP 技术来实现地址转换。Easy IP 与 NAPT 的区别在于它是将内部本地地址全部映射到出口路由器的出站接口地址上。除了 ADSL 外,一般在计算机机房和网吧中也都采用 Easy IP 技术来进行地址的转换,以实现 IP 地址的节约。

由于内部全局地址使用路由器的接口地址,因此在 Easy IP 的配置中,不需要定义地址池,其他配置与 NAPT 类似,只是将 access-list 表绑定到地址池改变为绑定到路由器外部连接端口。

在 Cisco 设备上配置 Easy IP 的步骤如下。

```
Router(config)♯ access-list acl 表号 {permit|deny} source [wildcard]
Router(config)♯ ip nat inside source list acl 表号 interface 外部连接端口号 overload
Router(config)♯ interface 内部连接端口号
Router(config-if)♯ ip nat inside
Router(config-if)♯ exit
Router(config)♯ interface 外部连接端口号
Router(config-if)♯ ip nat outside
```

在此,依然使用图 7-3 所示的网络,要求将内部网络 192.168.1.0/24 使用 Easy IP 技术进行地址转换。具体的配置命令如下。

```
Router(config)♯ access-list 1 permit 192.168.1.0 0.0.0.255
Router(config)♯ ip nat inside source list 1 interface FastEthernet 0/1 overload
Router(config)♯ interface FastEthernet 0/0
Router(config-if)♯ ip nat inside
Router(config-if)♯ exit
```

```
Router(config)#interface FastEthernet 0/1
Router(config-if)#ip nat outside
```

配置完成后,在 PC₁ 和 PC₂ 上分别去 ping PC₃,然后在路由器上执行 show ip nat translations 命令,显示结果如下。

```
Router#show ip nat translations
Pro    Inside global          Inside local         Outside local        Outside global
icmp   202.207.120.1:512      192.168.1.2:512      202.207.120.2:512    202.207.120.2:512
icmp   202.207.120.1:513      192.168.1.3:512      202.207.120.2:512    202.207.120.2:513
```

从显示的结果可以看出,内部本地地址 192.168.1.2 和 192.168.1.3 均转换到了路由器接口 FastEthernet 0/1 的 IP 地址 202.207.120.1 上。

7.6   端口地址重定向

无论是 Basic NAT,还是 NAPT 和 Easy IP,都是动态地址转换,映射关系是由内网主机向外网发出的访问触发建立的,而外网主机无法主动连接内网主机。对于内网存在服务器的情况,只能采用静态网络地址转换。但是在有些情况下,可能公有 IP 地址很少,不足以满足内网服务器的静态转换需求。例如,只有一个公有 IP 地址被分配给了出口路由器的出站接口,内网的主机通过 Easy IP 实现地址转换,在内网存在服务器的情况下,显然无法使用静态网络地址转换。这时就可以使用端口地址重定向技术来实现。

端口地址重定向又称为 NAT Server。它通过将"内部本地地址+端口"静态映射到"内部全局地址+端口",从而确保外网主机可以主动访问内网服务器某些服务的同时不增加公有 IP 地址。

在 Ciscio 设备上 NAT Server 配置涉及的命令如下。

```
Router(config)#ip nat inside source static {tcp|udp}本地 ip 地址 本地端口 全局 ip 地址 全局端口
```

在 Ciscio 设备上 NAT Server 配置举例如下。

在图 7-3 所示的网络中,假定路由器外部连接端口地址 202.207.120.1 是静态分配的,要求将内部网络 192.168.1.0/24 使用 Easy IP 技术进行地址转换,并且要求外部网络使用 http://202.207.120.1 访问内部网络服务器 192.168.1.2 上 Web 服务。

该要求可以用 Easy IP 和 NAT Server 实现,将内网 Web 服务器 192.168.1.2 通过 NAT Server 静态映射到出口路由器出站接口的 80 端口上(TCP 的 80 端口即 http),使外部网络主机 PC₃ 可以访问 PC₁ 的 Web 服务。具体的配置命令如下。

```
Router(config)#access-list 1 permit 192.168.1.0 0.0.0.255
Router(config)#ip nat inside source list 1 interface FastEthernet 0/1 overload
Router(config)#ip nat inside source static tcp 192.168.1.2 80 202.207.120.1 80 ;NAT Server
Router(config)#interface FastEthernet 0/0
Router(config-if)#ip nat inside
Router(config-if)#exit
Router(config)#interface FastEthernet 0/1
```

Router(config-if)♯ip nat outside

配置完成后,在路由器上执行 show ip nat translations 命令,显示结果如下。

```
Router♯ show ip nat translations
Pro      Inside global      Inside local      Outside local      Outside global
tcp      202.207.120.1:80   192.168.1.2:80    ---                ---
```

此时,在 PC₃ 的 IE 浏览器中输入 http://202.207.120.1 应该可以访问 PC₁ 上的 Web 服务。同时在路由器上执行 debug ip nat 命令,显示结果如下。

```
Router♯ debug ip nat
IP NAT debugging is on
Router♯
* Mar  1 00:28:43.615: NAT: s=202.207.120.2, d=202.207.120.1->192.168.1.2 [9331]
* Mar  1 00:28:43.619: NAT: s=192.168.1.2->202.207.120.1, d=202.207.120.2 [10216]
```

7.7　小结

由于 IPv4 地址的极度紧缺,私有 IP 地址广泛被企业内部网络使用,网络地址转换 NAT 技术就成为企业网络外联中必不可少的技术。NAT 作为一种缓解 IP 地址空间紧张的技术也被广泛应用在计算机房及网吧中。

基于企业小型网络对网络地址转换的需求,本章对常用的几种内部网络地址转换方式,包括静态 NAT、动态 NAT、NAPT、Easy IP 及端口地址重定向的转换原理以及配置方法进行了介绍。

7.8　习题

1. 在使用私有 IP 地址时,什么情况必须使用网络地址转换?
2. 内部网络地址转换有哪几种不同的类型?
3. 以下 NAT 技术中,可以实现多对一映射转换的是(　　)。
   A. 静态 NAT　　　　B. 动态 NAT　　　　C. Easy IP　　　D. NAT Server
4. 在配置 NAT 时,(　　)用来确定哪些内部本地地址将被转换。
   A. access-list　　　　　　　　　　　B. 地址池
   C. 地址转换表　　　　　　　　　　　D. 进行 NAT 的接口
5. 在 Cisco 路由器上配置 NAT 时,怎样指定 NAT 转换的内部端口和外部端口?

7.9　实训

NAT 配置实训

实训学时:2 学时;实训组学生人数:5 人。

1. 实训目的

掌握 NAT 配置的方法、Easy IP 的配置方法和 NAT Server 配置方法。

2. 实训器材

(1) PC 2 台。

(2) Windows Server 操作系统 1 台。

(3) 路由器 1 台。

(4) 2 层交换机 2 台。

(5) UTP 电缆 6 根。

(6) Console 电缆 1 根。

3. 实训准备(教师)

(1) 按照图 7-4 所示的网络完成连接校园网路由器(或 3 层交换机)上的 NAT 配置和端口配置(各分组上连接端口地址为 10.0.x.1,其中,x 为分组号)。

(2) 配置 192.168.1.99 Server 的 Web 网站,使其能够在 PC$_2$ 上使用 http://192.168.1.99 访问该 Web 网站。

(3) 公布 DNS 地址,使学生能够使用域名访问 Internet 上的网站。

(4) 确认路由器和交换机上没有启动配置文件。

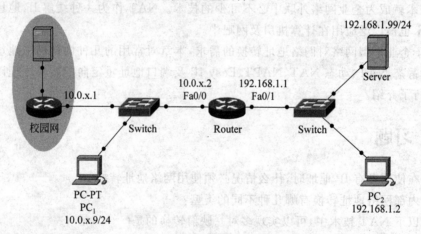

图 7-4　实训网络连接图

4. 实训任务

(1) 按照图 7-4 完成网络物理连接。

(2) 完成路由器的端口配置、路由配置与 NAT 配置,使内网中的 PC$_2$ 能够使用域名访问 Internet,并且能够在 PC$_1$ 上使用 http://10.0.x.2 打开 192.168.1.99 的 Web 网站。

(3) 完成 PC 的 TCP/IP 属性配置及网络连通性测试。

5. 实训指导

(1) 按照图 7-4 完成网络连接,并配置 PC 的 IP 地址、默认网关和 DNS。

（2）配置路由器的端口及到达校园网的默认路由。

（3）测试在 PC₂ 上能否打开 Internet 上的网站；测试在 PC₁ 的浏览器中使用 http://192.168.1.99 能否打开 192.168.1.99 的 Web 网站。

（4）在路由器上配置 Easy IP，使 192.168.1.0 网络全部映射到出口路由器的出站接口 Fa0/0 上（Fa0/1 端口为内部端口（inside），Fa0/0 端口为外部端口（outside））。

（5）在路由器上配置 NAT Server，将 192.168.1.99 80 映射到 10.0.x.2 80。

（6）在 PC₂ 的浏览器中测试能否打开 Internet 上的网站。

（7）在 PC₁ 的浏览器中使用 http://10.0.x.2 测试能否打开 192.168.1.99 的 Web 网站。

6. 实训报告

NAT 配置实训报告

班号：		组号：	学号：		姓名：

路由器基本配置		IP 地址		Mask	
	Fa0/0 端口				
	Fa0/1 端口				
	默认路由				

PC 配置	PC₁	IP 地址	Mask	默认网关	DNS
	PC₂				

NAT 配置前测试	设备	命令		结果	
	PC₁	http://www.baidu.com			
		http://192.168.1.99			
	PC₂	http://www.baidu.com			
		http://192.168.1.99			

路由器 NAT 配置					

NAT 配置后测试	设备	命令		结果	
	PC₁	http://www.baidu.com			
		http://192.168.1.99			
		http://10.0.____.2			
	PC₂	http://www.baidu.com			
		http://192.168.1.99			

参 考 文 献

1. 张国鸣. 网络管理员教程[M]. 北京：清华大学出版社,2004.
2. [美]Cisco Systems 公司.思科网络技术学院教程[M]. 2 版. 韩江,等,译.北京：人民邮电出版社,2002.
3. [美]Paul Cernick.Cisco IP 路由手册[M].张晋平,等,译.北京：电子工业出版社,2001.
4. 田庚林.计算网络技术基础[M].2 版.北京：清华大学出版社,2013.

附录 **A**

习题参考答案

第1章

1. 计算机网络是利用通信线路和通信设备将多台具有独立功能的计算机系统连接起来，按照网络通信协议实现资源共享和信息传递的系统。

2. 为了使网络中的计算机之间正确地通信而制定的规则、约定与标准。

3. 网络通信协议通常由三部分组成：语义、语法和时序。语义表示做什么，语法表示怎么做，时序表示什么时候做。

4. 将计算机网络系统划分成若干功能层次，各个层内使用自己的通信协议完成层内通信，各层之间通过接口关系提供服务，各层可以采用最合适的技术来实现，各层内部的变化不影响其他层。

5. 集中式网络是指由一台功能较强的主机设备通过通信系统和远地的终端设备连接起来，分时地为远程终端服务的计算机网络。

由多台具有独立工作功能的计算机系统互联组成的计算机网络称为分布式网络。

6. 局域网是使用自备通信线路和通信设备，覆盖较小地理范围的计算机网络。广域网是租用公用通信线路和通信设备，覆盖较大地理范围的计算机网络。

7. 广播式网络是指网络中的所有计算机共享一条公共通信信道的计算机网络。点对点式网络是指网络中的通信节点之间存在一条专用通信线路的计算机网络。

8. 网络拓扑结构是将网络中的实体抽象成与其大小形状无关的点，将连接实体的线路抽象成线，使用点、线表示的网络结构。

9. 星型、总线型、环型、网状。

10. 星型拓扑结构网络是指各个节点使用一条专用通信线路和中心节点连接的计算机网络。

11. 网络中的所有计算机共享一条通信线路的计算机网络称作总线型网络。

第2章

1. 数据是信息的表示形式，是信息的物理表现。所有信息都要用某种形式的数据表示。信息是数据表示的含义，是数据的逻辑抽象。信息不会因数据的表示形式不同而改变。

2. 模拟信号在通信中容易受到外界的干扰,容易产生失真。模拟信号中一般包含的频率成分比较少。

数字信号可以再生,可以减少传输过程中外界对传输信号的干扰。数字信号中包含的频率成分非常多。

3. 信号再生是指在信号传递过程中受到外界干扰变形后,通过信号判决再恢复成原来的信号。

4. 信号带宽是信号中包含的频率范围;信道带宽是信道上允许传输电磁波的有效频率范围。模拟信道的带宽等于信道可以传输的信号频率的上限和下限之差,单位是Hz;数字信道的信道带宽用信道容量表示。信道容量是信道允许的最大数据传输速率,单位是比特/秒(b/s)。

5. DTE:数据终端设备,是数据通信中的数据源和数据宿,如计算机。

DCE:数据电路终端设备,用来连接计算机与通信线路的设备,如 Modem。

通信线路加 DCE 设备称作数据电路。例如,通过电话线连接两个 Modem。

两个 DTE 之间通过握手建立起的传输通道称作数据链路。例如,两台计算机之间的通信连接。

6. 五类 UTP 信道带宽为 100Mb/s、超五类 UTP 信道带宽为 125~200Mb/s、六类 UTP 信道带宽为 200~250Mb/s。

7. 单模光纤纤芯直径较小,仅仅提供单条光通道。单模光纤使用激光作为光源,信道带宽较高。单模光纤成本较高,一般用于长距离传输。

多模光纤纤芯直径一般远大于光波波长,可以提供多条光通道。多模光纤使用 LED 作为光源,成本较低,信道带宽较低,多用于传输速率相对较低且传输距离相对较短的网络中。

8. 终端设备把数据转换成数字脉冲电信号。数字脉冲信号所固有的频带称为基本频带,简称基带。在信道中直接传送基带信号称为基带传输。

9. 把数字信号用载波参量表示的过程叫作调制。在接收端,把数字信号从载波信号中分离出来的过程叫解调。

10. 将基带信号搬移到某一频率载波上传输称作频带传输。

11. 幅度调制编码是使用数字信号控制载波的幅度,通过载波幅度变化表示二进制数字 0 或 1;频率调制编码是使用数字信号控制载波的频率,通过载波频率变化表示二进制数字 0 或 1;相位调制编码是使用数字信号控制载波的初相角,通过载波相位变化表示二进制数字 0 或 1。

12. 解:两幅度—八相位混合调制编码码元状态数 $N=2\times8=16$

$$R=1/(1/2400)\times\log_2 16=2400\times4=9600(\text{b/s})$$

13. 解:信道的信噪比为 1000,即 30dB,根据香农定理有

$$C=B\times\log_2(1+S/N)=268000\times\log_2(1+1000)\approx268000\times10\approx2680000(\text{b/s})$$

答:信道的最大数据传输速率约为 2.68Mb/s。

14.

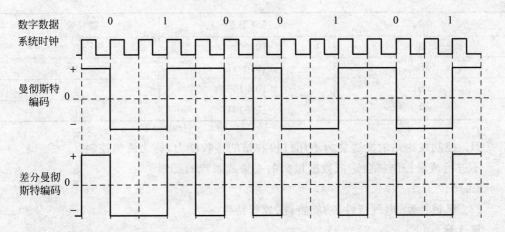

15. 利用 HDLC 规程发送数据时,如果数据字节中"1"的个数超过 5,无论后面的数据位是"1"还是"0",都要插入一个数据位"0",使传输的数据中不可能出现连续 6 个"1"的字节数据。在接收数据时,当连续接收了 5 个"1"后,如果下面一位是"1",说明接收到了SYN 字符;如果下面一位是"0",则丢弃该数字"0",继续接收下一位,直到凑够一个字节数据。

16. 单工、半双工、全双工通信方式。

17. 基带传输与频带传输、异步传输与同步传输、单向传输与双向传输。

18. 链路复用是利用一条通信线路实现多个终端之间同时通信的技术。

19. 频分多路复用:在传输介质的有效带宽超过被传输的信号带宽时,把多路信号调制在不同频率的载波上,实现同一传输介质上同时传输多路信号的技术。

时分多路复用:传输介质可以达到的数据传输速率超过被传输信号传输速率时,把多路信号按一定的时间间隔传送的方法,是实现在同一传输介质上"同时"传输多路信号的技术。

统计时分复用:根据用户的数据传输需要动态地分配信道资源。在用户有数据需要传输时,信道为用户传输数据;没有数据需要传输时,信道为其他用户传输数据,系统不再把时隙固定地分配给固定的用户,而是把信道的传输能力统一调度使用。

波分多路复用:利用光具有不同波长的特性,在一根光纤上同时传输多个波长不同的光载波信号。

直序扩频:使用数字信号调制比信号脉冲宽度窄得多的脉冲序列扩频码,形成具有较宽频带的调制编码信号。它扩展了数字信号的频率范围。

跳频扩频:窄带信号在一个很宽的频带内跳动,形成一个跳频带宽,实现信号的频带扩展。

码分多址:系统为一对通信用户分配一对唯一的数据"0""1"识别标识,通信的双方利用数据识别标识对传输的数据进行编码和解码,从而实现不同的用户在同一信道中使用不同的编码传送数据。

20.

字符	ASCII 码	偶校验位
B	1000010	0
C	1000011	1
D	1000100	0
E	1000101	1

21. 控制发送站的发送能力不超过接收站的接收能力,称为流量控制。

不进行流量控制将会造成数据报文的丢失或系统的死锁。

22. 6、7、0、1

23. 机械特性、电气特性、功能特性、规程特性

第 3 章

1. 介质访问控制

2. 物理地址(或 MAC 地址)

3. 计算机的物理地址一般用网卡上集成的一个 48 位二进制数编号表示,表示方法有用":""-"分割的 2 位十六进制数或用"."分割的 3 位十六进制数。例如,

00:5b:03:5e:3f:0b
00-5b-03-5e-3f-0b
0090.0cd4.731a

4. 5 个物理地址

5. 182.83.202.92

6. (1) 2001:c3:91:2f3c:2b2:1b:7028:c5b

(2) 61::1f:0:c59

(3) c041::41

7.

IP 地址	类别	网络号	主机号
34.200.86.200	A	34	200.86.200
200.122.1.2	C	200.122.1	2
155.200.47.22	B	155.200	47.22

8. 域名地址是使用助记符表示的 IP 地址。

9. 网络连接 TCP/IP 属性设置中 DNS 服务器设置不正确。

10. IP 地址 202.206.110.68/28 的网络地址是 202.206.110.64。

11. 单播地址

12. (1) 路由器 E0 口、E1 口

(2) PC_1、PC_3、PC_4、PC_6

PC_1 使用了特殊地址——网络地址。网络地址不能分配给主机使用。

PC$_3$ 和 PC$_2$ 的 IP 地址是相同的,违反了"网络中的每台主机必须分配一个唯一的 IP 地址"的分配规则。

PC$_4$ 的网络地址是 192.168.1.0,和同一网络中的 PC$_5$ 和 PC$_6$ 的网络地址 192.168.2.0 不同,而和 PC$_1$、PC$_2$ 和 PC$_3$ 的网络地址相同,违反了"每个网络需要使用唯一的网络地址"的分配规则。

PC6 使用了特殊地址——广播地址,广播地址不能分配给主机使用。

PC$_1$ 的 IP 地址可以修改为 192.168.1.2。

PC$_3$ 的 IP 地址可以修改为 192.168.1.4。

PC$_4$ 的 IP 地址可以修改为 192.168.2.5。

PC$_6$ 的 IP 地址可以修改为 192.168.2.7。

(3) 路由器 E0 口:192.168.1.1

路由器 E1 口:192.168.2.1

13. 需要 3 个网络号,子网掩码 Mask 使用 255.255.255.192,可以得到 4 个子网地址;每个子网内最多可以容纳 62 个主机地址,满足网络内主机地址＝32＋1＝33 的需要。

实验室一的 IP 地址分配为

路由器 A 的 E0 端口:200.12.99.1　255.255.255.192

实验室内 PC 的 IP 地址:200.12.99.2　255.255.255.192～200.12.99.31　255.255.255.192

实验室二的 IP 地址分配为

路由器 B 的 E0 端口:200.12.99.65　255.255.255.192

实验室内 PC 的 IP 地址:200.12.99.66　255.255.255.192～200.12.99.95　255.255.255.192

两台路由器之间连接网络的 IP 地址分配为

路由器 A 的 S0 端口:200.12.99.129　255.255.255.192

路由器 B 的 S0 端口:200.12.99.130　255.255.255.192

14. 实验室一的一台 PC 网络连接的 TCP/IP 属性可以配置为

IP 地址:200.12.99.2

Mask:55.255.255.192

默认网关:200.12.99.1

DNS:202.99.160.68

实验室二的一台 PC 网络连接的 TCP/IP 属性可以配置为

IP 地址:200.12.99.66

Mask:55.255.255.192

默认网关:200.12.99.65

DNS:202.99.160.68

15. 路由器 A 配置

(1) 配置 E0 口

Router(config)#interface FastEthernet 0/0

Router(config-if)♯ip address 200.12.99.1　255.255.255.192
Router(config-if)♯no shutdown

（2）配置 E1 口

Router(config)♯interface fastethernet 0/1
Router(config-if)♯ip address 200.12.1.2　255.255.255.252
Router(config-if)♯no shutdown

（3）配置 S0 口

Router(config)♯interface Serial 0/0
Router(config-if)♯ip address 200.12.99.129　255.255.255.192
Router(config-if)♯clock rate　64000
Router(config-if)♯no shutdown

（4）配置路由

Router(config)♯ip route 0.0.0.0 0.0.0.0 202.12.1.1
Router(config)♯ip route 200.12.99.64　255.255.255.192　200.12.99.130

路由器 B 配置
（1）配置 E0 口

Router(config)♯interface FastEthernet 0/0
Router(config-if)♯ip address 200.12.99.65　255.255.255.192
Router(config-if)♯no shutdown

（2）配置 S0 口

Router(config)♯interface Serial 0/0
Router(config-if)♯ip address 200.12.99.130　255.255.255.192
Router(config-if)♯no shutdown

（3）配置路由

Router(config)♯ip route 0.0.0.0 0.0.0.0　200.12.99.129

16. 自治系统是一组路由器的集合,它们在一个管理域中运行,共享域内的路由信息。

17. 因为 $2^{12}=4096$,所以地址块主机地址长度为 12 位,即网络地址=20 位。

分配的 CIDR 地址空间为 200.3.0.0/20。包含 16 个 C 类网络地址:

200.3.0.0～200.3.15.0

18. 动态路由是由路由选择协议生成和维护的路由。

第 4 章

1. 在计算机网络中,一个应用程序被动地等待,另一个应用程序通过请求启动通信过程的通信模式称作客户/服务器交互模式。

2. B

3. A

4．数据确认技术和超时重传技术。

5．（1）表示该编号之前的数据已经正确接收。

（2）发送方需要从该编号开始发送下一个报文。

6．累计确认是一种差错控制技术,用于对接收报文的确认。在累计确认技术中,如果收到了后面报文的确认信息,前面的报文肯定已经接收正确,即便以后再收到前面报文的确认信息,也不需要处理了。

7．向对方通告自己可以接收的报文长度(接收窗口尺寸),用于流量控制。

8．客户进程首先发送一个连接请求报文,向服务器进程请求建立通信连接,并通告自己的发送数据序号和接收窗口尺寸。

服务器进程收到连接请求报文后,发回一个应答报文,通报自己的数据序号,确认发送方的数据序号,通报自己的接收窗口大小。

客户进程收到连接应答报文后,再发回一个确认报文,确认对方的数据序号,通报自己的接收窗口。

第 5 章

1．（1）IP 协议是主机到主机(点对点)的网络层通信协议。

（2）IP 协议是一种不可靠、无连接的数据报传输服务协议。

（3）IP 协议可以使用不同协议的下层网络传输 IP 分组。

2．传输层协议数据报文(或 PDU)、传输层协议类型、目的主机 IP 地址、报文在传输中是否允许分片。

3．网络层分组数据报文(或 PDU)、网络层协议种类、下层网络路由信息。

4．解:

根据网络连接 TCP/IP 属性配置,计算出本机所在网络的地址是

192.168.1.38 and 255.255.255.224＝192.168.1.32

而 192.168.1.28 所在的网络地址是

192.168.1.28 and 255.255.255.224＝192.168.1.0

所以,该报文是和其他网络的通信,下一跳的 IP 地址应该是默认网关,即该报文下一跳的 IP 地址是 192.168.1.33。

5．B

6．使用邻居发现协议;通过接口本地链路组播地址将请求报文送达目的接口。

7．C

第 6 章

1．IEEE 802 标准中的局域网体系结构包括三层,即物理层、MAC 子层和 LLC 子层。

2．局域网的概念一般是指地理覆盖范围较小的网络,局域网概念中的网络具有全部的网络功能;而局域网技术是只包括 ISO/OSI 参考模型中数据链路层和物理层的网络技术,只使用局域网技术的网络只能完成网络内部通信。

3．18 字节。没有,因为以太网帧中的数据字段部分要求最小为 46 字节数据。

4.（1）先听后说

共享式以太网中的计算机在准备发送数据帧之前,首先侦听总线是否空闲。如果总线空闲,就可以在总线上发送一个数据帧。

（2）边说边听

计算机在发送数据帧的同时也接收数据,进行冲突检测。

（3）冲突回避

在计算机检测到发生冲突之后,首先停止发送数据,回避一段时间后再重新进行总线争用。

5. 双绞线交叉电缆一端按 568A 标准,一端按 568B 标准,两端 1～8 引脚线序为

568A 标准:绿—白、绿、橙—白、蓝、蓝—白、橙、棕—白、棕

568B 标准:橙—白、橙、绿—白、蓝、蓝—白、绿、棕—白、棕

6. 可以根据双绞线电缆的功能线序自动改变设备接口插座的引脚功能排列顺序,使用接收信道连接到对方的发送信道,使用发送信道连接到对方的接收信道。

7. 在一个共享式网络中,所有争用一条总线的计算机称作一个冲突域。

8. 从发送数据开始到检测到冲突的最大时间称作冲突窗口。

9. 网桥工作在数据链路层,根据 MAC 地址转发(过滤)数据帧,具有连接网段和隔离冲突域的作用;中继器工作在物理层,只能完成网段连接和电信号放大作用。使用中继器连接的网段构成一个大的冲突域。

10.（1）用 HUB 连接的是共享式以太网;使用交换机连接的是交换式以太网。

（2）共享式以太网内的计算机共享冲突域内的信道带宽;交换式以太网独占网段信道带宽。

（3）共享式以太网拓扑结构是物理星型,通信方式为半双工方式;交换式以太网为星型网络拓扑结构,通信方式为全双工方式。

（4）HUB 级联有一定的限制;交换机级联不受限制。

11. 192.168.5.1

12. 一个广播报文能够传送到的主机范围称作一个广播域。一个冲突域属于一个广播域,因为它们属于一个 IP 网络。

13. 虚拟局域网是将一组设备或用户逻辑地而不是物理地划分成不同网络的技术。

14. 10.1.1.0 网络的默认网关是 10.1.1.254;10.1.2.0 网络的默认网关是 10.1.2.254。

15. VTP 用于实现在一台交换机上创建了 VLAN 之后,其他和该交换机使用 Trunk 连接的交换机上都能够共享 VLAN 信息,使网络管理员可以在一台交换机上管理 VLAN。

16.（1）3 台交换机的 VTP 域名一致,版本模式一致。

（2）Switch A 为 VTP Server 模式;Switch B 和 Switch C 为 VTP Client 模式。

（3）可能是 Switch B 和 Switch C 的 VTP 配置修订号比 Switch A 的 VTP 配置修订号大;解决的方法是重新配置 Switch B 和 Switch C 的 VTP 域名,使 Switch B 和 Switch C 的 VTP 配置修订号清零。

17.（1）网络中存在环路。

（2）网络环路上的连接设备是 2 层设备（网桥或交换机）。

18. 没有。因为路由器是按照路由表转发报文的，广播报文不会形成环路。

19. 使用一种特殊算法来发现网络中的物理环路，并产生一个逻辑上的无环拓扑。

20. 使用生成树协议可以解决 2 层网络连接中的备份路由和广播风暴问题。

21. 无线终端在发送一个数据帧之前先侦听信道是否空闲，如果空闲，则发送一个数据帧。在发送完数据帧后，等待接收方发回的应答帧。如果接收到应答帧，说明发送成功；如果在规定的时间内不能接收到应答帧，说明发生了冲突或无线干扰，表示该次发送失败。在发送失败后，按照一个算法退避一段时间后再重发。

第 7 章

1. 把使用私有 IP 地址的内部网络连接到 Internet 时，因为在 Internet 上不会传送目的 IP 地址是私有 IP 地址的报文，就必须使用网络地址转换将私有 IP 地址转换成合法的公网 IP 地址才能进入 Internet。

2. 静态网络地址转换、动态网络地址转换、网络地址端口转换、基于接口的地址转换和端口地址重定向。

3. C

4. A

5. 在连接内部网络的接口上配置 ip nat inside，在连接外部网络的接口上配置 ip nat outside。内部端口就是连接内网的路由器端口（连接本地地址网络），外部端口就是连接外部网络的路由器端口（连接全局地址网络）。

H3C 路由器、交换机基本配置

在网络设备中,大多数路由器、交换机产品的配置命令和 Cisco 路由器、交换机的配置命令是非常类似的,但是 H3C 路由器和交换机的配置命令、命令模式与 Cisco 产品差别较大。本附录给出了 H3C 的路由器和交换机的简单配置命令,读者可以和 Cisco 路由器、交换机的配置命令对照使用。

一、H3C 路由器基本配置命令

1. 命令视图

H3C 路由器和交换机把命令界面称作命令视图。H3C 路由器基本命令视图如表 B-1 所示。

表 B-1　H3C 路由器基本命令视图

视 图 名 称	进入视图命令	视 图 提 示	可以进行的操作
用户视图	开机进入	<H3C>	查看路由器状态
系统视图	<H3C>system-view	[H3C]	系统配置、路由配置
串行口视图	[H3C] Interface Serial 0/n	[H3C-Serial0/n]	同步串行口配置
以太网口视图	[H3C] Interface Ethernet 0/n	[H3C-Ethernet 0/n]	以太网口配置
子接口视图	[H3C] Interface Ethernet 0/n. 1	[H3C-Ethernet 0/n. 1]	子接口配置(串行口也有子接口)
RIP 视图	[H3C] rip	[H3C-rip-1]	RIP1 协议配置
返回上一级	[H3C-Serial0/0]quit	[H3C]	
返回用户视图	[H3C-Serial0/0]Ctrl-Z	<H3C>	

H3C 路由器的命令视图比 Cisco 相对简单,而且在任何视图下都可以查看路由器的状态以及端口状态。

2. 帮助功能

H3C 路由器的命令帮助功能和 Cisco 路由器的帮助功能是完全一样的,相关帮助内容请参阅 3.5.4 小节。H3C 路由器和 Cisco 路由器一样支持命令简略输入。

3. 显示命令

H3C 路由器的显示命令关键字使用 display。display 命令可以在任何视图中使用。常用的显示命令有：

display current-configuration	；显示路由器当前运行的配置
display startup	；显示系统启动使用的配置文件
display ip interface 接口	；显示接口的 IP 信息
display ip interface brief	；显示 IP 接口摘要信息
display ip routing-table	；显示路由表

4. 管理命令

〔H3C〕sysname 主机名	；配置主机名称
〔H3C〕save	；保存配置文件
〔H3C〕delete 文件名	；删除配置文件

5. 同步串行口配置

H3C 路由器的同步串行口默认封装协议是 PPP,而且端口默认状态是开启的。使用背对背电缆连接时,DCE 端口默认提供 64Kb/s 波特率。H3C 路由器同步串行口的简单配置命令如下：

interface Serial number	；指定配置端口,从配置文件可以得到端口号的表示方法(下同)
link-protocol { fr ∣ hdlc ∣ ppp }	；指定封装格式,默认为 PPP
baudrate 波特率	；该命令只能在 DCE 端配置
ip address ip-address mask	；配置 IP 地址。其中 Mask 可以使用点分十进制,也可使用掩码长度(下同)

下面两个配置命令是等效的：

ip address 192.168.1.1 255.255.255.0
ip address 192.168.1.1 24

例如：

〔H3C〕interface Serial 0/0
〔H3C-serial0/0〕link-protocol　ppp　　　；该行可以省略
〔H3C-serial0/0〕baudrate 2048000
〔H3C-serial0/0〕ip address 192.168.1.1 24

6. 以太网端口配置

以太网端口一般情况下只需要指定 IP 地址。一般配置为

interface Ethernet number	；指定配置端口
ip address ip-address mask	

例如：

〔H3C〕interface Ethernet 0/0
〔H3C- ethernet 0/0〕ip address 10.1.1.1 24

7. 静态路由配置命令

ip route-static ip-address mask　下一跳 IP 地址［preference 优先级值］

注意：优先级值相当于 Cisco 的管理距离。在 H3C 路由器中,直联路由的优先级为 0,静态路由优先级为 60,RIP 路由优先级为 100。优先级可以在 1～255 选择。

例如：

［H3C］ip route-static 202.207.124.0 24　192.168.1.1

8. 默认路由配置命令

［H3C］ip route-static 0.0.0.0　0.0.0.0　下一跳 IP 地址

9. RIP 协议配置命令

［H3C］rip
［H3C-rip-1］network 网络地址

10. 路由注入命令

［H3C］rip
［H3C-rip-1］import-route static originate

11. 删除命令

undo 命令行　　　　　　；在相应的命令视图中使用

12. IPv6 配置命令

1）开启 IPv6

［H3C］ipv6

2）配置 IPv6 地址

［H3C-接口］ipv6 address ipv6 地址 网络地址长度

3）配置静态路由

［H3C］ipv6 route-static 目的网络 网络地址长度 下一跳 IP 地址［preference 优先级值］

4）配置默认路由

［H3C］ipv6 route-static ::0 下一跳 IP 地址［preference 优先级值］

5）RIPng 配置

（1）启动 RIPng

［H3C］ripng 进程号

例如：

［H3C］ripng 1

［H3C-ripng-1］

（2）在接口上启用 RIPng

在所有需要交换路由信息的连接接口上必须启用 RIPng：

［H3C］interface 接口
［H3C-接口］ripng 进程号 enable

例如：

［H3C］interface Ethernet 0/0
［H3C -Ethernet0/0］ripng 1 enable

6）路由注入命令（不再需要 originate 参数）

［H3C］ripng 1
［H3C -ripng-1］import-route static

13．NAT 配置命令

（1）静态 NAT

［H3C］nat static 私网 ip　公网 ip
［H3C］interface 连接外部网络接口
［H3C-接口号］nat outbound static

（2）动态 NAT

［H3C］acl number 表号　　　　　　；表号 2000～2999
［H3C-acl-basic-表号］rule permit source 私有网络 wildcard
［H3C-acl-basic-表号］quit
［H3C］nat address-group 组号　起始公网 ip　结束公网 ip
［H3C］interface 连接外部网络接口
［H3C-接口］nat outbound 表号 address-group 组号 no-pat ；不使用 no-pat 即为网络地址端口转换

（3）Easy IP

［H3C］acl number 表号
［H3C-acl-basic-表号］rule permit source 私有网络 wildcard
［H3C-acl-basic-表号］quit
［H3C］interface 连接外部网络接口
［H3C-接口］nat outbound 表号

（4）NAT Server

［H3C-连接外部接口］nat server protocol tcp global 公网 IP　端口号 inside　私网 IP 端口号

二、H3C 交换机基本配置命令

H3C 交换机和路由器基本命令是相同的,帮助功能也是一样的,不同的主要是 VLAN 配置。

1. VLAN 命令视图

H3C 交换机的 VLAN 命令视图如表 B-2 所示。

表 B-2　H3C 交换机的 VLAN 命令视图

视图名称	进入视图命令	视图提示	可以进行的操作
VLAN 视图	[H3C]vlan n	[H3C-vlan n]	VLAN 配置
VLAN 接口视图	[H3C] Interface vlan n	[H3C-vlan-interface n]	VLAN 接口配置

2. VLAN 配置

1) 添加 VLAN 命令

[H3C]vlan vlan ID   ;添加 VLAN,进入 VLAN 视图

例如:

[H3C]vlan 8   ;添加 VLAN 8
[H3C-vlan8]

2) 为 VLAN 指定接入端口命令

port Ethernet numer   ;端口默认链路类型为 access

例如,将 Ethernet 1/0/12 端口指定为 VLAN 8 的接入端口:

[H3C]vlan 8   ;进入 VLAN 视图
[H3C-vlan8]port Ethernet 1/0/12   ;为 VLAN 8 指定接入端口

3) 为 VLAN 命名

[H3C-vlan8]name 名称   ;VLAN 默认名称为 VLAN ID,如 VLAN 0008

3. 显示 VLAN 命令

[H3C]display vlan vlan ID   ;显示一个 VLAN,如 display vlan 2
[H3C]display vlan all   ;显示所有 VLAN

4. 配置中继接口

interface Ethernet numer   ;进入端口配置视图
port link-type trunk   ;指定端口链路类型为 Trunk
port trunk permit vlan all   ;指定该端口允许通过的 VLAN,all 为所有端口

例如:

[H3C]interface Ethernet 1/0/24
[H3C-Ethernet1/0/24]port link-type trunk
[H3C-Ethernet1/0/24]port trunk permit vlan all

5. 删除 VLAN

[H3C]undo vlan vlan ID

例如：

[H3C]undo vlan 8

6. 生成树协议配置

在 H3C 交换机中,生成树协议默认是关闭的。如果网络中有环路存在,需要手动开启生成树协议。开启生成树协议的命令为

[H3C]stp enable

7. GVRP 配置

在 Cisco 交换机上使用 VTP 协议实现多台交换机之间的 VLAN 信息共享。VTP 是 Cisco 注册的专利技术,其他交换机不能使用。H3C 交换机使用 GVRP(GARP VLAN Registration Protocol,GARP VLAN 注册协议)维护交换机中的 VLAN 动态注册信息,并传播该信息到其他交换机中。

GVRP 基本配置包括以下 3 个步骤(在每台交换机上)。

1) 开启交换机的 GVRP

[H3C] gvrp

2) 配置 Trunk 端口,并允许所有 VLAN 通过

```
interface Ethernet numer
port link-type trunk
port trunk permit vlan all
```

3) 在 Trunk 端口上开启 GVRP

[H3C-Ethernet1/0/n] gvrp

例如,H3C 交换机 Switch A 通过 Ethernet 1/0/1 口和 Switch B 的 Ethernet 1/0/24 口以中继端口连接,两台交换机上的 GVRP 配置如下。

1) Switch A 的配置

```
[H3C] gvrp
[H3C] interface Ethernet 1/0/1
[H3C-Ethernet1/0/1] port link-type trunk
[H3C-Ethernet1/0/1] port trunk permit vlan all
[H3C-Ethernet1/0/1] gvrp
```

2) Switch B 的配置

```
[H3C] gvrp
[H3C] interface Ethernet 1/0/24
[H3C-Ethernet1/0/24] port link-type trunk
[H3C-Ethernet1/0/24] port trunk permit vlan all
[H3C-Ethernet1/0/24] gvrp
```

GVRP 的状态显示命令为"display gvrp status",可以在任何命令视图下显示。

8. H3C 3 层交换机实现 VLAN 间路由

H3C 3 层交换机上的路由功能默认是开启的。2 层交换机通过 Trunk 端口连接到 3 层交换机上。3 层交换机为每个 VLAN 虚端口配置 IP 地址后,在 3 层交换机的路由表内可以看到到达每个 VLAN 虚端口的路由。

例如,2 层交换机上有 VLAN 2 和 VLAN 3,VLAN 2 的 IP 地址在 202.207.123.0/24 网段,VLAN 3 的 IP 地址在 202.207.124.0/24 网段。2 层交换机通过 Trunk 端口连接到 3 层交换机,在 3 层交换机上配置如下。

```
[H3C] interface vlan 2
[H3C-vlan-interface2]ip add 202.207.124.1 24
[H3C] interface vlan 3
[H3C-vlan-interface3]ip add 202.207.123.1 24
```

完成配置后,显示 3 层交换机的路由表如下。

```
[H3C]display ip routing-table
Routing Table：public net
Destination/Mask    Protocol    Pre    Cost    Nexthop          Interface
127.0.0.0/8         Direct      0      0       127.0.0.1        InLoopBack0
127.0.0.1/32        Direct      0      0       127.0.0.1        InLoopBack0
202.207.123.0/24    Direct      0      0       202.207.123.1    Vlan-interface3
202.207.123.1/32    Direct      0      0       127.0.0.1        InLoopBack0
202.207.124.0/24    Direct      0      0       202.207.124.1    Vlan-interface2
202.207.124.1/32    Direct      0      0       127.0.0.1        InLoopBack0
```

可以看到,路由表中已经存在两个到达 202.207.123.0/24 网络和到达 202.207.124.0/24 网络的直联路由(通过 Vlan-interface2 和 Vlan-interface3)。当各个 VLAN 中的主机默认网关设置正确后,VLAN 2 和 VLAN 3 之间就可以通信了。

9. H3C 路由器实现 VLAN 间路由

在 H3C 2 层交换机上定义了 VLAN 之后,通过 Trunk 端口连接到 H3C 路由器的一个以太网接口。在以太网接口上为每个 VLAN 定义一个子接口,分配 IP 地址,指定 802.1Q 封装类型并和 VLAN 建立连接后,在路由器的路由表内就能够建立到达各个子接口的直联路由,VLAN 路由就建立了。

例如,在 2 层交换机上定义了 VLAN 2 和 VLAN 3。2 层交换机通过 Trunk 接口连接到路由器的 Ethernet0/0 端口。路由器上的单臂路由配置如下。

```
[H3C]int e0/0.1                              ;指定子接口
[H3C-Ethernet0/0.1]ip add 202.207.124.1 24   ;配置 VLAN 网关地址
[H3C-Ethernet0/0.1]vlan-type dot1q vid 2      ;指定封装类型 802.1Q,建立接口和 VLAN 2
                                               的连接

[H3C]int e0/0.2
[H3C-Ethernet0/0.2]ip add 202.207.123.1 24
[H3C-Ethernet0/0.2]vlan-type dot1q vid 3
```

完成配置后,显示路由器的路由表如下。

```
[H3C]disp ip rou
Routing Tables：Public
          Destinations：6          Routes：6
Destination/Mask      Protocol    Pre    Cost    Nexthop         Interface
127.0.0.0/8           Direct      0      0       127.0.0.1       InLoop0
127.0.0.1/32          Direct      0      0       127.0.0.1       InLoop0
202.207.123.0/24      Direct      0      0       202.207.123.1   Eth0/0.2
202.207.123.1/32      Direct      0      0       127.0.0.1       InLoop0
202.207.124.0/24      Direct      0      0       202.207.124.1   Eth0/0.1
202.207.124.1/32      Direct      0      0       127.0.0.1       InLoop0
```

可以看到，路由表中已经存在两个到达 202.207.123.0/24 网络和到达 202.207.124.0/24 网络的直联路由（通过 Eth0/0.1 和 Eth0/0.2 子接口）。当各个 VLAN 中的主机默认网关设置正确后，两个 VLAN 之间就可以通信了。

10. H3C 交换机的端口配置

1) H3C 交换机端口模式

H3C 交换机端口模式默认是交换模式（bridge），在 3 层交换机上还可以有路由模式（route，非交换模式）。配置端口模式的命令为

```
interface Ethernet numer
port link-mode [bridge|route]
```

例如，在 3 层交换机上配置路由接口：

```
[H3C] interface Ethernet 1/0/24
[H3C-Ethernet1/0/24] port link-mode route
[H3C-Ethernet1/0/24] ip add 202.207.124.1 24
```

2) H3C 交换机端口类型

H3C 交换机端口类型默认是接入类型（access），如果需配置中继线路（Trunk），两端的端口必须明确配置成 trunk 类型，H3C 交换机不能进行端口类型协商。配置端口类型的命令为

```
interface Ethernet numer
port link-type [access|trunk]
```

附录 C

网络安全概述

网络安全是一个非常复杂的问题,很难用一门课程论述完整,更不可能在一个章节中表达清楚。在网络安全中,信息安全是非常重要的。2000 年 12 月,国际标准化组织公布了"ISO/IEC 17799 信息技术——信息安全管理业务规范"国际标准,它包括 10 个独立部分的安全内容和标准。本附录只简单介绍网络安全的一些基本概念,详细内容请参考有关教材。

一、网络安全包括的内容

网络安全涉及的内容很多,粗略地说包括两个方面:网络系统的安全和信息的安全。网络系统的安全又包括网络物理的、环境的安全和网络系统访问安全(还应该包括系统的开发与维护安全等);信息的安全包括信息的存储安全、传递安全、访问安全和信息的真实性与不可否认性。

就网络安全的某一方面而言,不仅涉及的内容众多,而且与网络系统的安全标准有关。例如,一个办公网络和银行业务网络的安全要求相差是很大的,所以网络安全问题有一般的安全问题和特殊的安全问题。如何解决网络中的安全问题,要根据具体的网络安全要求而定。

二、常用的网络安全技术

1. 物理的和环境的安全

保证网络物理安全和环境安全是网络安全的基础,保证网络不间断地提供可靠服务是最基本的安全要求。常见的网络物理安全和环境安全措施有以下 3 项。

1)异地灾害备份中心

异地灾害备份中心一般用于大型业务处理中心,例如,银行业务处理中心。异地灾害备份中心主要是为了在发生地震、火灾、水灾等自然灾害时保证网络业务能够正常进行。

2)电源系统备份

对于要求连续工作的网络系统,电源系统必须实现备份配置,一般需要采用不同输电网络的双路供电和配置使用电池供电的不间断电源(UPS)系统。

3) 机房环境安全

机房环境安全包括机房温度、湿度、清洁度保障,以及防火、防水、防雷电、防静电、防电磁干扰、防盗,还要防鼠害。对于大型网络中心机房,一般都使用空调进行温度、湿度调节;使用自动灭火系统防火。中心设计时需要防止水灾和机房漏水。防雷电和防静电一般采用避雷针和接地地线。防电磁干扰一般采用电磁屏蔽。机房防盗是不可缺少的,防鼠害也是必须考虑的,因为老鼠会咬断通信光缆。

2. 系统的使用安全

要保证系统不间断地提供可靠的服务,一般采取的安全措施有以下几项。

1) 双机热备份系统

对于要求提供不间断服务的网络系统,例如,银行业务网络,中心服务器一般采用双机热备份工作方式。在双机热备份工作方式中,有两台中心主机在运行,一台主机处于工作状态(主计算机),另一台主机处于旁观(Standby)状态(备用计算机)。需要处理的数据被送到两个中心主机上,一般由主计算机处理。如果主计算机发生故障,处于旁观状态的备用计算机立即转入工作状态,接替主计算机工作。当主计算机恢复正常后,备用计算机将处理工作交还给主计算机,重新进入旁观状态。

2) 网络设备和通信线路的冗余备份

对于要求提供不间断服务的网络系统,例如,银行业务网络,网络连接设备(路由器、交换机)都需要提供冗余备份。当某个网络设备发生故障后,还有其他数据链路传输数据。对于站点连接到中心的通信线路,一般也需要提供冗余备份,通过不同的路由到达网络中心,防止因为电信网络故障或通信光缆被破坏而造成业务不能办理。

3) 系统使用安全

系统使用安全主要是指只有被授权的合法用户才能进入系统,用户只能按照被授予的权限范围进行合法的操作。系统使用安全措施一般包括以下 3 个方面。

(1) 机房场地管理。只有被授权用户才能进入机房,操作设备。

(2) 访问控制。用户必须经过用户认证(通过用户名、密码)才能进入系统。用户只能访问授权允许的数据和业务。

(3) 防止黑客入侵。对于和互联网有连接的网络,例如,网上银行,必须防止黑客的入侵。防止黑客入侵包括以下 3 个方面。

① 使用防火墙拦截外部网络对内部网络的非法访问。

② 使用入侵检测软件及时发现黑客入侵。

③ 备份和恢复系统。一旦系统被黑客破坏,及时使用备份系统进行恢复。

(4) 计算机病毒的防范。和 Internet 连接的网络必须进行计算机病毒的防范。对于大型网络,可以安装硬件防病毒设备。一般网络系统都需要安装防病毒软件、病毒监控软件。对于没有连接到 Internet 的内部网络,需要防止使用 U 盘等存储设备传染病毒。

(5) 业务应用系统的审计。网络系统中的业务应用软件必须按照用户需求来开发,系统开发完成后需要进行软件功能审计和安全审计,保证应用系统的正确性与安全性。

系统软件必须由经过授权的人员维护。对软件维护过程需要进行安全监督和安全审计,避免由系统维护带来的安全隐患。

3. 信息安全

信息安全主要包括信息的存储安全、访问安全、传递安全和信息的真实性与不可否认性。影响信息安全的因素主要是黑客攻击和计算机病毒入侵。

1) 信息存储安全

由于计算机系统故障或存储设备损坏,可能造成数据的丢失。解决信息存储安全问题一般是采用数据备份,保证每天对业务数据进行备份并妥善保存。对于要求安全级别较高的系统,需要异地保存数据备份。

2) 信息访问安全与传递安全

黑客入侵的主要目的是非法访问、窃取和篡改数据。黑客可能通过入侵网络系统达到目的(称作主动攻击);也可能在网络上通过窃听的方式窃取数据(称作被动攻击)。防范黑客入侵上面已经有过叙述。

保障数据传递安全(防止窃听)一般采用数据加密技术。数据在传递之前先加密,接收端接收到数据之后再解密。窃听者收到密文之后如果不能解密,窃听就是无意义的。

数据加密是对数据进行的一种数学运算。被加密的数据称作明文,加密后的数据称作密文,不解密的密文是不可读的。加密是将明文和一个称作密钥的字符串进行数学运算生成密文的过程,加密算法一般是公开的。

数据加密有两种加密体系:对称密钥体系和非对称密钥体系。对称密钥体系又称作秘密密钥加密技术。非对称密钥体系又称作公开密钥加密技术。

在对称密钥体系中,加密和解密的密钥是相同的。由于加密算法是公开的,所以密钥的保护是安全的关键。如果密钥需要传递,密钥的安全很难保障。在非对称密钥体系中,加密密钥和解密密钥是一对相关数据,但不能从一个密钥推算出另一个密钥。非对称密钥体系中的加密密钥是公开的(称作公钥),使用公开密钥加密生成的密文只能使用解密密钥(称作私钥)才能解密成明文,所以在公开密钥加密技术中,公钥可以公开地传递,需要保护的只是私钥。

3) 信息的真实性和不可否认性

信息在网络中传递后,由于可能被篡改,所以必须考虑信息的真实性。网络上的活动也必须考虑信息的不可否认性与行为过程的不可否认性。例如,用户如果否认自己的银行账户支付行为,或者否认自己发送的电子邮件,都会造成法律纠纷。信息与行为过程的不可否认性主要采用数字签名技术解决。

数字签名技术是使用证书完成的。证书可以从互联网上的安全认证中心(Certification Authority,CA)申请获得。CA 颁发的证书中包括用户信息和用于数字签名的解密公钥以及 CA 的数字签名,随同证书还有一个用于数字签名的加密私钥。使用 CA 的证书进行数字签名,其实就是利用了 CA 的权威性,就像在一封介绍信上加盖的上级部门公章一样,接收者可以从 CA 处得到发送者身份的证实。

发送者从 CA 申请得到证书之后,利用 CA 提供的数字签名加密私钥对数据进行数字签名。数字签名过程如下。

　　(1) 利用一个哈希函数对数据报文(需要发送的数据)生成一个摘要。摘要的长度是固定的,不同的数据报文生成的摘要是不同的。

　　(2) 利用数字签名加密私钥对摘要进行加密,形成数字签名密文。

　　(3) 将数据报文、数字签名密文和证书发送给接收者。

　　(4) 接收者利用证书提供的数字签名解密公钥对数字签名进行解密,并使用哈希函数对接收到的数据报文重新生成摘要。将重新生成的摘要和解密后的摘要进行比对,如果比对结果不同,说明数据报文中途被篡改了;如果相同,说明接收的数据报文有效,且发送者不可否认,因为只有发送者能够生成该数字签名。接收方对数字签名的解密、重新生成摘要以及核对摘要过程都是系统自动完成的,用户只能看到核对结果,而不能参与核对过程,也不能看到摘要信息。